浙江省普通高校“十三五”新形态教材
高等院校数字化融媒体特色教材
动物科学类创新人才培养系列教材

兽医寄生虫学
实验指导

主　编　杜爱芳
副主编　杨光友　陶建平　陈学秋
审　稿　李国清　李祥瑞　赵俊龙

图书在版编目(CIP)数据

兽医寄生虫学实验指导 / 杜爱芳主编. —杭州：浙江大学出版社，2018.6(2025.2 重印)

ISBN 978-7-308-18356-7

Ⅰ.①兽… Ⅱ.①杜… Ⅲ.①兽医学—寄生虫学—实验 Ⅳ.①S852.7-33

中国版本图书馆 CIP 数据核字(2018)第 128793 号

兽医寄生虫学实验指导

主编 杜爱芳

丛书策划 阮海潮(ruanhc@zju.edu.cn)
责任编辑 阮海潮
责任校对 陈静毅 梁 容
封面设计 续设计
出版发行 浙江大学出版社
(杭州市天目山路 148 号 邮政编码 310007)
(网址：http://www.zjupress.com)
排 版 杭州星云光电图文制作有限公司
印 刷 广东虎彩云印刷有限公司绍兴分公司
开 本 787mm×1092mm 1/16
印 张 10.75
彩 页 4
字 数 254 千
版 印 次 2018 年 6 月第 1 版 2025 年 2 月第 4 次印刷
书 号 ISBN 978-7-308-18356-7
定 价 35.00 元

高等院校数字化融媒体特色教材
动物科学类创新人才培养系列教材

出版说明

调动学生学习的主动性、积极性、创造性，重视学生能力的培养是当今教学改革的主旋律。教材是实施教学的依据和手段。作为教材，不仅要传授最基本、最核心的理论知识，更重要的是应努力帮助学生提高各种学习能力，包括自学能力（查阅文献资料能力）、科学思维能力（分析、综合、想象和创造能力）、动手能力（实验设计和基本操作能力）和表达能力（语言、文字、图表及整理统计能力）等。

为适应教学改革的需要和学科发展，《动物科学类创新人才培养系列教材》编委会组织一批学术水平高、实践经验丰富的专业教师，经过几年的教学实践和专题研究，编写了这套教材。

本系列教材紧跟动物科学、动物医学研究进展，围绕应用型专业培养目标，体现"三基"（基本方法、基本操作、基本技能）、"五性"（创新性、科学性、先进性、启发性、实用性）原则。编写时以整合创新、注重能力培养为导向，有所侧重、有所取舍地介绍了各门课程的最新发展成果。实验教材，结合科研实际详细叙述了有关实训项目的基本原理、操作方法、注意事项及思考题，高标准、严要求，为开展进展性、启发性个案教学服务，以培养学生的创新、探究能力。理论教材，以基本理论为基础，以问题为主线，力求将最新科研成果（如动物基因工程、胚胎移植、动物营养调控等）、教学经验编入其中，使学生通过对问题的思索和讨论，启发思维，激发学习兴趣，加深对基本原理与知识点的理解，以拓展视野，提高科研创新与实际应用的能力。注重建立以学生为主体、教师为主导的新型教学关系，促进学生从记忆型、模仿型学习向思考型、创新型、探究型学习转变，为终身学习打下坚实的基础。

知识点呈现深入浅出，表达形式活泼。利用“互联网＋”教育技术建设“立方书”教学平台，以嵌入二维码的纸质教材为载体，将教材、课堂、教学资源三者融合，实现线上线下结合的教学模式，读者只要用手机扫描二维码，就可以随时随地学习和查阅，做到边学习、边操作，获得形象生动、易学易懂的直观感受。

首批14种教材，包括《动物遗传学》(英文版)、《动物病理学》、《蚕丝与蚕丝蛋白》、《茧丝加工学》、《生物材料学》、《水产动物养殖学》、《动物分子生物学实验指导》、《畜产品加工实验指导》、《动物解剖学实验指导》、《兽医寄生虫学实验指导》、《动物营养学实验指导》、《家畜组织学与胚胎学实验指导》、《兽医药理学实验指导》和《消化道微生物学实验指导》。

本系列教材适合作为动物科学、动物医学、食品科学与工程、动物养殖、水产养殖、动物检验检疫、食品加工和贸易等专业的教材，也可作为科研人员实验指导书以及从业人员的继续教育教材。

在教材陆续出版之际，感谢为该套教材编写和出版付出辛勤劳动的教师和出版社的工作人员，并恳请读者和教材使用单位多提批评意见和建议，以便今后进一步修订完善。

《动物科学类创新人才培养系列教材》编委会

高等院校数字化融媒体特色教材
动物科学类创新人才培养系列教材

《兽医寄生虫学实验指导》

编审人员

主　　编　杜爱芳

副 主 编　杨光友　陶建平　陈学秋

参编人员　（按作者姓氏拼音排序）

陈学秋（浙江大学）　杜爱芳（浙江大学）
胡　敏（华中农业大学）　胡　伟（华南农业大学）
路义鑫（东北农业大学）　戚南山（华南农业大学）
陶建平（扬州大学）　闫宝龙（温州医科大学）
严若峰（南京农业大学）　杨光友（四川农业大学）
杨　怡（浙江大学）　余新刚（华南农业大学）

审　　稿　李国清（华南农业大学）
李祥瑞（南京农业大学）
赵俊龙（华中农业大学）

前　言

随着分子生物学技术及计算机应用技术的拓展，兽医寄生虫学实验技术发展迅速。本书除了介绍常规的虫卵检查、虫体的形态结构观察外，还设计了综合性实验，以培养学生分析和解决问题的能力；同时运用数字化教学平台制作 PPT、演示实验、动画等，开发数字化素材，并在实验教材中的相应位置嵌入二维码，方便读者使用。

本书由国内多所高校中十多位在动物寄生虫学教学一线、经验丰富的教师联合编写。内容包括蠕虫粪便检查技术，吸虫、绦虫、线虫、蜘蛛昆虫类和原虫形态观察，寄生虫标本的采集、保存和观察方法，寄生虫免疫学实验技术，分子寄生虫学基本实验技术等九章。蠕虫粪便检查是诊断蠕虫病的重要方法，主要包括虫卵镜检法、虫体检查法、幼虫镜检法以及毛蚴孵化法。蠕虫的形态观察侧重于特征性的形态和结构，便于虫种的鉴定。蜘蛛昆虫类主要包括蜱、螨、虱、蝇等形态结构的观察。原虫部分主要关注鞭毛虫、梨形虫、隐孢子虫等不同发育阶段的形态。寄生虫标本采集主要针对寄生于猪、羊、牛、禽类等消化道、呼吸道和体外的寄生虫。寄生虫免疫学实验技术包括血吸虫病环卵沉淀试验、间接血凝试验、酶联免疫吸附试验、间接荧光抗体试验、免疫胶体金技术等。分子寄生虫学基本实验技术包括基因组 DNA 的提取及纯化、总 RNA 的提取与 RNA 的反转录、PCR 扩增技术、实时定量 PCR 扩增技术、PCR-RFLP 技术、LAMP 技术等。

本书主要面向动物医学（兽医）、动物药学、动植物检疫等专业的本、专科实验教学，也可作为实际生产人员的培训参考用书。

本书参考国内外部分动物寄生虫学理论教材及实验教材编写而成，在此衷心感谢这些教材的作者。由于能力、经验和时间的限制，书中定有不少的缺点和错误，敬请同仁予以指正。

目　录

第一章　蠕虫粪便检查技术

寄生性蠕虫病包括吸虫病、线虫病、绦虫病和棘头虫病等四大类。其中，少数蠕虫病可以引起畜禽大批死亡或导致出现严重的临床症状，如血吸虫病、旋毛虫病和棘球蚴病等；而大多数蠕虫感染动物则呈现亚临床感染，如捻转血矛线虫、蛔虫等，其通过影响畜禽生产性能造成的经济损失甚至超过了畜禽死亡带来的损失。

蠕虫病的症状缺少特异性，仅仅依靠临床症状很难对家畜蠕虫病做出准确的诊断，因此蠕虫病的检查很大程度上依赖于实验室检查。蠕虫粪便检查是蠕虫病生前诊断的重要方法，因为大多数寄生性蠕虫的虫卵、幼虫或节片能随宿主粪便排出体外，所以通过粪便检查可以做出生前诊断。

目前粪便检查包括四种方法：蠕虫虫卵镜检法，对于绝大多数蠕虫适用，因蠕虫发育成熟后可随粪便排出虫卵；蠕虫虫体检查法，适用于一些将孕卵节片排出体外的消化道内寄生绦虫的检查，如猪带绦虫等；蠕虫幼虫镜检法，适用于虫卵在新排出的粪便中已发育成幼虫的蠕虫的检查，如网尾科线虫等；以及毛蚴孵化法，适用于血吸虫病的检查。

实验一　蠕虫虫卵检查操作技术

【实验目的】

掌握直接涂片法、沉淀法及饱和盐水漂浮法等蠕虫虫卵检查操作技术，在显微镜下识别吸虫卵、绦虫卵、线虫卵和棘头虫卵的形态特征。同时注意虫卵与非虫卵的区别。

【实验内容】

1. 直接涂片法。
2. 沉淀法。
3. 饱和盐水漂浮法。
4. 虫卵与非虫卵的区别。
5. 各种蠕虫卵的形态特征。

【材料与设备】

猪粪、兔粪、羊粪、食盐、50%甘油水溶液(或清水)、火柴杆、载玻片、盖玻片、铁丝圈、纱布、吸管、烧杯、锥形瓶、玻璃棒、量筒、离心管、普通离心机、铜筛(40～60 目)、光学显微镜。

【操作与观察】

一、直接涂片法

取清洁载玻片一张,在载玻片中央滴加 1～2 滴 50%甘油水溶液或清水,然后用镊子或火柴杆取粪便一小块(约黄豆大),与甘油溶液混匀,并将粗渣推向一边,涂布均匀,做成涂片。涂片厚度以放到书上隐约可见下面的字迹为宜,加上盖玻片,置显微镜下检查。检查时先在低倍镜下查找,如发现虫卵,再换高倍镜仔细观察。

本法操作简便,能检查各种蠕虫卵,但检出率不高,特别在轻度感染时,往往得不到可靠结果。因此,本法只能作为辅助诊断方法,并且每次检查要重复 8～10 片,才能收到确实的效果。如无甘油,也可用清水代替,但不能用生理盐水代替,因其易析出盐结晶而影响检查结果。如加甘油可使标本清晰,易于观察,并可防止涂片很快干燥。

二、沉淀法

本法的基本原理是虫卵的比重一般比水略重,粪便中的虫卵可在水中自然沉淀于容器底部,而粪便中的饲料纤维和可溶性物质则混于或溶于粪液中。沉淀法可分为自然沉淀法和离心沉淀法两种。

1. 自然沉淀法:取粪便 5～10g,置于 200～300mL 烧杯中,先加入少量水(5～10mL),用玻璃棒捣成糊状,然后加入 100～200mL 清水,搅拌均匀,通过 40～60 目(网孔/英寸)铜筛过滤,滤液收集于烧杯中,静置沉淀 20～40min,倒去上层液,保留沉渣,再加水混匀,并沉淀,如此反复操作直到上层液透明为止,用吸管吸取沉渣进行镜检。此法适合于检查吸虫卵。

2. 离心沉淀法:取粪便 5～10g,置于 200～300mL 烧杯中,先加少量水(5～10mL),用玻璃棒捣成糊状,然后加入 50～100mL 清水,搅拌均匀,通过 40～60 目铜筛过滤,滤液收集于烧杯中,然后分装至离心管中,用天平配平后放入离心机内,以 2000～2500r/min 离心沉淀 2min,取出后倒去上清,沉淀加清水搅匀,再离心,如此反复操作至上清透明为止,最后倒去部分上清,留约沉淀 2 倍的溶液量,用吸管吹打均匀后,吸取粪液进行镜检。该法可缩短检查时间。

三、饱和盐水漂浮法

本法基本原理是采用比重大于虫卵的饱和溶液,使粪便中的虫卵与粪渣分开而浮集于液体表面,形成一层虫卵液膜,然后蘸取此液膜,进行镜检。

1. 饱和盐水的配制:加水至锥形瓶内煮沸,每 1000mL 水添加食盐(普通食盐)380～400g,在容器内溶解。再以双层纱布或棉花过滤至另一洁净容器内,待凉后即可使用(溶液凉后如出现食盐结晶,则说明该溶液是饱和的,是合乎要求的,其比重为 1.180,此溶液应保存于温度不低于 13℃的情况下，才能保持较高比重）。

2. 操作方法：取粪便 5～10g，置于 200～300mL 烧杯中，先加入少量饱和食盐水（5～10mL），用玻璃棒捣成糊状，然后再加入 100～200mL 饱和食盐水，搅拌均匀，通过 40～60 目铜筛过滤，滤液收集于烧杯中，滤液静置 10～30min。此时，比饱和盐水比重轻的虫卵，大多浮集于液体表面，再用铁丝圈蘸取此液膜，并抖落在载玻片上，盖上盖玻片，进行镜检。或者将此滤液直接倒入试管内加满，盖上盖玻片（盖玻片与液面完全接触，不能留有气泡），静置 10～30min，取下盖玻片，放在载玻片上镜检，可以收到同样效果。

本法检出率高，在实际工作中已广泛应用，可以检查大多数线虫卵和绦虫卵。

为了提高漂浮法的检出率，可用其他溶液代替饱和盐水溶液，如用饱和硫代硫酸钠溶液（1000mL 沸水中溶解硫代硫酸钠 1750g，其比重在 15～18℃时为 1.370，在 20～26℃时为 1.410），以及饱和硫酸镁溶液（1000mL 沸水中溶解硫酸镁 920g，其比重为 1.294），检查猪的后圆线虫卵和棘头虫卵时效果好。

四、虫卵与非虫卵的区别

镜检时要详细观察，严格区分虫卵与非虫卵。

1. 虫卵（图 1.1）：都有一定卵壳结构，并且有一定的形状，如圆形、椭圆形、三角形等，多数是两侧对称的，内含卵细胞或一个发育的幼虫或毛蚴，有一定的颜色，如淡黄色、褐黄色、棕黄色、银灰色。

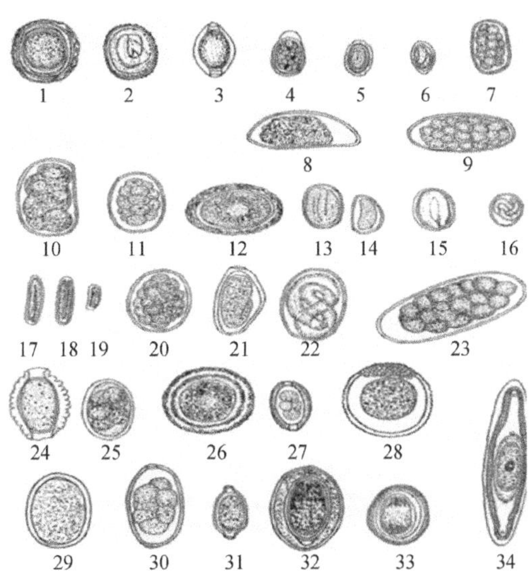

图 1.1　各种蠕虫虫卵形态

1. 猪蛔虫　2. 后圆线虫　3. 毛首线虫　4. 刚刺颚口线虫　5. 六翼泡首线虫　6. 圆形螺咽线虫　7. 红色毛圆线虫　8. 兔蛲虫　9. 兔毛圆线虫　10. 牛仰口线虫　11. 食道口线虫　12. 犊新蛔虫　13. 类圆线虫　14. 羊蛲虫　15. 美丽筒线虫　16. 露德西吸吮线虫　17. 小口柔线虫　18. 蝇柔线虫　19. 大口柔线虫　20. 马圆形线虫　21. 马蛲虫　22. 安氏网尾线虫　23. 细颈三齿线虫　24. 肾膨结线虫　25. 犬钩虫　26. 犬弓首线虫　27. 肝毛细线虫　28. 猫弓首蛔虫　29. 鸡蛔虫　30. 气管比翼线虫　31. 毛细线虫　32. 巨吻棘头虫　33. 犬棘头虫　34. 多形棘头虫

2. 非虫卵：在粪便中容易与虫卵混淆的杂物有各种植物细胞、花粉颗粒、脂肪球、气泡、真菌孢子、螨类及其卵、纤毛虫等。这些物质由于种类不同，其形状、大小、颜色也各不相同。如各种植物细胞，有的呈螺旋形，有的呈双层环状物，也有的呈铺石状，但都有明显的细胞壁，与虫卵结构明显不同。各种花粉颗粒，往往都带有一定的颜色，易被误认为是蛔虫卵，但花粉颗粒没有卵壳的构造，表面呈网状或锯齿状，仔细观察，可以区别。还有脂肪球和气泡之类，也很像虫卵，但脂肪球和气泡往往大小不一，无色，且折光性很强，周围壁较厚，而内部是空虚的，不具有虫卵的一般结构。总之，粪便中与虫卵混淆的杂物较多，但只要掌握虫卵的构造和特征是可以辨认的。有时某物与虫卵分辨不清，也可用解剖针轻轻推动盖玻片，使其下的东西滚动，这样可以将虫卵和其他物体区别开来。

五、各种蠕虫卵的形态特征

1. 吸虫卵(图 1.2)：多呈卵圆形或椭圆形，大小不一，卵壳由数层膜组成，比较厚而坚实。大多数吸虫卵的一端有卵盖(日本血吸虫卵除外)。新排出的吸虫卵内一般含有较多的卵黄细胞及其包围的胚细胞，有的则含有成形的毛蚴。吸虫卵常呈黄色、黄褐色或灰色，内容物较充满。

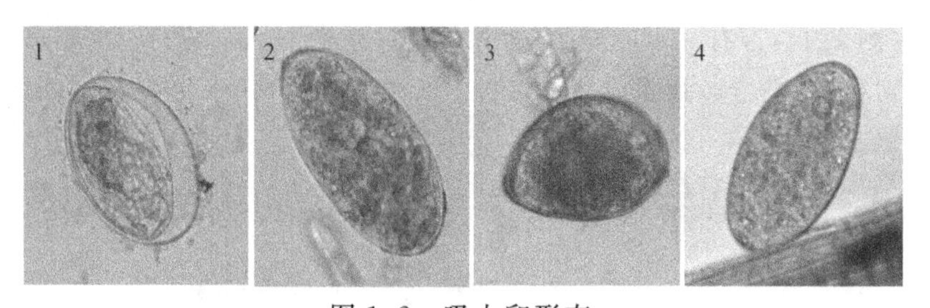

图 1.2　吸虫卵形态

1. 血吸虫卵　2. 肝吸虫卵　3. 肺吸虫卵　4. 姜片吸虫卵

2. 线虫卵(图 1.3)：形状大小各不相同，一般呈椭圆形或近似圆形；光学显微镜下可见卵壳由两层组成，壳内有卵细胞，但有的线虫卵排到外界时，其内已含有幼虫。壳表面多数光滑，有的凹凸不平，颜色多为无色、透明，有些呈灰白色、褐色或黄褐色。蛔虫卵卵壳最厚，其他多数较薄。

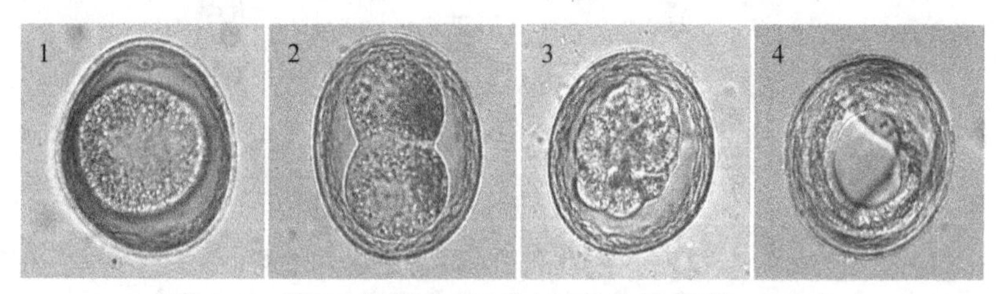

图 1.3　狮弓首蛔虫卵形态(引自鲍曼等，2013)

1. 单细胞阶段　2. 双细胞阶段　3. 桑葚胚阶段　4. 卵壳内感染性幼虫

3. 绦虫卵(图 1.4)：家畜中常见的为圆叶目绦虫虫卵，但实际上并非虫卵，而是卵中胚胎，多呈圆形、方形或三角形。大小不一，外层多数较厚，内有一个特殊的梨形器。梨形器内含有六钩蚴，在高倍镜下可以看到3对小钩状物；颜色多数为无色，少数为黄色或黄褐色。

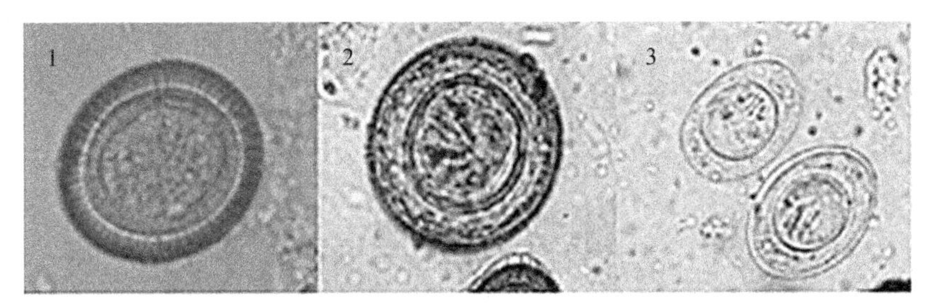

图1.4 绦虫卵形态（引自南方医科大学病原生物学系及蚌埠医学院人体寄生虫学教研室）

1.猪带绦虫卵 2.长膜壳绦虫卵 3.短膜壳绦虫卵

4.棘头虫卵（图1.5）：多呈椭圆形或长椭圆形，卵壳很厚，外膜上常呈点状或蜂窝状构造，卵内中央有一个长椭圆形胚胎，胚胎一端有六个小钩，颜色多呈棕黄色或暗褐色。

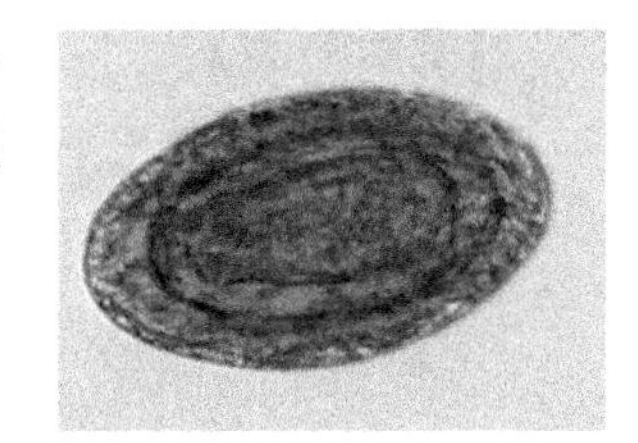

图1.5 棘头虫卵形态

【注意事项】

1.供检查的粪便要新鲜。粪便编号清楚，避免混淆。

2.在挑取粪便时要适量，过多会影响视野的光线，过少可能检查不出虫卵。

3.在检查过程中，粪便不能相互污染。已用过的工具，必须进行消毒或另换工具才能检查第二个粪样。

4.镜检时仔细观察，严格区别虫卵与非虫卵。

【思考题】

1.在显微镜下怎样识别虫卵与非虫卵？

2.饱和盐水漂浮法检查虫卵的基本原理是什么？

3.直接涂片法、沉淀法及饱和盐水漂浮法各自的优缺点是什么？

【实验报告要求】

1.记录实验结果。

2.绘制两种以上虫卵形态图。

二维码1
饱和盐水的配制

二维码2
漂浮法检查

实验二　蠕虫虫卵培养及幼虫分离技术

【实验目的】

掌握蠕虫虫卵培养及幼虫分离技术，认识常见线虫幼虫和吸虫毛蚴等蠕虫幼虫的一般形态特征。

【实验内容】

1. 蠕虫虫卵培养技术。
2. 毛蚴孵化技术。
3. 幼虫分离技术。

【材料与设备】

载玻片、盖玻片、平皿、培养皿、镊子、烧杯、放大镜、漏斗、漏斗架、胶帽吸管、试管、玻璃管、玻璃棒、滤纸、纱布、脱脂棉、40～60 目铜筛、三角烧杯、胶塞、长颈平底烧瓶、贝尔曼装置（乳胶管两端分别连接漏斗和小试管）、普通温箱、光学显微镜等。

【操作与观察】

一、蠕虫虫卵培养技术

有些蠕虫虫卵（如圆线目大部分线虫）在形态上非常相似，难以鉴别，需要在外界一定温度和湿度条件下进行第三期幼虫的培养，然后根据幼虫的形态特征进行种类鉴定，从而达到确诊或进行科学研究的目的。

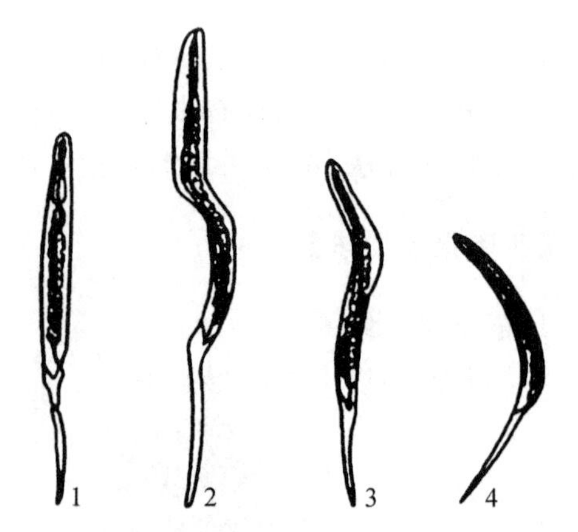

图 2.1　马属动物圆线虫第三期幼虫
（引自秦建华、李国清，2005）
1. 马圆线虫　2. 普通圆线虫
3. 无齿圆线虫　4. 小型圆线虫

操作方法：取适量新鲜粪便置于培养皿（底部加一张滤纸）内，加水调成硬糊状（如粪便稀则不必加水），塑成半球形，顶部略高出培养皿，加上皿盖，使粪便与皿盖接触。然后置于 25～30℃温箱内培养，注意保持培养皿内湿度（保持滤纸潮湿状态）。经 7～15d 后，多数虫卵即可发育成为第三期幼虫（图 2.1），并集中于皿盖上的水滴中，将幼虫吸出置于载玻片上，加盖玻片用显微镜检查。

二、毛蚴孵化技术

毛蚴孵化法是目前我国疫区检查家畜血吸虫的主要方法，也是国家考核达标验收时规定的检查方法。其原理是将含有血吸虫卵的粪便在适宜的温度条件下进行孵化，毛蚴孵出后，借着毛蚴向上、向光和向清的特性，进行观察，做出诊断。该法具有样本采集方便、方法成本低、检查结果可靠等优点。

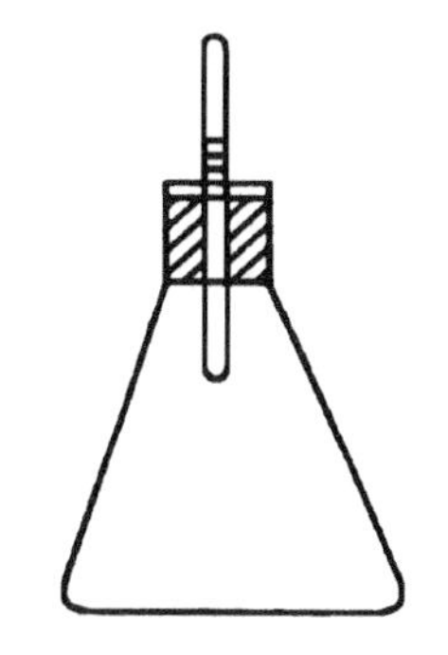

图 2.2　顶管孵化法装置
（引自 Yang，2005）

1. 顶管孵化法（图 2.2）：取粪便 50～100g，放入烧杯内用玻璃棒捣碎，加清水 250～500mL，搅拌均匀，通过 40～60 目铜筛滤入另一烧杯内，加水至九成满，静置沉淀（每次约 30min），之后将上清倒掉，再加清水搅拌均匀，沉淀，如此反复操作 3～4 次。然后将反复淘洗的粪渣倒入三角烧瓶，加入 25℃的温水，塞入中央插有玻璃管的胶塞，其中加水量以插入的玻璃管内露出一段水柱为准。最后放入 25℃温箱中孵化，孵化 30min 后开始用放大镜观察水柱内是否有毛蚴，如没有，则每隔 1h 再观察一次，直到发现毛蚴即可停止孵化。

2. 棉析法（图 2.3）：取 50～100g 粪便，经上述方法反复淘洗、沉淀、换水后（不淘洗也可），将粪渣移入 500mL 的长颈平底烧瓶内，然后加入 25℃的温水，瓶口塞入薄层脱脂棉，加水至棉层上方 10mL 左右，最后置于 25℃温箱中孵化。孵化半小时后开始用放大镜观察棉层上面水中是否有毛蚴，如没有，则每隔 1h 再观察一次，直到发现毛蚴即可停止孵化。

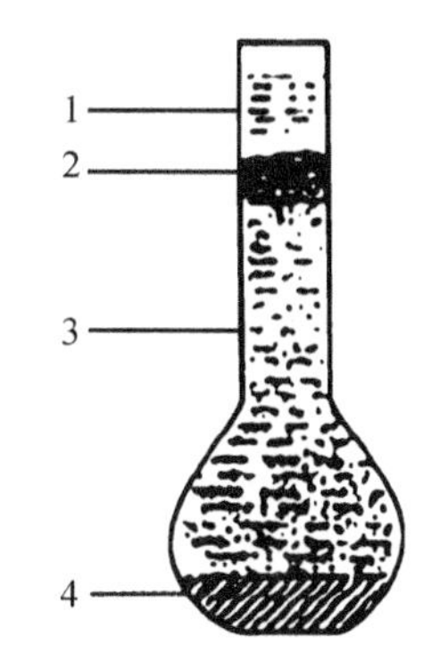

图 2.3　棉析法装置
1. 清水层　2. 脱脂棉
3. 浊水层　4. 粪渣

样品孵化后，经 1、3、5h 各观察 1 次，检查有无毛蚴的出现。毛蚴的观察应在光线明亮处衬以黑色背景用肉眼观察，必要时可借助放大镜。毛蚴为淡白色、折光性强的菱形小虫，多在距水面 4cm 的水内呈平行或斜行方向做直线运动。在显微镜下观察时可见毛蚴呈前宽后窄的三角形，前端有一突起，周身有纤毛（图 2.4）。观察时应注意与水生动物相区别。

三、幼虫分离技术

幼虫分离技术通常采用贝尔曼幼虫分离技术，其原理是利用多数线虫幼虫受重力作用而不能移动，在一个没有表面张力的水体内会逐渐下沉的特点。贝尔曼法可用于分离和浓集粪便、组织碎片和土壤样品中的线虫幼虫。

操作方法：首先连接贝尔曼装置（图 2.5），即用一根乳胶管两端分别连接漏斗和小试管，然后置于漏斗架上。将粪便样品（5～15g）捣碎，放置于一个滤茶器或包裹于粗棉布内，然后在漏斗里加入温水。温热可以刺激幼虫的活力，许多幼虫就会来到粪团的表面并分离，向下流至弹簧夹处。在严重感染情况下，大约经一个小时后幼虫便可移至水滴中。但是当只有少量幼虫存在时，必须将贝尔曼装置放置过夜再进行观察。如果取 1 滴以上的水进行检查,有必要对样品进行离心,去上清,然后用吸管吸取一滴管底的沉淀物进行镜检。目前,许多学者对该技术进行了优化和改良,但基本原理相同。

线虫幼虫的形态见图 2.6。

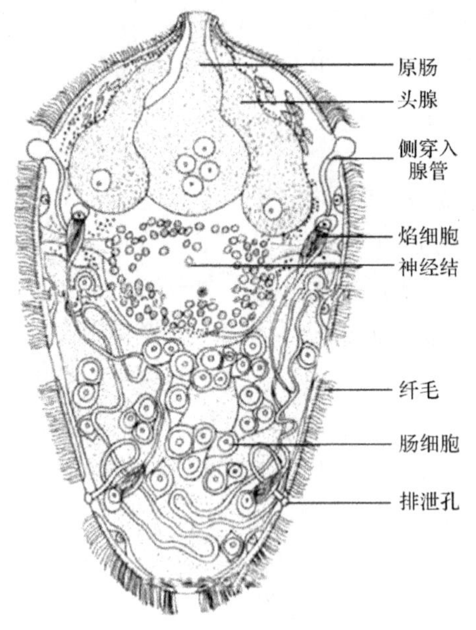

图 2.4　血吸虫毛蚴

图 2.5　贝尔曼幼虫分离装置
(引自鲍曼等,2013)

图 2.6　分离的广州管圆线虫幼虫(10×10)(引自刘敏,2008)

【注意事项】

1. 虫卵培养法:在虫卵培养过程中,应使培养皿内保持一定的湿度和温度。

2. 毛蚴孵化法:被检粪便务必新鲜,不可触地污染;洗粪容器不宜过小,免得增加换水次数,影响毛蚴早期孵出;换水时要一次倒完,避免沉淀物翻动,如有翻动,须等沉淀后再换水;孵化用水一定要清洁,自来水须放置过夜脱氯后使用;所有与粪便接触过的用具,须清洗后再沸水烫泡，方可再用。另外，多畜检查时，须做好登记，贴好标签，避免混乱。

3. 幼虫分离法：凡是检查组织器官材料，应尽量撕碎；但检查粪便时，则将完整粪球放入，不必弄碎，以免粪渣落入小试管底部，镜检时不易观察。温水必须充满整个小试管和乳胶管，并使被检材料浸泡其中（使水不致流出为止），中间不得有气泡或空隙。为了静态观察幼虫形态构造，可用酒精灯加热或滴入少量碘液，将载玻片上的幼虫杀死。

【思考题】

1. 蠕虫虫卵培养技术可用于什么？
2. 幼虫分离技术可用于什么？其原理是什么？
3. 毛蚴孵化法常用于哪种寄生虫病的诊断，其原理是什么？

【实验报告要求】

1. 记录各检查技术的粪检结果。
2. 简要叙述各项技术的主要原理和方法。

实验三　蠕虫学虫卵计数及测微技术

【实验目的】

掌握蠕虫学常用的虫卵计数及测微技术。

【实验内容】

1. 麦克马斯特氏法。
2. 斯陶尔氏法。
3. 测微法。

【材料与设备】

载玻片、盖玻片、镊子、塑料杯或纸杯、胶帽吸管、玻璃棒、玻璃珠、量筒、烧瓶、粪筛、麦克马斯特氏计数板、显微镜测微器、光学显微镜、饱和食盐水、0.1mol/L(或4%)NaOH溶液、家畜新鲜粪便。

【操作与观察】

一、麦克马斯特氏法

麦克马斯特氏计数板由两片载玻片组成，上面的较下面稍窄；窄的玻片上有两个1cm×1cm的正方形刻度区，每个正方形又平分为6个长方格。两玻片间垫有几个1.5mm厚的玻璃条。这样就形成了两个0.15mL的计数室(图3.1)。

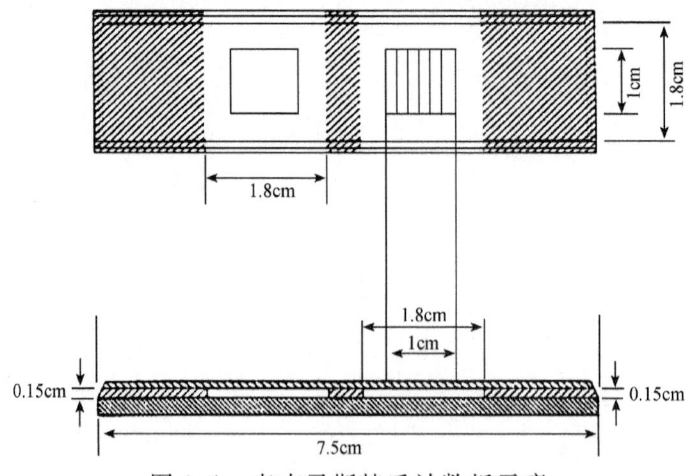

图3.1　麦克马斯特氏计数板示意

操作方法：取 2g 粪便放入装有玻璃珠的烧瓶内，加入 58mL 饱和食盐水振荡混匀，用粪筛过滤，滤液摇晃混匀后立即吸出少量滴入计数室内，静置于显微镜台上，几分钟后用低倍显微镜计数两个计数室内的虫卵，取平均值，再乘以 200，可得到每克粪便虫卵数（EPG）。

二、斯陶尔氏法

向特制的烧瓶（瓶颈部有 56mL 和 60mL 两个刻度）或其他标好 56mL 和 60mL 刻度的试管或三角瓶内加入 0.1mol/L（或 4%）NaOH 溶液至 56mL 处，加入捣碎的粪便至液面达 60mL 处。加入十多个玻璃珠振荡混匀粪液，立即用吸管吸取 0.15mL 于载玻片上，盖以不小于 22～40mm 的盖玻片，于显微镜下进行虫卵计数（若没有大盖玻片，可以用若干小盖玻片代替）。计数虫卵数乘以 100 可得到 1mL 粪便的虫卵数。因为粪便性状影响估算结果，所以 1mL 的虫卵数再乘以粪便性状系数即为每克粪便中所含的虫卵数。半成形粪便乘以 1.5，软湿粪便乘以 2，粥样粪便乘以 3，水样粪便乘以 4。

目前，以上两种方法为兽医蠕虫学虫卵定量计数最常用的方法，操作简便，设备要求简单，适合临床推断家畜体内某种寄生虫的数量和检查药物驱虫效果。麦克马斯特氏法对粪便稀释度大，被检容积小，容易造成漏检，且只适用于可被饱和盐水浮起的各种虫卵计数。各种蠕虫卵的比重见表 3.1。

表 3.1　蠕虫卵的比重

虫卵	比重
受精蛔虫卵	1.110～1.130
未受精蛔虫卵	1.210～1.230
钩虫卵	1.055～1.080
蛲虫卵	1.105～1.115
鞭虫卵	1.150
肝片吸虫卵	1.170～1.190
姜片虫卵	1.190
日本血吸虫卵	1.200
带绦虫卵	1.140
微小膜壳绦虫卵	1.050

斯陶尔氏法计数较慢，较为耗时。该方法在每克粪便中虫卵数高于 1000 个时准确度高，低于 500 个时误差较大。

三、测微法

显微镜测微器由目镜测微尺和物镜测微尺组成。目镜测微尺为可放在目镜里的圆形小玻璃片，中央刻有 100 等份的小格（图 3.2），这些小格在镜下没有绝对长度的意义，是随着目镜和物镜倍数的不同及镜筒的长短而变化的。物镜测微尺为特制的载玻片，其中央有一黑圈(或是一个圆玻璃片,上有黑圈),圈的中间有一长为1mm的横线,被平分为100格,每格长度为0.01mm(图3.3),这是绝对长度。

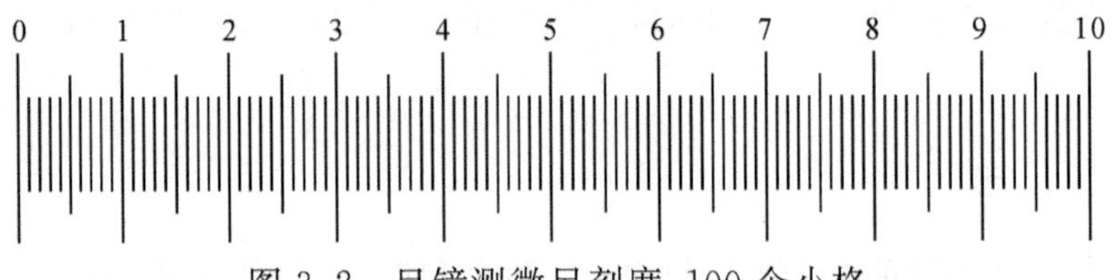

图3.2　目镜测微尺刻度,100个小格

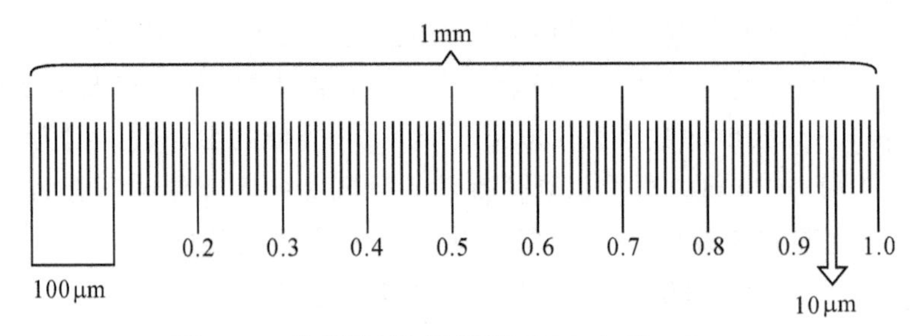

图3.3　物镜测微尺刻度,100小格=1mm

操作方法:将目镜测微尺放于目镜内,物镜测微尺放于载物台上;先用低倍镜观察,调节焦距,使目镜测微尺和物镜测微尺的零点对齐,再寻找两者较远端的另一重合线,算出目镜测微尺的几格相当于物镜测微尺的几格,从而计算出目镜测微尺上每格的长度。取下物镜测微尺,换上需要测量的虫卵玻片标本,一般测量虫卵的最长和最宽处(图3.4),圆形虫卵则是测量直径。

为了方便计算,可将目镜测微尺在固定显微镜和固定倍数物镜下的0～9格长度算好,记录下来。如没有物镜测微尺,可用血球计数板来代替使用。

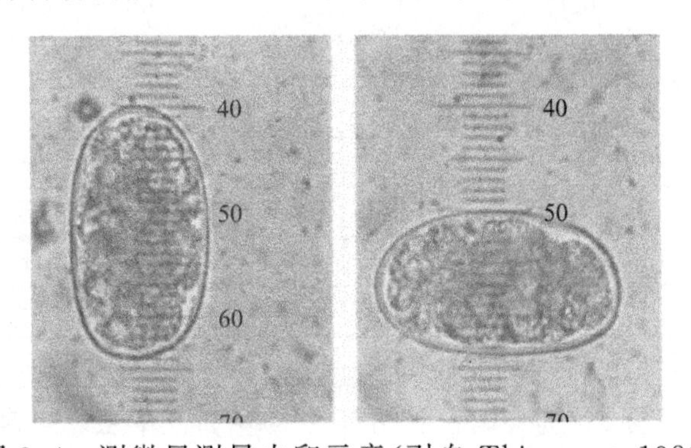

图3.4　测微尺测量虫卵示意(引自Thienpont,1986)

【注意事项】

1.虫卵计数时,所取粪便要求新鲜,不能有土和草等杂质;吸取粪液时必须混匀并在一定的深度吸取。镜检时,不能有重复和遗漏。

2. 为了减少每昼夜寄生虫排卵不均衡所造成的虫卵计数不准确，最好在每日的不同时间检查3次，连续检查3d，然后取其平均值。每日排卵量为每克粪便虫卵数乘以24h内粪便总量所得值，将该值除以已知成虫每日排卵数，即可得出雌虫的大约数量。

3. 虫卵测量时，某个显微镜测出的目镜测微尺每格的长度只适用于该显微镜一定的目镜倍数和物镜倍数。使用油镜时，必须在物镜测微尺上加盖玻片后再测量，以免损坏刻度线。

【思考题】

1. 每克粪便虫卵数量是否反映宿主寄生虫感染程度？

2. 在10倍目镜、40倍物镜、镜筒不抽出的情况下，目镜测微尺的44格相当于镜台测微尺的15格（即150μm），则该条件下目镜测微尺的每格长度为多少？此时，取下物镜测微尺，测量具体虫卵，如果测得其长度为24格，其虫卵长度为多少？

【实验报告要求】

1. 采用两种虫卵计数方法计数同一份粪样并记录结果。

2. 测量2～3种虫卵的大小。

第二章 畜禽吸虫形态和结构

吸虫属于扁形动物门(Platyhelminthes)吸虫纲(Trematoda),分为单殖目(Monogenea)、盾殖目(Aspidogastrea)和复殖目(Digenea)三个目。其中以家畜和人体的复殖目的吸虫最为重要,可寄生于宿主肠道、结膜囊、肠系膜静脉、肾和输尿管及皮下部位。本章所述畜禽吸虫的形态、结构仅限于此目吸虫。

实验四 片形吸虫、后睾吸虫、歧腔吸虫形态观察

【实验目的】

掌握片形吸虫、后睾吸虫、歧腔吸虫的基本形态和结构,并且能够在显微镜下或肉眼观察识别这几种吸虫的种类,了解其寄生部位及中间宿主的种类,准确诊断这几种吸虫引起的吸虫病。

【实验内容】

1. 观察片形吸虫成虫及虫卵的形态结构。
2. 观察后睾吸虫成虫及虫卵的形态结构。
3. 观察歧腔吸虫成虫及虫卵的形态结构。

【材料与设备】

显微镜、放大镜、载玻片、病理标本、挂图或投影仪、解剖针、虫体染色封片标本、固定虫卵标本等。

【操作与观察】

一、片形吸虫的形态观察

对于虫体比较小的染色封片标本应在显微镜下用低倍镜观察,而较大的虫体染色封

片应用放大镜观察。观察虫卵时取洁净的载玻片，在其中央滴一小滴虫卵保存液(内含有虫卵)，在虫卵保存液上盖以盖玻片，置显微镜下暗视野检查。必要时，用解剖针轻轻移动盖玻片，以便能清晰辨认虫卵结构。

(一)肝片形吸虫(*Fasciola hepatica*)

1.外部形态(图4.1)：肝片形吸虫成虫背腹扁平，外观呈柳树叶状，新鲜时为棕红色，固定后为灰白色。虫体大小随发育程度不同差别很大，一般成熟虫体长21～41mm，宽9～14mm。体表被有许多小棘，棘尖而锐利。虫体前部较后部宽，前端伸展呈圆锥形突出，称为头锥。头锥的基部突然变宽，呈双肩样突出。肩部向后逐渐变窄。口吸盘位于虫体的前端，呈圆形，直径约为1.0mm。腹吸盘在双肩样突出水平线的下方，较口吸盘大，位于其稍后方。生殖孔位于口、腹吸盘之间。

2.内部结构：①消化系统由口、咽、食道和肠管组成。口位于口吸盘的中央，口吸盘的底部是口孔。口孔经咽通向食道和肠管，肠管高度分枝，外侧枝多，内侧枝少而短。②生殖系统为雌雄同体。雄性生殖系统包括两个呈树枝状分支的睾丸，前后分布于虫体后1/2～3/4的中央。每个睾丸发出一条输出管，汇合成一条输精管，进入雄茎囊，膨大形成贮精囊，下接射精管，末端为雄茎，经生殖孔开口于腹面腹吸盘之前，并与雌性生殖孔形成生殖窦。雌性生殖器官有卵巢一个，鹿角状，位于睾丸的右上方。输卵管与卵模相通，卵模显著，位于睾丸前方体中线上，周围有梅氏腺。卵模与腹吸盘之间为盘曲的子宫，孕卵子宫呈褐色菊花状，内充满虫卵，一端通向生殖孔，外生殖孔开口于腹吸盘的前缘附近。无受精囊。卵黄腺由许多点状小滤泡组成，布满于虫体两侧，前起于腹吸盘，后达于虫体末端，与肠管重叠。左右两侧的卵黄腺通过卵黄管左右横向汇合于卵模的下方，形成卵黄囊，然后通向卵模。位于虫体后1/4处的卵黄腺被透明的排泄囊所分隔。

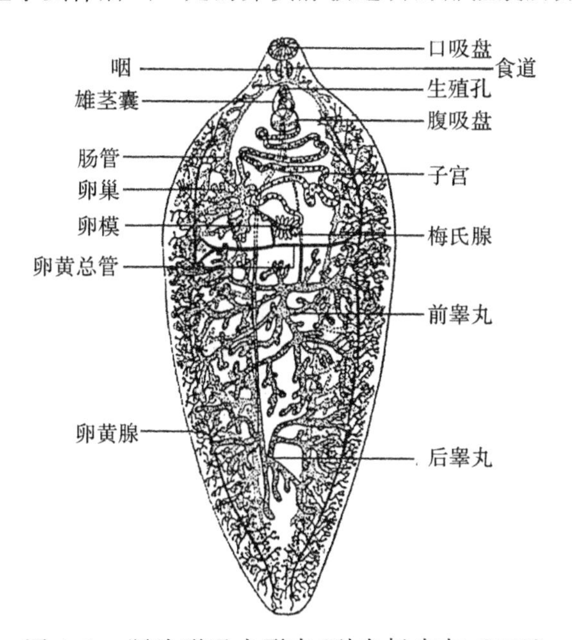

图4.1　肝片形吸虫形态(引自杨光友，2005)

虫卵：呈椭圆形，金黄色，前端较窄，有一个不明显的卵盖，后端较钝。卵壳薄而透明，由四层膜组成，卵内充满卵黄细胞和一个未分裂的胚细胞。虫卵长 133～157μm，宽 74～91μm。

（二）大片形吸虫（*Fasciola gigantica*）

大片形吸虫的形态（图 4.2）与肝片形吸虫基本相似，其主要区别在于大片形吸虫虫体较大，长 25～75mm，宽 5～12mm，竹叶状。前端没有显著的头锥，在头部后面即逐渐扩大至腹吸盘水平处，虫体的两边几乎平行，后端不缩小。腹吸盘较口吸盘大 1.5 倍。咽较食道长，肠管的内侧分支很多，并有明显的小支，睾丸分支较少，所占空间及其长度也较小，其内部构造和肝片形吸虫相似。

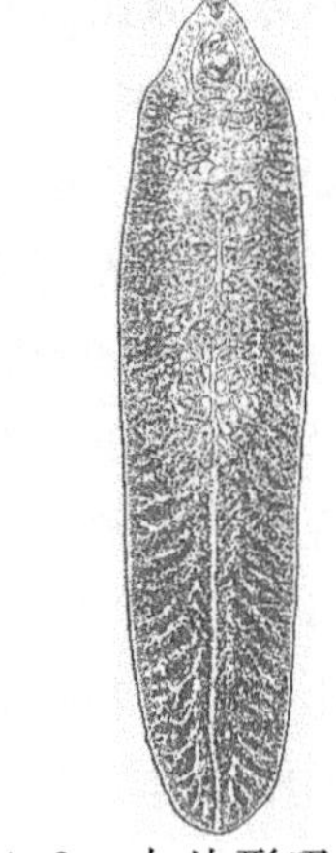

图 4.2　大片形吸虫形态
（引自黄兵、沈杰，2005）

虫卵：大片形吸虫的虫卵比肝片形吸虫的虫卵大，长 150～190μm，宽 75～90μm。虫卵为黄褐色，长卵圆形。

（三）布氏姜片吸虫（*Fasciolopsis buski*）

新鲜虫体为肉红色，大而肥厚，形似斜切的姜片（图 4.3），故称姜片吸虫。成虫大小相差甚大，长 20～75mm，宽 8～20mm，厚 2～3mm。体表被有小棘，易脱落。口、腹吸盘均在虫体前端，相距较近。腹吸盘发达，呈漏斗状，大小是口吸盘的 4～5 倍。消化器官有口、咽、食道和肠管。咽小，食道短，两条肠管弯曲，波浪状伸达虫体后端，末端为盲肠。睾丸 2 个，高度分支，前后排列在虫体后半部中央。两条输出管合并为输精管，膨大为贮精囊。雄茎囊发达。生殖孔开口在腹吸盘的前方。卵巢一个，呈短的佛手状分支，位于虫体中部偏右侧。卵模位于虫体中部，其周围为梅氏腺。输卵管和卵黄总管均与卵模相通。卵黄腺位于虫体两侧呈颗粒状。无受精囊。充满虫卵的子宫弯曲在卵模和腹吸盘之间。

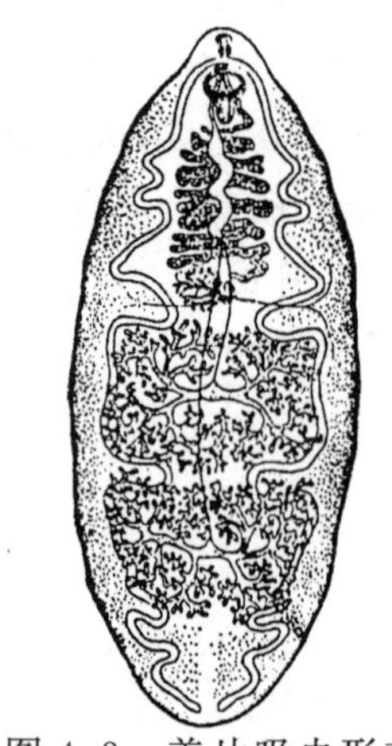

图 4.3　姜片吸虫形态
（引自陈心陶，1985）

虫卵：呈淡黄色，长椭圆形或卵圆形，大小为（130～145）μm×（85～97）μm。卵壳很薄，有卵盖。卵内含一个卵细胞，呈灰色，卵黄细胞 30～50 个，致密且相互重叠。

二、后睾吸虫的形态观察

（一）华支睾吸虫（*Clonorchis sinensis*）

1. 外部形态（图 4.4）：虫体背腹扁平，狭长，呈树叶状。前端稍尖，后端较钝，体表无棘，透明。大小为长 10～25mm，宽 3～5mm。口吸盘位于体前端，略大于腹吸盘，腹吸盘位于体前端 1/5 处。

2. 内部结构：①消化系统包括口、咽、食道及肠管。咽球形，食道短，两盲肠直达虫体后端。②生殖系统为雌雄同体。睾丸2个，呈树枝状分支，前后排列于虫体后1/3处。从两睾丸各发出一条输出管，向前汇合成输精管。其膨大部分形成贮精囊，末端为射精管，开口于雄性生殖腔。生殖孔位于腹吸盘前缘处。缺雄茎和雄茎囊。卵巢分叶，位于前睾丸之前。受精囊发达，呈椭圆形，位于睾丸与卵巢之间。劳氏管细长，位于受精囊旁边，开口于虫体背面。输卵管的远端为卵模，周围有梅氏腺，均位于睾丸之前。卵黄腺由细小的颗粒组成，排列在虫体两侧，起自腹吸盘，止于受精囊前缘。两条卵黄管汇合后，与输卵管相通。子宫从卵模开始，盘绕而上，直至腹吸盘，开口于腹吸盘前缘的生殖孔。排泄囊呈"S"状，弯曲于体后部，向前伸达受精囊处。

虫卵：虫卵小，黄褐色，平均大小为29μm×17μm，形似电灯泡。前端较窄，有卵盖，卵周围的卵壳增厚，形成肩峰。后端钝圆，有一逗点状小突起。从宿主体内随粪便排出时卵内已含有一个成熟毛蚴。

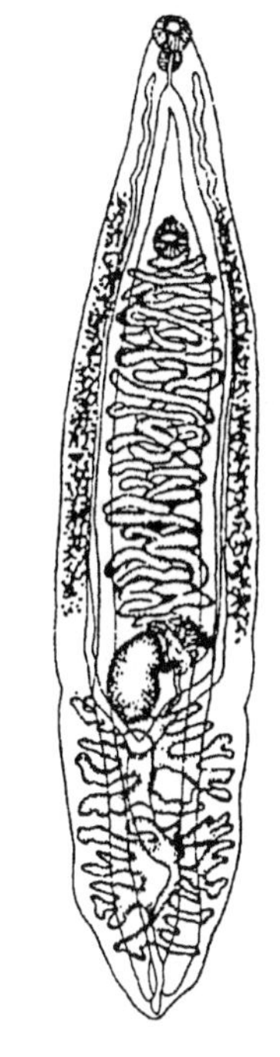

图4.4　华支睾吸虫形态
(引自杨光友，2005)

(二)猫后睾吸虫(*Opisthorchis felineus*)

猫后睾吸虫的形态与华支睾吸虫相似，但略小，长7～12mm，宽2～3mm。体表光滑，颇似华支睾吸虫。睾丸呈裂状分叶，前后斜列于虫体后1/4处。睾丸之前是卵巢及较发达的受精囊。子宫位于肠支内，卵黄腺位于肠支外，均分布在虫体中1/3处。排泄管在睾丸之间，呈"S"状弯曲。

麝猫后睾吸虫的成虫形态也与华支睾吸虫相似。

虫卵：呈卵圆形，淡黄色，大小为(26～30)μm×(10～15)μm。一端有卵盖，另一端有小突起，内含毛蚴。麝猫后睾吸虫虫卵的形态与华支睾吸虫卵相似。

(三)东方次睾吸虫(*Metorchis orientalis*)

成虫呈叶片状(图4.5)，长2.4～4.7mm，宽0.5～1.2mm。前端稍窄长，后端钝圆，体表被有小棘。口吸盘位于虫体前端，腹吸盘位于虫体前1/4处中央。两条肠管伸达虫体末端。睾丸大而分叶，前后排列于虫体后端。生殖孔位于腹吸盘正前方。卵巢椭圆形，位于睾丸前方，受精囊位于前睾丸之前、卵巢的右侧。卵黄腺分布于虫体两侧，始于肠分叉的稍后方，终止于前睾丸的前缘。子宫弯曲，起自卵巢水平线上，向前伸达腹吸盘上方，内充满虫卵。

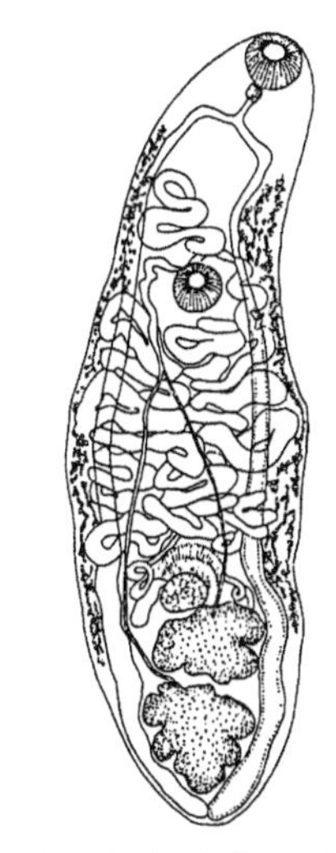

图4.5　东方次睾吸虫形态
(引自杨光友，2005)

虫卵：浅黄色，椭圆形，大小为(29～32)μm×(15～17)μm，有卵盖，内含毛蚴。

(四)鸭对体吸虫(*Amphimerus anatis*)

虫体细长，前端稍钝，后端尖细，大小为(19.58～24.63)mm×(1.14～1.39)mm(图4.6)。口吸盘位于虫体前端，腹吸盘位于虫体前1/7处。口、腹吸盘大小比例为2∶1。两条肠管伸达虫体后端。睾丸呈长椭圆形，边缘稍有缺刻，前后排列在虫体的后方。生殖孔位于腹吸盘的前缘。卵巢分叶，位于前睾丸之前。受精囊膨大呈梨形，紧接卵巢之后。子宫位于肠支间，从卵巢处曲折前行，直达腹吸盘。卵黄腺分布于肠管两侧，每侧明显地分成8～9簇，自虫体中部伸达睾丸之后。

虫卵：呈卵圆形，顶端有小盖，另一端有小突起。虫卵大小为(25～28)μm×14μm。

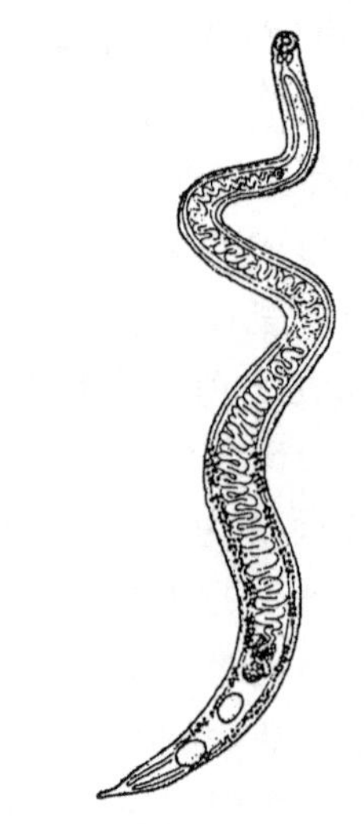

图4.6　鸭对体吸虫成虫形态
(引自杨光友，2005)

(五)截形微口吸虫(*Microtrema truncatum*)

虫体背腹扁平，似舌状，前端稍尖，后端平截，虫体中部略向背面隆起，长4.5～14mm，宽2.5～6.5mm，厚1.5～3.0mm。体表被细棘。口吸盘位于虫体前端，腹吸盘位于虫体中央略后方。食道短，两肠管与体缘平行，到达虫体后端略向内弯。睾丸略分叶，左右对称，排列在体后1/4处肠管的内侧。卵巢位于虫体中轴上，与睾丸在同一水平的略前方，呈三角形，由十余叶组成。梅氏腺在卵巢之前，受精囊为卵圆形，在其后有劳氏管。卵黄腺分布在体两侧的肠管之外，各有9～14簇。子宫弯曲于睾丸和卵巢之前，肠分叉处之后。排泄囊在体后端形成“Y”字形。

虫卵：虫卵小，深金黄色，前端狭，后端略宽，大小平均为3.35～18.1μm，有卵盖，其另一端有一小刺，壳厚，表面有龟裂纹，内含毛蚴。

三、歧腔吸虫的形态观察

(一)矛形歧腔吸虫(*Dicrocoelium lanceatum*)

虫体窄长呈矛形，棕红色，表皮光滑(图4.7)。长5～15mm，宽1.5～2.5mm。前部狭小，中部最宽，后端钝圆。口吸盘比腹吸盘稍小，其后紧随有咽，下接食道和两肠管。腹吸盘位于体前端1/5处。睾丸2个，圆形或边缘具缺刻，前后排列或斜列于腹吸盘的后方。雄茎囊呈长形，位于肠分叉与腹吸盘之间，内含有扭曲的贮精囊、前列腺和雄茎。生殖孔开口于肠分支处。卵巢近圆形，位于后睾丸之后，其后有受精囊和劳氏管。卵黄腺位于体中部两侧。子宫弯曲，充满虫体后半部，内含大量虫卵。

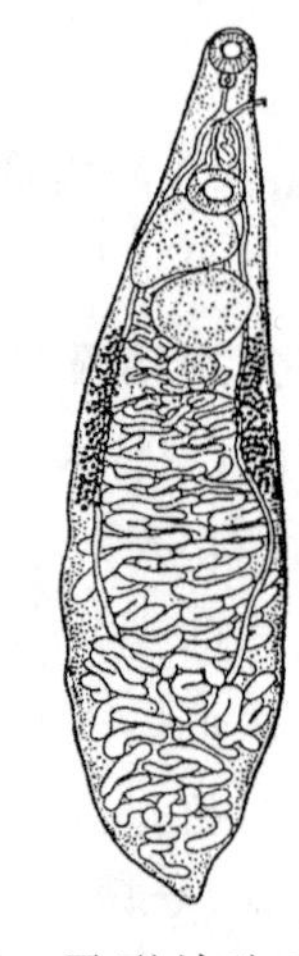

图4.7　矛形歧腔吸虫形态
(引自杨光友，2005)

虫卵：似卵圆形，褐色，具卵盖，大小为(34～44)μm×(29～33)μm，内含毛蚴。

(二)中华歧腔吸虫(*Dicrocoelium chinensis*)

中华歧腔吸虫与矛形歧腔吸虫相似，但虫体较宽扁，体前1/3处两侧呈肩状扩大，其前方体部呈头锥状。2个睾丸左右并列于腹吸盘后。虫体长3.54～8.96mm，宽2.03～3.09mm。

虫卵：与矛形歧腔吸虫卵非常相似，大小为(45～51)μm×(30～33)μm。

(三)阔盘吸虫(*Eurytrema*)

我国发现的阔盘吸虫已有6种，其中以胰阔盘吸虫(*Eurytrema pancreaticum*)(图4.8)、腔阔盘吸虫(*E. coelomaticum*)和支睾阔盘吸虫(*E. cladorchis*)三种分布最广泛。胰阔盘吸虫为小型吸虫，虫体活时为棕红色，固定后为灰白色，虫体扁平较厚，表皮上有细刺，成虫时常已脱落。虫体大小为长8～16mm，宽5～5.8mm。吸盘发达，口吸盘大于腹吸盘。咽小，食道短，两肠支盲端不达体后端。睾丸2个，圆形或略分叶，左右排列在腹吸盘稍后。雄茎囊呈长管状，位于腹吸盘前方与肠支之间。生殖孔开口于肠分叉的后方。卵巢3～6叶，位于睾丸之后，体中线附近。受精囊呈圆形，在卵巢附近。子宫弯曲，充满于虫体后部，末端在腹吸盘一旁作多个绕曲后沿着雄茎囊旁边上行，开口于生殖孔。卵黄腺呈颗粒状，分布于体中部的两侧。排泄系统的纵管沿肠支走向虫体的两侧，排泄囊呈"T"状，排泄孔开口于体后端尾突的中央。

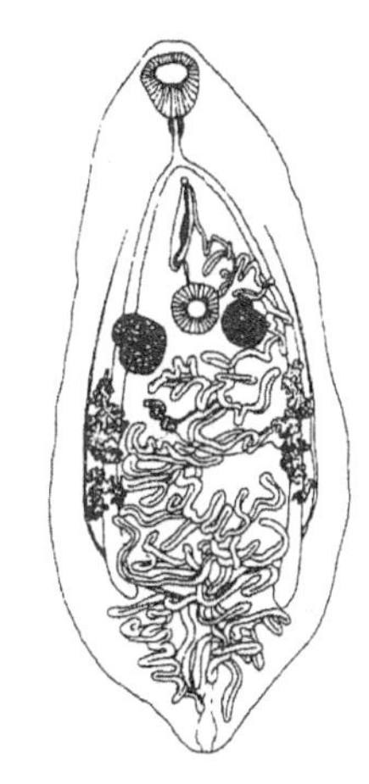

图4.8 胰阔盘吸虫形态
(引自黄兵、沈杰，2005)

虫卵：呈黄棕色或深褐色，椭圆形，两侧稍不对称，具卵盖。大小为(42～50)μm×(30～34)μm。内含一个椭圆形的毛蚴。

【注意事项】

1. 观察虫体时一定要识别其内部结构，根据虫体大小选用显微镜或放大镜。
2. 观察虫卵时要注意调节显微镜光圈的大小或灯的亮度，使视野的亮度适中。

【思考题】

1. 比较肝片形吸虫、大片形吸虫形态的异同。
2. 布氏姜片吸虫、华支睾吸虫的形态特点是什么？

【实验报告要求】

1. 绘出肝片形吸虫、华支睾吸虫成虫形态图并说明各部分结构名称。
2. 绘制肝片形吸虫、华支睾吸虫虫卵形态图。

实验五　分体吸虫、前后盘吸虫、前殖吸虫形态观察

【实验目的】

掌握分体吸虫、前后盘吸虫、前殖吸虫的形态构造，并且能够在显微镜下或肉眼观察识别这几种吸虫，准确诊断这几种吸虫引起的吸虫病。

【实验内容】

1. 观察分体吸虫成虫和虫卵的形态结构。
2. 观察前后盘吸虫成虫和虫卵的形态结构。
3. 观察前殖吸虫成虫和虫卵的形态结构。

【材料与设备】

显微镜、放大镜、载玻片、病理标本、挂图或投影仪、解剖针、虫体染色封片标本、固定虫卵标本等。

【操作与观察】

一、分体吸虫的形态观察

对于虫体比较小的染色封片标本应在显微镜下用低倍镜观察，而较大的虫体染色封片应用放大镜观察。

(一)日本血吸虫(*Schistosoma japonicum*)

1. 外部形态(图 5.1)：雌雄异体，寄生时呈雌雄合抱状态。虫体呈长圆柱状，外观线状。体表有棘，口、腹吸盘各一个。雄虫粗短，乳白色，长 10～20mm，宽 0.5～0.55mm，口吸盘位于虫体的前端，腹吸盘较大，具有短而粗的柄，在口吸盘后方不远处。虫体自腹吸盘以下由两侧向腹面卷曲形成抱雌沟。雌虫位于雄虫抱雌沟内，呈雌雄合抱状态。雌虫比雄虫细长，暗褐色，前细后粗，虫体长 15～26mm，宽 0.3mm，口、腹吸盘等大，均较雄虫的为小。

2. 内部构造：雌雄虫均缺咽，食道大，两旁有食道腺。食道在腹吸盘前分为两支，向后延伸为肠管，至虫体后 1/3 处合并为一单盲管，伸达体后端。雄虫睾丸 7 枚，椭圆形，呈单行排列于腹吸盘下方。每个睾丸有一根输出管，汇合成输精管，延伸扩大成贮精囊。雄性生殖孔开口于腹吸盘后的抱雌沟内。雌虫卵巢呈椭圆形，位于虫体中部偏后方两肠管之间，从后方发出一根输卵管，绕过卵巢向前延伸，与来自虫体后部的卵黄管在卵巢前汇合于卵模，卵模外被梅氏腺并与管状子宫相连。子宫内含有 50～300 个虫卵，雌性生殖孔开

口于腹吸盘后方。卵黄腺呈分支状，位于虫体后 1/4 处。

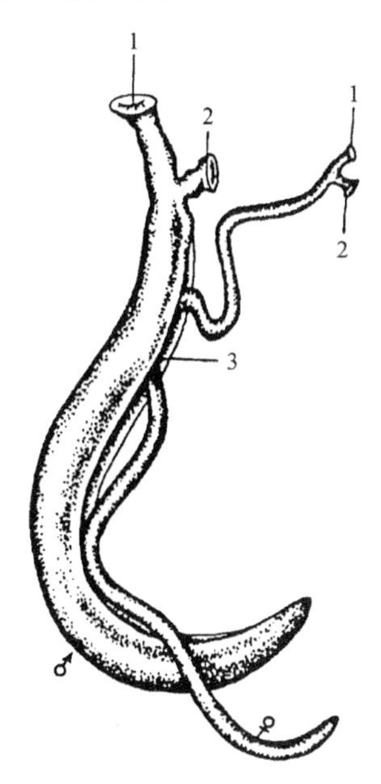

图 5.1　日本血吸虫形态(引自孔繁瑶，1997)

1. 口吸盘　2. 腹吸盘　3. 抱雌沟

虫卵：呈椭圆形，大小为(70～100)μm×(50～65)μm，淡黄色，卵壳较薄，无卵盖，在其一侧有一个小棘。卵壳内有层薄的胚膜，排出时已发育至毛蚴阶段。

(二)土耳其斯坦东毕吸虫(*Orientobilharzia turkestanicum*)

1. 外部形态：虫体呈线形，雌雄异体，常为合抱状态。雄虫乳白色，雌虫暗褐色，体表光滑、无结节。口、腹吸盘相距近。雄虫长 4.39～4.56mm，宽 0.36～0.42mm，体两侧向腹面卷起形成抱雌沟。雌虫较雄虫细长，长 3.95～5.73mm，宽 0.07～0.116mm。

2. 内部构造：雌雄虫无咽，食道在腹吸盘前方分为两条肠管，在体后部再合并成单管，抵达体末端。雄虫含睾丸 78～80 个，细小，颗粒状，在腹吸盘后侧上方呈不规则双行排列，偶见单列。缺雄茎囊，生殖孔开口于腹吸盘后方。雌虫卵巢位于肠支连接处的前方，成螺旋状扭曲。卵黄腺在单肠的两侧。子宫短，在卵巢前方，其内通常只有一个虫卵。

虫卵：大小为(72～74)μm×(22～26)μm。无卵盖，两端各有一个附属物，一端较尖，另一端钝圆。

(三)程氏东毕吸虫(*O. cheni*)

雄虫乳白色，长 3.12～4.99mm，宽 0.23～0.34mm。腹面抱雌沟较土耳其斯坦东毕吸虫明显。睾丸数目为 53～99 个，一般在 60 个以上，拥挤重叠，单行排列。雌虫较雄虫小，暗褐色，长 2.63～3.00mm，宽 0.09～0.14mm。两肠管在虫体后半部合并。

虫卵：大小为(80～130)μm×(30～50)μm。

(四)包氏毛毕吸虫(*Trichobilharzia paoi*)

雌雄异体。雄虫长 5.21～8.23mm，宽 0.078～0.095mm，具有口、腹吸盘，上有小刺。

抱雌沟简单，沟的边缘有小刺。睾丸呈球形，有70～90个，单行纵列，始于抱雌沟之后，直到虫体后端。雄茎囊位于腹吸盘之后，居于抱雌沟与腹吸盘之间。生殖孔开口于抱雌沟的前方。雌虫比雄虫纤细，长3.39～4.89mm，宽0.08～0.12mm。卵巢是一个狭长的腺体，位于腹吸盘后不远处，呈3～4个螺旋状扭曲。受精囊呈圆筒状。子宫极短，介于卵巢与腹吸盘之间，其内仅含一个卵。卵黄腺呈颗粒状，布满虫体，从受精囊后面延至虫体后端。

虫卵：呈纺锤形，中部膨大，两端较长，其一端有一个小钩，大小为(23.6～31.6)μm×(6.8～11.2)μm，内含毛蚴。

二、前后盘吸虫的形态观察

鹿前后盘吸虫(*Paramphistomum cervi*)呈圆锥形或纺锤形，乳白色，长8.8～9.6mm，宽4.0～4.4mm(图5.2)。口吸盘位于虫体前端，腹吸盘位于虫体亚末端，口、腹吸盘直径比例为1∶1.9。缺咽，肠支长而弯曲，伸达腹吸盘边缘。睾丸两个，呈横椭圆形，前后排列，位于虫体中1/3处。贮精囊长而弯曲，生殖孔开口于肠支起始部的后方。卵巢呈圆形，位于睾丸后侧缘，通过输卵管经卵模接子宫。子宫在睾丸后缘经数个回旋弯曲后，沿睾丸背面弯曲上行，至前睾丸前缘，弯曲上行于贮精囊腹面，开口于生殖孔。卵黄腺发达，呈滤泡状，分布于肠支两侧，自肠分支处开始沿体两侧分布至腹吸盘的前缘。

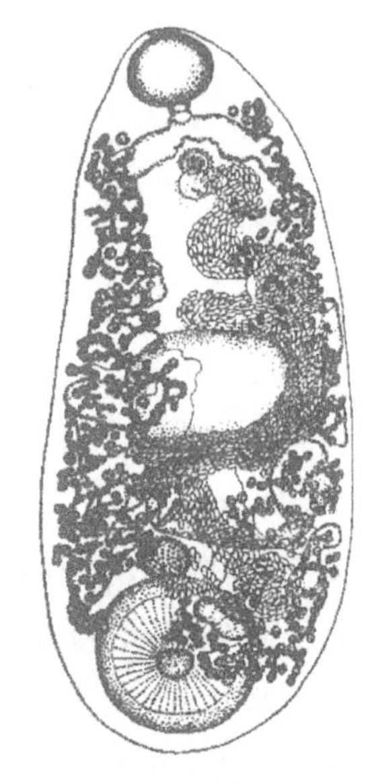

图5.2 鹿前后盘吸虫形态
(引自汪明，2003)

虫卵：呈椭圆形，淡灰色，卵黄细胞不充满整个虫卵，虫卵大小为(125～132)μm×(70～80)μm。

三、前殖吸虫的形态观察

常见的前殖吸虫有卵圆前殖吸虫、楔形前殖吸虫、透明前殖吸虫、鲁氏前殖吸虫及家鸭前殖吸虫，寄生于鸡、鸭、鹅等多种禽类法氏囊或输卵管内，偶见于蛋内。

(一)卵圆前殖吸虫(*Prosthogonimus ovatus*)

虫体扁平，呈梨形(图5.3)。体表有小棘，体中部以后变宽。虫体长3～6mm，宽1～2mm。口吸盘较小，呈椭圆形，位于体前端。腹吸盘较大，位于虫体前1/3处。咽小，食道长，盲肠末端止于虫体后1/4处。睾丸2个，呈不规则椭圆形，位于虫体后半部。卵巢位于腹吸盘的背面，分

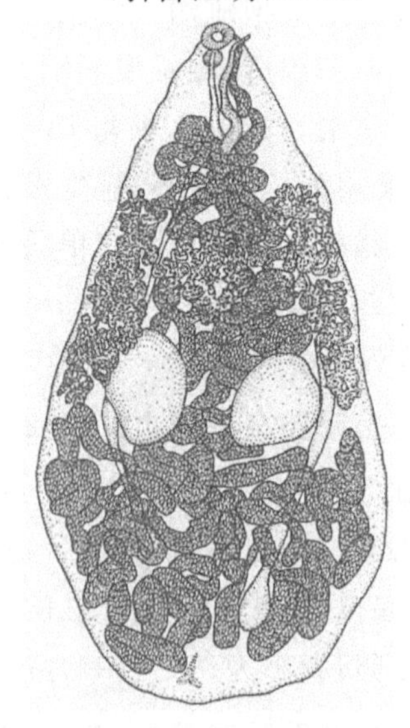

图5.3 卵圆前殖吸虫形态
(引自黄兵、沈杰，2005)

叶。卵黄腺位于虫体的两侧，前缘起于肠管分叉部的稍后方，后界接近睾丸后缘。子宫环越出肠管，上行支分布于腹吸盘与肠叉之间，形成腹吸盘环。子宫末端与雄茎并列，雌雄性生殖孔开口于口吸盘的左侧。虫卵小，壳薄，大小为(22～24)μm×13μm，内含卵细胞。

(二)楔形前殖吸虫(*P. cuneatus*)

虫体呈梨形，大小为(2.9～7.1)mm×(1.7～3.7)mm。体表被小棘，口吸盘小于腹吸盘，后者为前者的两倍大小。咽呈球状，盲肠分两支，分支处位于口吸盘和腹吸盘之间的中央处附近，末端伸达虫体后部1/5处。睾丸呈卵圆形，贮精囊越过肠叉。卵巢分三叶以上。卵黄腺自肠管分叉处伸达睾丸之后，每侧7～8簇。子宫越出盲肠之外。虫卵大小为(22～28)μm×13μm。

(三)透明前殖吸虫(*P. pellucidus*)

虫体呈长梨形，体表小棘仅分布在虫体前部(图5.4)。虫体长5.58～8.67mm，宽2.96～3.86mm。口吸盘与腹吸盘近圆形，大小相近。盲肠末端伸达虫体后部。睾丸呈卵圆形。卵巢分叶，位于腹吸盘与睾丸之间。卵黄腺起自腹吸盘的后缘，终止于睾丸之后。子宫盘曲于虫体的后部并越出肠管的外侧。虫卵大小为(25～29)μm×(11～15)μm。

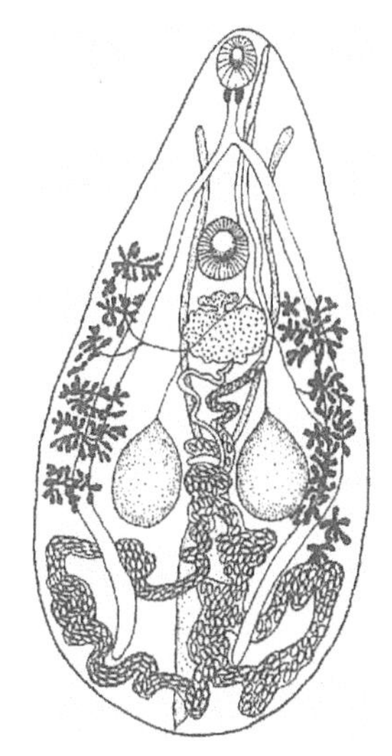

图5.4　透明前殖吸虫形态
(引自陈淑玉，1994)

(四)鲁氏前殖吸虫(*P. rudolphi*)

虫体呈椭圆形，长1.35～5.75mm，宽1.2～3.0mm。口吸盘小于腹吸盘。睾丸位于虫体中部的两侧。贮精囊伸过肠叉。卵巢分为5叶，位于腹吸盘后。卵黄腺前缘起自腹吸盘，后缘越过睾丸，伸达肠管末端。子宫分布于两盲肠之间。虫卵大小为(24～30)μm×(12～15)μm。

(五)家鸭前殖吸虫(*P. anatinus*)

虫体呈梨形，大小为3.8mm×2.3mm。口吸盘与腹吸盘的直径比例为1∶1.5。盲肠伸达虫体后1/4处。睾丸大小为0.27mm×0.21mm。贮精囊呈窦状，伸达肠叉与腹吸盘之间。卵巢分5叶，位于腹吸盘下方。卵黄腺每侧有6～7簇。子宫环不越出肠管。虫卵大小平均为23μm×13μm。

【注意事项】

1. 观察虫体时一定要识别其内部结构，根据虫体的大小选用显微镜或放大镜。

2. 观察虫卵时要注意调节显微镜光圈的大小或灯的亮度，使视野的亮度适中。

【思考题】

1. 日本血吸虫成虫和虫卵的形态学特征有哪些？
2. 鹿前后盘吸虫成虫和虫卵的形态学特征有哪些？

【实验报告要求】

1. 绘出日本血吸虫和鹿前后盘吸虫成虫形态图并注明内部结构。
2. 绘制日本血吸虫虫卵和鹿前后盘吸虫虫卵形态图。

实验六 其他重要吸虫形态观察

【实验目的】

掌握棘口吸虫、背孔吸虫、嗜眼吸虫、异形吸虫、双穴吸虫、环肠吸虫、枭形吸虫的基本构造，并且能够在显微镜下或肉眼观察识别这几种吸虫的种类，熟悉寄生部位及中间宿主的种类，正确诊断这几种吸虫引起的吸虫病。

【实验内容】

1. 观察棘口吸虫成虫和虫卵的形态结构。
2. 观察背孔吸虫成虫和虫卵的形态结构。
3. 观察嗜眼吸虫成虫和虫卵的形态结构。
4. 观察其他吸虫成虫和虫卵的形态结构。

【材料与设备】

显微镜、放大镜、载玻片、病理标本、挂图或投影仪、解剖针、虫体染色封片标本、固定虫卵标本等。

【操作与观察】

一、棘口吸虫形态的观察

(一)卷棘口吸虫(*Echinostoma revolutum*)

卷棘口吸虫的新鲜虫体呈淡红色，长叶状(图 6.1)。躯体向腹面弯曲，长 7.6～12.6mm，宽 1.26～1.60mm，体表有小棘。虫体前端有头领，其上有 37 枚头棘，其中各有 5 个排列在两侧，称为腹角棘；背侧棘 27 个。口吸盘呈圆形，位于虫体前端。口、腹吸盘直径之比约为 1∶3.7。两睾丸呈圆形，边缘完整，前后排列于虫体后半部。雄茎囊位于肠管分叉处。生殖孔开口于腹吸盘的前方。卵巢近圆形，位于虫体中部。子宫弯曲在卵巢的前方，内充满虫卵。卵黄腺发达，呈颗粒状，分布在两肠管的外侧，前缘自腹吸盘后方开始，延伸至体末端，在睾丸后方不向体中央扩展。

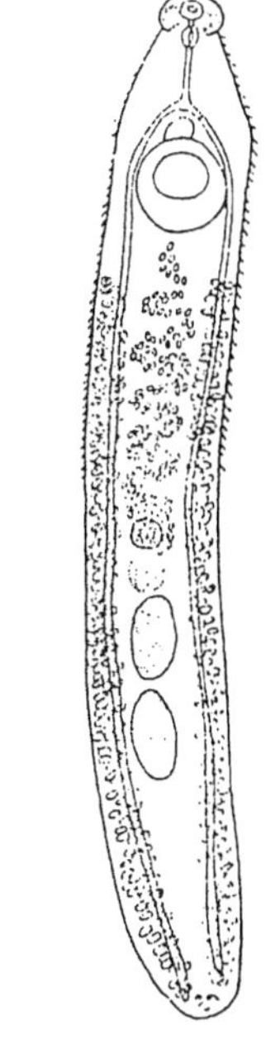

图 6.1 卷棘口吸虫形态
(引自杨光友，2005)

虫卵：呈椭圆形，淡黄色，有卵盖，大小为(114～126)μm×(68～72)μm。

(二)宫川棘口吸虫(*E. miyagawai*)

与卷棘口吸虫的形态结构极其相似，其主要区别在于此类吸虫的睾丸分叶，卵黄腺于后睾丸后方向体中央扩展汇合。

(三)接睾棘口吸虫(*E. paraulum*)

与卷棘口吸虫的形态结构极其相似，但睾丸中部凹陷呈"工"字形，前后相接排列。

(四)曲领棘缘吸虫(*Echinoparyphium recurvatum*)

虫体长叶状，淡黄色。体长2～5mm。头领发达，有头棘45个，其中腹、角棘各5个。睾丸呈长圆形或稍分叶，前后相接排列。卵巢呈球形位于虫体中央。卵黄腺在后睾丸后方向中央汇合。子宫短，内含少数虫卵。

(五)似锥低颈吸虫(*Hypoderaeum conoideum*)

虫体肥厚，呈黄红色，长7.37～11.0mm，宽1.10～1.58mm，头端钝圆，腹吸盘处最宽，腹吸盘向后逐渐变小，形似圆锥状。头领呈肾形，有头棘49个，左右腹、角棘各5个，密集排列，其余39个排为两列。腹吸盘发达，口、腹吸盘直径之比为1∶6。咽椭圆形，食道短。睾丸呈腊肠状，位于虫体中横线之后，卵巢类圆形，位于睾丸前。卵黄腺滤泡大，自腹吸盘后缘开始至虫体亚末端，在睾丸之后两侧不汇合。子宫长，含虫卵多。

二、背孔吸虫形态的观察

(一)纤细背孔吸虫(*Notocotylus attenuatus*)

虫体呈长椭圆形，前端稍尖，后端钝圆(图6.2)。活体时呈淡红色，腹面稍向内凹。体长3.84～4.32mm，宽1.12～1.28mm。口吸盘圆形，腹吸盘和咽副缺。腹面有三纵列圆形腹腺，每列15个，各腹腺呈乳头状突起，中央有裂口。两睾丸分叶，大小相同，左右排列在虫体后端、肠管两侧。卵巢分叶，在两睾丸之间。梅氏腺位于卵巢前方。子宫左右回旋弯曲，位于虫体中后部、两肠支的内侧。子宫颈细长与雄茎囊并列，长度为雄茎囊的一半。生殖孔开口在肠叉的下方。卵黄腺呈颗粒状，分布于虫体两侧，自虫体中部开始，后至睾丸的前缘。

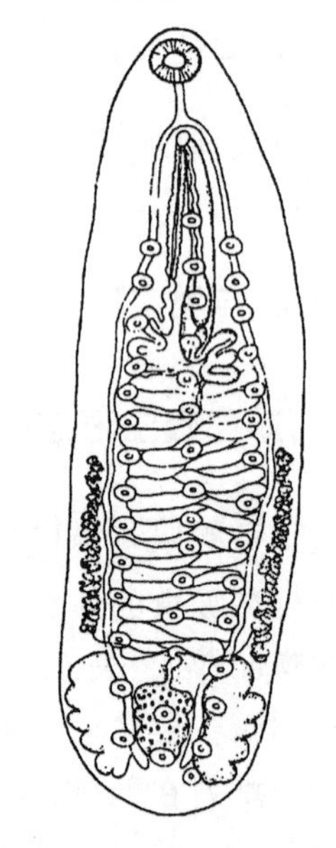

图6.2　纤细背孔吸虫
(引自陈淑玉，1994)

虫卵小，呈长椭圆形，淡黄到深褐色，大小为(18～21)μm×(1.0～1.2)μm。卵的两端各有一条卵丝，长约277μm。

(二)印度裂叶吸虫(*Ogmocotyle indica*)

印度裂叶吸虫也称印度槽盘吸虫。虫体前端尖细，后端钝圆，大小为(1.94～2.80)mm×(0.75～0.85)mm。虫体两端缘的角皮向腹面内侧卷曲，形成一条深凹的槽沟。腹吸盘和咽副缺。睾丸呈椭圆形，不分叶，位于虫体后部两侧，两盲肠的后端。雄茎囊发达，几乎呈半圆形，位于虫体中部。雄茎经常伸出生殖孔外。卵巢位于虫体的最后端，呈圆形或椭圆形，分4或5叶。卵巢前有梅氏腺。卵黄腺呈圆形或椭圆形，13～14个，分布在虫体后部的两侧，几乎与睾丸处在同一水平线上，并在梅氏腺前方汇合。子宫发达，占虫体后部的1/2～2/3，一般有8～9个弯曲。

虫卵金黄色，不对称，卵圆形，大小为(15～22)μm×(10～17)μm，卵的两端各具一根卵丝，丝长919～1364μm。

三、嗜眼吸虫形态的观察

虫体中等大，呈长形、纺锤形或梨形，有或无体棘。口吸盘亚顶位，腹吸盘发达，位于体前半部或中部1/3处。咽大，食道短，两肠支伸达体后端。睾丸前后排列、斜列或左右不对称并列于体后端。生殖孔位于肠叉分支处。卵巢在睾丸之前的体中央，具劳氏管。卵黄腺分布于睾丸之前的虫体两侧，形成对称的“U”或“V”字形。子宫盘曲在睾丸与腹吸盘之间的两肠管内侧。虫卵无卵盖，子宫中的虫卵已发育为毛蚴。

四、异形吸虫形态的观察

(一)横川后殖吸虫(*Metagonimus yokogawai*)

虫体呈梨形或椭圆形，前端稍尖，后端钝圆，长1.10～1.66mm，宽0.58～0.69mm。体表布满鳞棘。口吸盘似球形，腹吸盘呈椭圆形，位于体前1/3处右侧。前咽极短，食道较长，咽肌发达。盲肠伸达体后端。睾丸类圆形，斜列于体后端。卵巢呈球形，位于贮精囊的后方。受精囊发达，呈椭圆形，位于卵巢的略右侧。卵黄腺由褐色的大颗粒组成，呈扇形，分布于体后1/3处的两侧。子宫盘曲于生殖孔与睾丸之间的空隙中，内充满着虫卵。贮精囊为横向袋状，位于虫体1/2处的中央。生殖孔开口于腹吸盘的前缘。

虫卵为黄色或深黄色，大小为(19.7～23.8)μm×(11.4～17.6)μm，有卵盖，内含毛蚴。

(二)异形异形吸虫(*Heterophyes heterophyes*)

虫体小型，长1.0～1.7mm，宽0.3～0.7mm，呈梨形。体表被有鳞棘。生殖吸盘位于腹吸盘的左下方，上有70～80个小棘。睾丸呈卵圆形，斜列于体后端。卵巢甚小，在睾丸之前。卵黄腺位于虫体后部的两侧，每侧各有14个。

虫卵淡褐色，大小为(26～30)μm×(15～17)μm，内含毛蚴。

五、环肠吸虫形态的观察

舟状嗜气管吸虫(*Tracheophilus cymbium*)虫体扁平、椭圆形，两端钝圆，活虫体呈暗红色或粉红色，长6.0～11.5mm，宽2.5～4.5mm。缺口、腹吸盘，口孔位于体前端，咽圆球形，食道短，两肠管在体后合并成肠弧。肠管内侧有许多盲突。睾丸和卵巢均为圆形。卵巢位于肠弧之内的右侧与两个睾丸呈三角形排列。肠弧外侧为卵黄腺。子宫位于肠管内侧的整个空隙。虫卵呈卵圆形，大小为122μm×63μm，内含毛蚴。

【注意事项】

1.观察虫体时一定要识别其内部结构，根据虫体的大小选用显微镜或放大镜。

2.观察虫卵时要注意调节显微镜光圈的大小或灯的亮度，使视野的亮度适中。

【思考题】

1.卷棘口吸虫成虫和虫卵的形态学特征有哪些？

2.纤细背孔吸虫成虫和虫卵的形态学特征有哪些？

【实验报告要求】

1.绘出卷棘口吸虫和纤细背孔吸虫成虫形态图并标明各部分结构。

2.绘制卷棘口吸虫和纤细背孔吸虫虫卵形态图。

第三章　畜禽绦虫形态和结构

寄生于畜禽的绦虫属于扁形动物门绦虫纲，种类繁多，其中圆叶目和假叶目绦虫对畜禽和人具有感染性。本章主要介绍兽医临床常见的绦虫蚴和绦虫的形态特征。

实验七　家畜绦虫蚴的形态观察

【实验目的】

掌握家畜各种绦虫蚴的形态结构特征，正确地诊断由中绦期幼虫引起的疾病。

【实验内容】

1. 肉眼观察绦虫蚴的浸渍标本。
2. 比较各种绦虫蚴的区别。
3. 显微镜下观察头节的构造。
4. 囊尾蚴活力试验。

【材料与设备】

猪囊尾蚴、牛囊尾蚴、细颈囊尾蚴、棘球蚴、多头蚴的病理浸渍标本，以及上述各种绦虫蚴头节的制片标本，显微镜，扩大镜，镊子，剖检盘。

【操作与观察】

一、家畜各种绦虫蚴的结构及其形态特征

(一)猪囊尾蚴

猪囊尾蚴(*Cysticercus cellulosae*)是有钩绦虫的幼虫阶段，通常称为猪囊虫。外形椭圆，约黄豆大小，为半透明的包囊(图 7.1)，囊内充满液体，囊壁为一层薄膜，其上有一个圆形黍粒大小的乳白色头节，头节的构造和成虫相同(图 7.2)。幼虫寄生在猪和人的全身肌肉，尤其多见于心肌、舌肌、咬肌、肋间肌和胸肌，可寄生在脑、眼、肝、肺、脂肪等处。

成虫为猪带绦虫(*Taenia solium*)，又称有钩绦虫，寄生于人的小肠。虫体长 2～5m，链体由 700～1000 个节片组成，头节呈圆球形，顶突上有 25～50 个角质小钩，分内外两圈

交替排列，内排钩较大，外排钩较小。顶突后外方有四个碗状的吸盘，颈节细小，长约5～10mm，幼节的宽大于长，成熟节片长、宽几乎相等(图7.3)，孕节长大于宽(图7.4)，每个成熟节片有一组雌雄生殖器官，睾丸泡状，约150～200个，分散于节片的背侧，卵巢除分两叶外，还有一个副叶。子宫为一直管，孕节的子宫每侧分7～12枝。虫卵圆形，卵壳薄，胚膜甚厚，具辐射状条纹，内含一个六钩蚴。

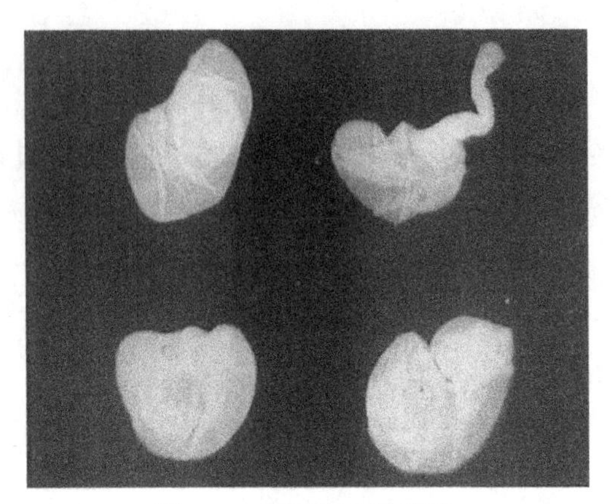

图7.1　猪囊尾蚴囊泡

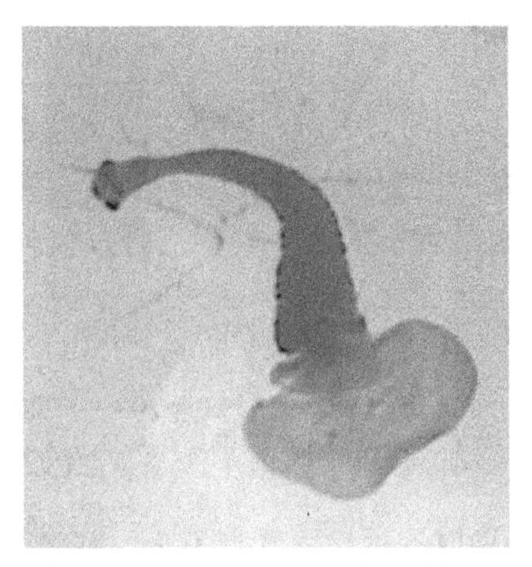

图7.2　翻出头节的猪囊尾蚴

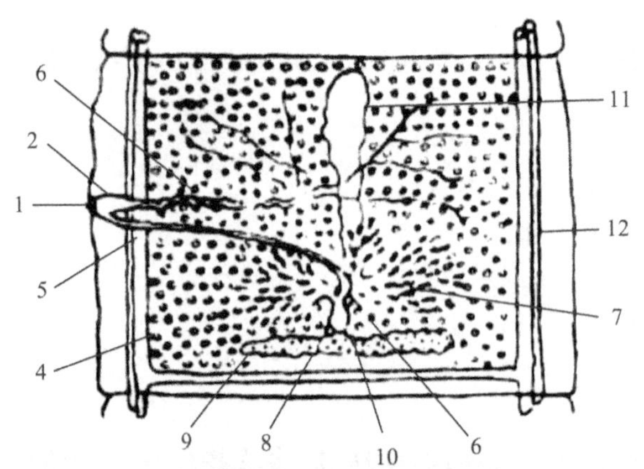

图7.3　猪带绦虫成熟节片(引自汪明，2003)

1.生殖孔　2.雄茎囊　3.输精管　4.睾丸　5.阴道　6.受精囊　7.卵巢　8.输卵管　9.卵黄腺　10.卵模与梅氏腺　11.子宫　12.纵排泄管

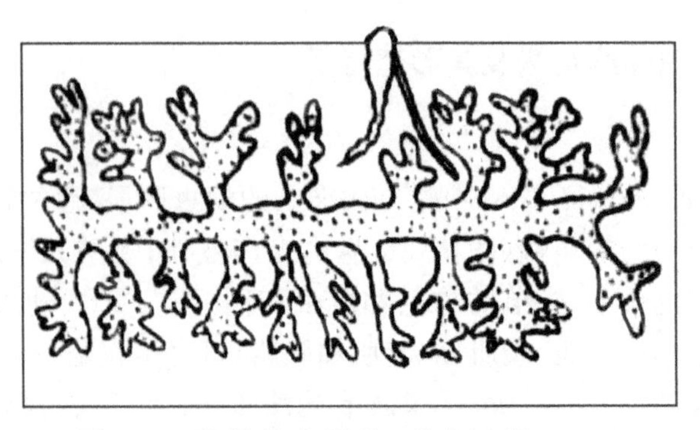

图7.4　猪带绦虫孕节(引自汪明，2003)

(二)牛囊尾蚴

牛囊尾蚴(*Cysticercus bovis*)是无钩绦虫的幼虫阶段,通常称为牛囊虫,寄生于牛的全身肌肉。其形态特征除头节上无顶突和小钩外,与猪囊尾蚴相同。

成虫为肥胖带吻绦虫(*Taeniarhynchus saginatus*),又名牛带绦虫或无钩绦虫,与有钩绦虫的区别是头节上无顶突及角质小钩,链体由1000~2000个节片组成;睾丸300~400个,卵巢分两大叶,无副叶;孕节子宫每侧分枝为15~30个。成虫寄生在人的小肠。

(三)细颈囊尾蚴

细颈囊尾蚴(*Cysticercus tenuicollis*)是泡状带绦虫的幼虫阶段,俗称水铃铛,呈泡囊状,囊壁乳白色,泡内充满透明液,大小可由黄豆大至鸡蛋大(图7.5);肉眼可见囊壁上有一个不透明的乳白色结节,即为头节,如让头节翻出,可见其细长的颈部。寄生在猪、牛、羊的肝、肺等脏器和网膜、肠系膜等处。

成虫为泡状带绦虫(*Taenia hydatigena*),寄生在犬、狼、狐狸等肉食兽的小肠。该虫是一种较大型的虫体,链体由360~500个节片组成,头节稍宽于颈节,顶突有30~40个小钩排成两列。前部节片短宽,向后逐渐加长,孕节长大于宽,孕节中的子宫每侧有5~13个粗大分枝,每枝又有小分枝。虫卵近似椭圆形,大小为38~39μm,内含六钩蚴。

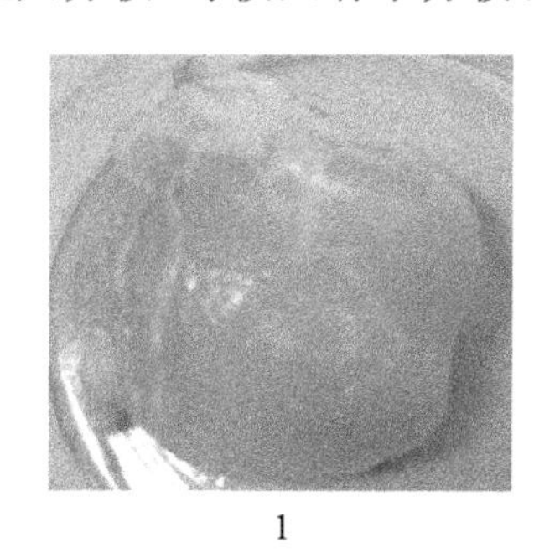
1

2

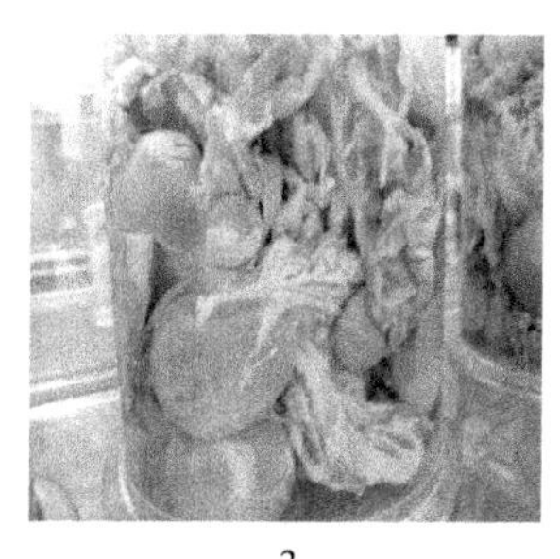
3

图7.5 细颈囊尾蚴(引自路义鑫)

1.外被宿主组织膜 2.去掉宿主组织膜后 3.病理标本

(四)棘球蚴

棘球蚴(*Echinococcus*)是细粒棘球绦虫的幼虫阶段,寄生于牛、羊、猪的肝、肺,也寄生于人体。幼虫呈包囊状构造,内含液体,大小及形状常因寄生部位的不同而不同,一般近似球形,直径一般为5~10cm,而小的幼虫仅有黄豆大,巨大的幼虫直径有50cm。棘球蚴一般可分为单房型和多房型两种(图7.6)。

单房型最常见的可分为三类。

1.人型棘球蚴(*E. hominis*),囊壁有三层,外层较厚是角质层,中层是肌肉层,内层很薄为生发层。在生发层上可长出生发囊,在生发囊内壁上可长出头节,头节脱落游离在囊液中称为棘球砂。在囊壁的生发层上还可长出第二代包囊,称为子囊。子囊向母囊内生长的称为内生性子囊,向母囊外生长的称为外生性子囊。在子囊的生发层上还可长出孙囊,子囊、孙囊都具有与母囊相同的构造。这一类型的棘球蚴多见于人,家畜中仅见于牛。

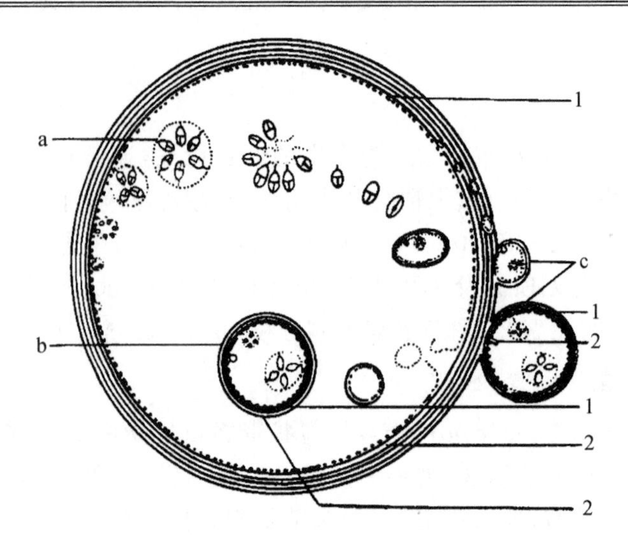

图 7.6 棘球蚴模式构造(引自汪明,2003)

a. 生发囊 b. 内生性子囊 c. 外生性子囊 1. 角皮层 2. 胚层

2. 兽型棘球蚴(*E. veterinarum*),基本构造与人型相似,但在生发层上不长出子囊和孙囊,多见于绵羊。

3. 无头型棘球蚴(*E. acephalocysta*),因囊内无生发层,不能长出头节、子囊和孙囊。这一类型的棘球蚴称为不育囊,多见于牛,在流行病学上没有什么意义。

多房型不形成大囊,而由很多小囊聚集而成,小囊内既无液体,亦无头节,多见于牛。

成虫为细粒棘球绦虫(*E. granulosus*),寄生在犬、狼、狐、豹等肉食兽的小肠中。虫体很小,全长 2~6mm,由一个头节和 3~4 个节片组成,头节有吸盘、顶突和小钩。成节含雌雄器官各一,睾丸有 35~55 个,雄茎囊呈梨形,卵巢呈铁蹄形,孕节中的子宫每侧有 12~15 个分枝。

(五)多头蚴

多头蚴是多头绦虫的幼虫阶段,以下两种常见于我国的牛和羊中。

1. 脑多头蚴(*Coenurus cerebralis*):是多头带绦虫(*Taenia multiceps*)(过去曾称为多头多头绦虫)的幼虫,寄生在牛、羊、骆驼等的脑内,所以亦称为脑包虫。呈囊泡状,囊体由豌豆大到鸡蛋大,囊内充满透明液体。囊壁由两层膜组成,外膜为角质层,内膜为生发层,其上有许多原头蚴(头节),数目一般 100~250 个,有学者曾在一羚牛的脑内发现一含有 678 个原头蚴的脑多头蚴。

成虫寄生在犬、狼、狐狸的小肠上,其形态与猪带绦虫相似,但较小,链体长 40~80cm,节片 200~250 个,头节有 4 个吸盘。顶突上有 22~32 个小钩,分两圈排列。成节呈方形或长大于宽。睾丸约 200 个。卵巢分两叶,大小几乎相等。孕节子宫每侧有 18~26 个侧枝,并有再分枝,但数目不多。卵为圆形。

2. 斯氏多头蚴(*Coenurus skrjabini*):是斯氏多头绦虫(*Multiceps skrjabini*)的幼虫阶段,寄生在羊的肌肉或皮下。幼虫的形态结构颇似脑多头蚴。不生成子囊,囊体是单一的,体积一般如鸡蛋大,囊内充满透明液体,从囊外可见到内膜上有成簇的粟粒大的乳白色头节，数目可达 250 个或更多。头节前端有 4 个圆形吸盘，有 1 圈大钩和 1 圈小钩相间地排列在顶突周围。成虫寄生在犬、狼、狐狸的小肠中。

二、囊尾蚴的活力试验

先将肌肉中的囊尾蚴小心地取出，去掉包裹在外面的结缔组织膜，再放入 50%～80%的生理盐水胆汁中，加热至 40℃，并放入同温的温箱内。活的囊尾蚴受到胆汁及温度的作用后，会慢慢伸出头节，并进行运动。

【注意事项】

囊尾蚴的活力试验要特别注意控制加热温度。

【思考题】

1. 上述各种绦虫蚴的主要区别是什么？
2. 上述各种绦虫蚴的寄生部位和终末宿主分别是什么？

【实验报告要求】

1. 记录实验结果。
2. 绘制绦虫蚴的形态图。

实验八　畜禽绦虫形态观察

【实验目的】

掌握畜禽绦虫的主要形态特征、鉴别要点，了解中间宿主的生物学特性。

【实验内容】

1. 反刍动物绦虫，马属动物绦虫，犬、猫绦虫，禽类绦虫固定标本的形态观察。
2. 上述绦虫制片标本（头节、成熟节片和孕卵节片）的形态观察。
3. 中间宿主地螨的形态观察。

【材料与设备】

反刍动物绦虫，马属动物绦虫，犬、猫绦虫，禽类绦虫的固定标本；上述各种绦虫的制片标本；带有地螨的青苔和土壤；各种绦虫的形态挂图，显微镜、放大镜、铁架台、金属漏斗、黑暗容器、台灯、纱布、载玻片、盖玻片、镊子、剖检盘。

【操作与观察】

一、反刍动物绦虫

属于裸头科。常见的有以下 4 种，均寄生于牛、羊的小肠。

（一）扩展莫尼茨绦虫（*Moniezia expansa*）（图 8.1）

体长 1～5m，最大宽度为 16mm。头节呈球形，上有四个吸盘。头节后为颈节、体节。体节的宽大于长，边缘比较整齐。在节片的后缘背腹侧各有一行颗粒状的节间腺，每一节片的两侧各有一组雌雄生殖器官。雌性器官包括两个扇形分叶的卵巢，两个卵黄腺。卵巢和卵黄腺围绕着卵模构成圆环形，阴道开口于两侧边缘的生殖孔。雄性器官包括分布于节片中央的很多睾丸（300～400 个）和位于节片两侧的雄茎囊。生殖孔开口于两侧边缘。孕卵节片含有子宫，子宫内充满虫卵。虫卵呈圆形或近似三角形，直径 56～67μm，内含一个具有 3 对小钩的六钩蚴，六钩蚴被包在一个叫梨形器的特殊构造内。

（二）贝氏莫尼茨绦虫（*M. benedeni*）（图 8.1）

外观形态与扩展莫尼茨绦虫非常相似，不易区别，仅体节较宽，最宽处为 26mm。睾丸数较多，约 600 个。主要区别为两者的节间腺不同：扩展莫尼茨绦虫在节片的整个后缘有一行呈囊泡状的节间腺，而贝氏莫尼茨绦虫节间腺呈小点密布的横带状，集中在节片后缘的中央部。虫卵的形态不同，扩展莫尼茨绦虫的虫卵一般为三角形或圆形，贝氏莫尼茨绦虫的虫卵一般为四方形。

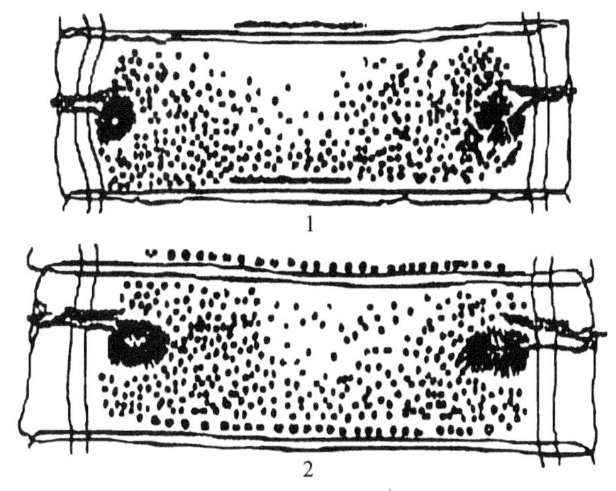

图 8.1　莫尼茨绦虫成熟节片(引自杨光友,2005)

1.贝氏莫尼茨绦虫　2.扩展莫尼茨绦虫

(三)盖氏曲子宫绦虫(*Helictometra giardi*)

与莫尼茨绦虫混合寄生。其主要区别是:节片长度较短;头节较小,圆球形;成熟体节只有一组生殖器官,生殖孔在节片侧缘上不规则地交替排列;雄茎囊发达,向外突出,使边缘呈现不整齐的外观,呈锯齿状;睾丸位于纵排泄管的外侧,子宫呈波浪状弯曲。虫卵近似圆形,无梨形器,直径为 18～27μm,每 3～5 个卵由一个副子宫器包裹(图 8.2)。

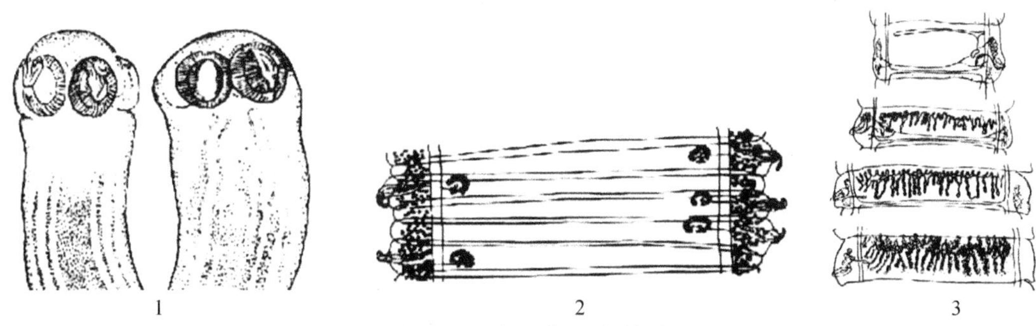

图 8.2　盖氏曲子宫绦虫

1.头节　2.成熟节片　3.孕节

(四)中点无卵黄腺绦虫(*Avitellina centripunctata*)

常与莫尼茨绦虫、曲子宫绦虫混合感染。虫体窄长,可达 2～3m 或更长。节片宽度只有 2～3mm,极短,分节不明显。成节内有一组生殖器官,生殖孔不规则地交替开口于节片的两侧缘,睾丸位于两侧纵排泄管的内外侧,子宫呈囊状,位于节片中央,肉眼观察时,各节子宫构成一条纵向白线。无卵黄腺或梅氏腺。卵巢呈圆球形,位于生殖孔与子宫之间。虫卵包在副子宫器内,直径为 21～38μm,无梨形器。

二、马属动物绦虫

亦属裸头科，共有 3 种。

（一）大裸头绦虫（*Anoplocephala magna*）

寄生于小肠，偶见于胃。虫体长可达 1m 以上，最宽处 2～5cm。头节宽大，吸盘发达（图 8.3）。所有节片的长度均小于宽度，节片有缘膜，前节缘膜覆盖后节约 1/3。成熟体节有一组生殖器官，生殖孔开口于一侧。每个成熟体节内有睾丸 400～500 个，位于节片中部，重叠排成 4～5 层。子宫横列，呈袋状而有分枝。虫卵近圆形，直径为 50～60μm，梨形器小于虫卵的半径。

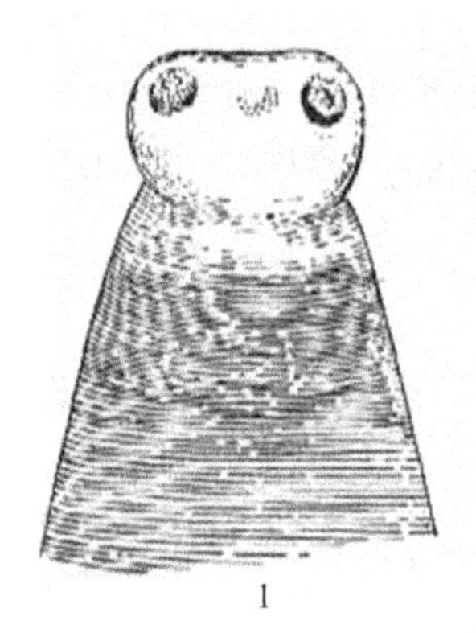
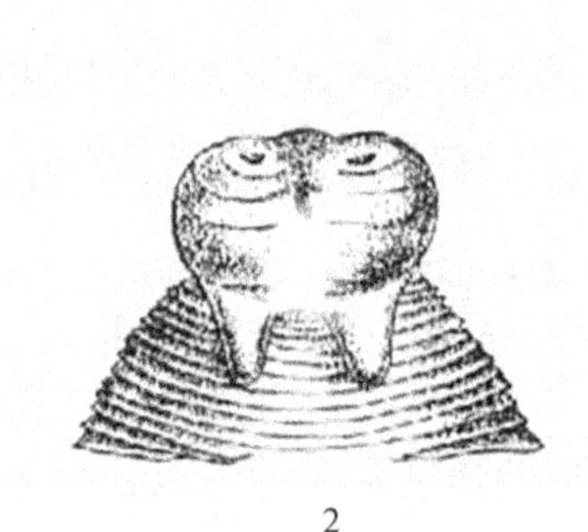
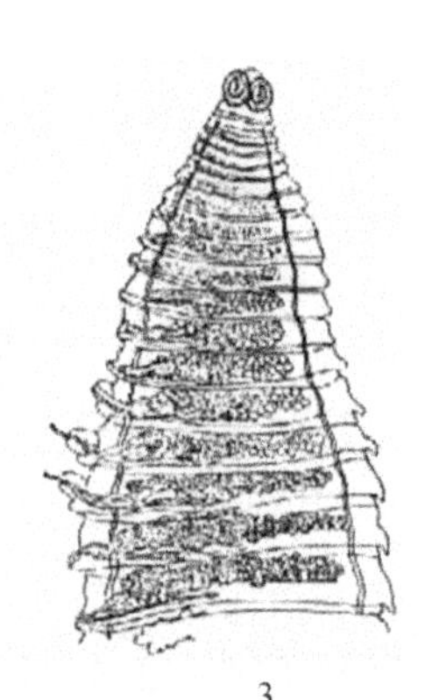

1　　2　　3

图 8.3　马裸头绦虫（引自孔繁瑶，1997）

1. 大裸头绦虫　2. 叶状裸头绦虫　3. 侏儒副裸头绦虫

（二）叶状裸头绦虫（*A. perfoliata*）

寄生于小肠后部和大肠。虫体短宽，似叶状，体长 3～8cm，最宽处 1～2cm。头节较小，有四个向前突出的吸盘，每个吸盘后方有一个耳垂状物（图 8.3）。节片短而宽，成节有一组生殖器官，每个成熟节片内有睾丸 200 个左右，生殖孔位于节片侧缘前半部。虫卵直径为 65～80μm，梨形器等于虫卵的半径。

（三）侏儒副裸头绦虫（*Paranoplocephala mamillana*）

寄生在十二指肠，偶见于胃中。虫体大小为（46～50）mm×（4～6）mm。头节小，吸盘为裂口状（图 8.3）。虫卵直径为 51μm×37μm，梨形器大于虫卵的半径。

以上绦虫的中间宿主均为地螨。

三、犬、猫绦虫

常见的有以下 4 种：

（一）犬复孔绦虫（*Dipylidium caninum*）（图 8.4）

属囊宫科复孔属。寄生于犬、猫的小肠，偶尔也寄生于人体。虫体长 100～500mm。头节上有四个吸盘。顶突发达，可以伸缩，其上有数圈小钩。成熟节片与孕卵节片均长大于宽。每节各具雌雄生殖器官两套，体节两侧缘各有 1 个生殖孔。睾丸有 200 多个，分布在两侧纵排泄管之间。卵巢分叶，呈扇形。卵黄腺呈泡状，分叶，位于卵巢之后。子宫网状。孕节中的子宫分为许多卵袋，内含2～40个卵。卵近圆球形，直径为35～50μm，卵壳薄，内含六钩蚴。

中间宿主：犬蚤、猫蚤和人蚤，其次为犬毛虱。

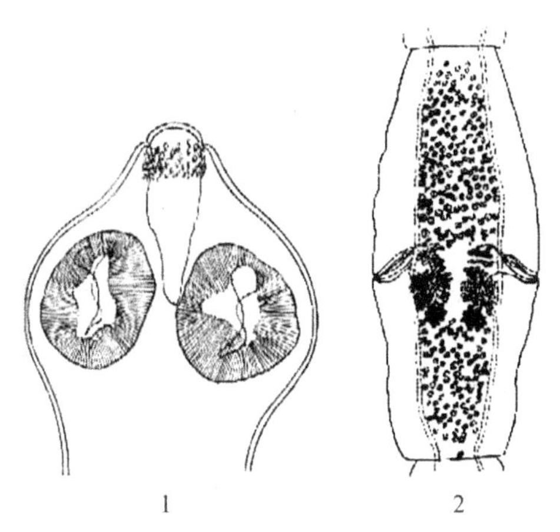

图8.4　犬复孔绦虫(引自汪明，2003)
1.头节　2.成熟节片

(二)线中殖孔绦虫(*Mesocestoides lineatus*)(图8.5)

属中绦科中绦属。寄生于犬、猫、狐狸、狼等动物的小肠，虫体长30～250cm。头节无钩，4个吸盘很发达。颈节很短。成熟节片近方形，孕节则长大于宽，有一组生殖器官，生殖口开口于腹面中央部。睾丸54～58个。虫卵大小为(40～60)μm×(34～43)μm。虫卵内含有一个卵圆形的六钩蚴。

中间宿主：第一中间宿主为地螨，第二中间宿主为鼠、蛇类、啮齿动物、爬虫类等。

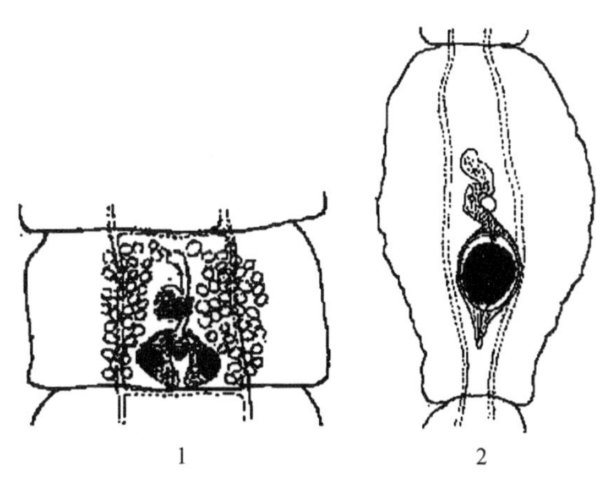

图8.5　线中殖孔绦虫(引自汪明，2003)
1.成熟节片　2.孕节

(三)阔节裂头绦虫(*Diphyllobthrium latum*)

属裂头科裂头属。寄生于猫、犬、猪及人的小肠，长约1～10m，节片多达3000～4000

个。头节小，背腹面各有一条吸沟，成熟节片的宽大于长，后部节片近于正方形。睾丸呈小泡状，数多，位于虫体背部两侧，生殖孔开口于节片腹面前部正中线。卵巢分叶，左右对称，位于节片的后部。卵模近似圆形，位于节片后部正中。子宫沿节片的中线盘曲，直接向体外开口。卵黄腺分散于节片的两侧，孕卵节片充满虫卵。虫卵呈椭圆形，一端有卵盖，另一端有一个突起。虫卵大小为(67～70)μm×(45～54)μm。

中间宿主：第一中间宿主为剑水蚤，第二中间宿主为鱼、蛙。

(四)孟氏迭宫绦虫(*Spirometra mansoni*)(图 8.6)

属裂头科迭宫属。寄生于犬、猫及人的小肠。虫体长可达 1m，头节呈指形，在其背腹面各有 1 个浅而宽并与头节等长的吸沟。体节宽大于长，后部节片呈四方形，成熟节片的睾丸和卵黄腺分布在节片的两侧，雌雄生殖孔和子宫口均在节片腹面的中线上，子宫常为 3～4 个螺旋弯曲，内含虫卵时更为显著。卵黄腺呈泡状，散布于腹面两侧，一般与睾丸的分布相当。虫卵呈纺锤形，具卵盖，大小为(49～51)μm×(30～36)μm。

中间宿主：第一中间宿主为剑水蚤，第二中间宿主为鱼、蛙。

泡状带绦虫、细粒棘球绦虫及多头绦虫的形态见实验七。

图 8.6　孟氏迭宫绦虫孕节(引自孔繁瑶，1997)

四、鸡绦虫

种类很多，最常见的是戴文科赖利属(*Raillietina*)、戴文属(*Davainea*)及囊宫科变带属(*Amoebotaenia*)的一些绦虫(图 8.7)，寄生在鸡的小肠。

(一)棘沟赖利绦虫(*R. echinobothrida*)

棘沟赖利绦虫是一种大型绦虫，长 25cm，宽 1～4mm，吸盘呈圆形，上有 8～10 列小钩。顶突上有 200～240 个小钩，排成两列。生殖孔位于一侧的边缘上，睾丸有 20～40 个，偶有多至 45 个的，位于排泄管内侧。卵巢在中央，卵黄腺在卵巢后部，孕节中的子宫最后形成 90～150 个卵袋。每个卵袋含卵 6～12 个，孕节常沿中央纵轴线收缩而在节片与节片之间形成小孔，故常见成纵行的小孔贯穿在链体后部。

(二)四角赖利绦虫(*R. tetragona*)

虫体外形和大小极似棘沟赖利绦虫。头节顶突较小，有 1～3 列小钩(90～120 个)，多为一列。吸盘呈椭圆形，上有 8～10 列小钩。颈节细长，成节生殖孔位于同侧。

(三)有轮赖利绦虫(*R. cesticillus*)

虫体长一般不超过4cm,偶有长达15cm者。顶突宽大肥厚,形似轮状突出于前端,有2列小钩(400～500个)。吸盘无钩,颈节不能查见。成熟节片中有睾丸15～30个,孕节中的子宫分为许多卵袋,每个卵袋仅含1个具六钩蚴的虫卵。

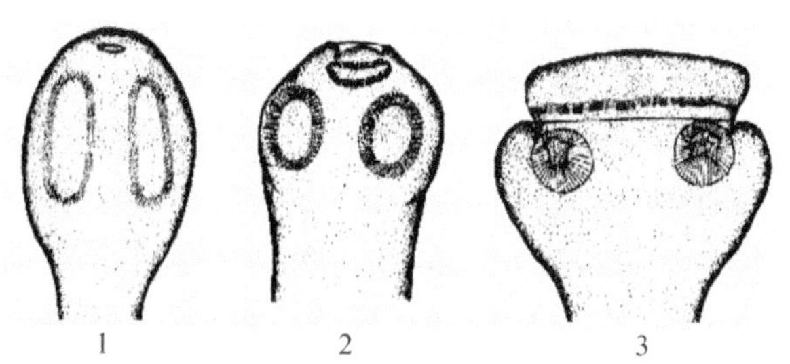

图8.7　赖利绦虫头节(引自杨光友,2005)

1.四角赖利绦虫　2.棘沟赖利绦虫　3.有轮赖利绦虫

(四)节片戴文绦虫(*D. proglottina*)

虫体长0.5～3mm,由4～9个节片组成,最多不超过9个,整个虫体似舌形。节片由前往后逐个增大,顶突和吸盘上有小钩。睾丸有12～15个,在每节后部排成两列。卵巢和卵黄腺位于中部。雄茎囊显著,横列于节片前部,其长度占节片一半或更多。雄茎常明显地突出于节片边缘。孕节分列为许多卵袋,每个卵袋只含一个具六钩蚴的虫卵。

中间宿主:棘钩赖利绦虫和四角赖利绦虫的中间宿主为蚂蚁,有轮赖利绦虫的中间宿主为多种昆虫,节片戴文绦虫的中间宿主为陆生软体动物。

五、猪绦虫

克氏伪裸头绦虫(*Pseudanoplocephala crawfordi*)属膜壳科伪裸头属,寄生于猪的小肠。虫体长97～167cm,头节上有4个吸盘,无钩,颈节长而纤细,体节分节明显,节片宽大于长。睾丸24～43个,呈球形,不规则地分布于卵巢或卵黄腺两侧。生殖孔规则地位于节片一侧边缘的正中,雄茎常伸出生殖孔外。卵巢分叶,位于成熟节片的中央,黄卵腺为一实体,紧靠卵巢后部,孕节中的子宫呈线状,子宫内充满虫卵。卵为球形,直径51.8～110.0μm,棕黄色或黄褐色。

中间宿主为鞘翅目昆虫赤拟谷盗等。

【思考题】

1.上述各种绦虫的鉴别要点。

2.上述各种绦虫的中间宿主。

【实验报告要求】

1.记录实验结果。

2.绘制两种绦虫的头节和成熟节片形态图,并注明各器官的名称。

第四章　畜禽线虫形态和结构

畜禽寄生线虫种类多、数量大，虫体大小随种类不同差别也很大，大多数为雌雄异体。本章主要介绍畜禽蛔虫、圆形亚目线虫、有齿冠尾线虫、旋毛虫、旋尾亚目线虫、丝虫亚目线虫及棘头虫等线虫的形态结构特征。

实验九　畜禽蛔虫形态观察

【实验目的】

在显微镜下或肉眼观察寄生于畜禽体内的蛔虫种类，掌握畜禽常见蛔虫的虫体及虫卵的主要形态特征，能正确诊断畜禽蛔虫病。

【实验内容】

畜禽常见蛔虫虫体浸渍标本、封片标本和病理标本观察。

【材料与设备】

1. 浸渍标本：猪蛔虫（*Ascaris suum*）、马副蛔虫（*Parascaris equorum*）、牛弓首蛔虫（*Toxocara vitulortum*）、犬弓首蛔虫（*Toxocara canis*）、猫弓首蛔虫（*Toxocara cati*）、狮弓首蛔虫（*Toxascaris leonina*）与鸡蛔虫（*Ascaridia galli*）等。
2. 封片标本：猪蛔虫口唇、鸡蛔虫头端与尾端、猪蛔虫卵、牛弓首蛔虫卵等。
3. 病理标本：猪蛔虫引起的肠道阻塞、鸡蛔虫引起的肠道阻塞、猪的胆道蛔虫病等。
4. 试剂包括乳酸酚透明液等。
5. 所用设备有光学显微镜、手持放大镜、镊子、平皿、载玻片、盖玻片、挂图、投影仪等。

【操作方法】

1. 挑取犬弓首蛔虫、猫弓首蛔虫、狮弓首蛔虫的雌雄虫各一条，分别放在不同的载玻片上，滴加乳酸酚透明液2～3滴，盖上盖玻片，在光学显微镜下观察透明虫体的内部形态构造。

2. 在光学显微镜下观察蛔虫虫体或虫卵封片标本的形态构造。

3. 用肉眼或借助手持放大镜观察虫体浸渍标本及病理标本。

【形态观察】

一、猪蛔虫(*Ascaris suum*)

虫体呈长圆柱形，中间稍粗，头尾两端较细。体表光滑，鲜活虫体呈淡红色或微黄色，死后变为苍白色或灰白色。虫体前端有 3 个呈“品”字形排列的唇片，其中的一片背唇较大，两片腹唇较小(图 9.1)。

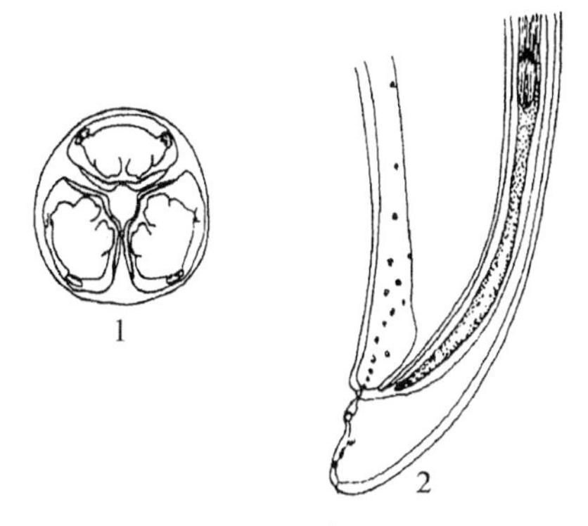

图 9.1　猪蛔虫
(引自汪明，2003)
1. 唇部顶面观　2. 雄虫尾部侧面观

雄虫大小为(115～35)cm×(2～4)mm，尾端向腹面弯曲，形似鱼钩，有 1 对近等长的交合刺，泄殖腔开口于近尾端。

雌虫大小为 40cm×(3～6)mm，虫体较直，尾端稍钝，阴门开口于虫体前 1/3 与中 1/3 交界处附近的腹面中线上，肛门开口于虫体末端附近。

虫卵呈短椭圆形，黄褐色，大小为(50～75)μm×(40～80)μm。卵壳厚，有四层，卵壳的最外层凹凸不平，有不规则的乳头状突起，为蛋白质膜，常被胆汁染成棕黄色。

二、马副蛔虫(*Parascaris equorum*)

虫体呈长圆柱形。唇部显著，主唇 3 个，其内侧面上各有一横沟，将唇分为前、后两个部分，主唇之间有小的间唇。

雄虫体长 150～280mm，尾部有小的侧翼，尾端部腹面有很多小乳突，交合刺长 2～2.5mm。

雌虫体长 180～370mm，阴门位于体前 1/4 与后 3/4 部分的交界处(图 9.2)。

虫卵近圆形，直径 90～100μm，呈黄色或黄褐色。卵壳表层蛋白质膜凹凸不平。

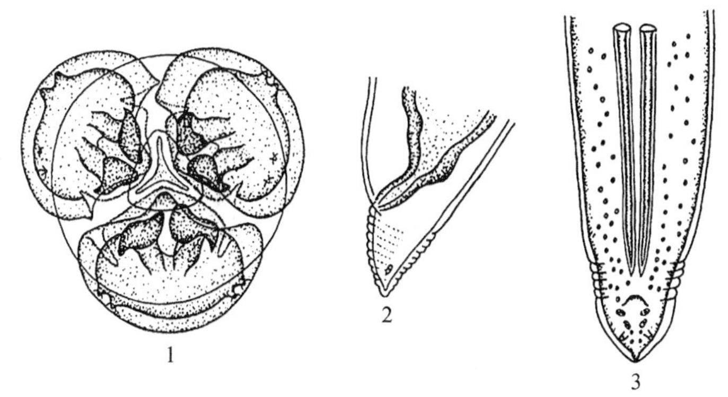

图 9.2　马副蛔虫(引自卢俊杰、靳家声，2002)
1. 头端顶面观　2. 雌虫尾端　3. 雄虫尾端

三、牛弓首蛔虫(*Toxocara vitulortum*)

虫体粗大,新鲜时呈粉红色。表皮透明,可以透过表皮看到内脏器官。头端有3片唇,唇基部宽而前窄。食道呈圆柱形,后端以一小胃与肠管相连(图9.3)。

雄虫长11~26cm,尾部有一小锥突,弯向腹面;有形状相似的交合刺1对。

雌虫长14~30cm,尾直。生殖孔开口于虫体前部1/8~1/6处。

虫卵呈亚球形,淡黄色,大小为(70~80)μm×(60~66)μm,卵壳厚,凹凸不平(图9.4)。

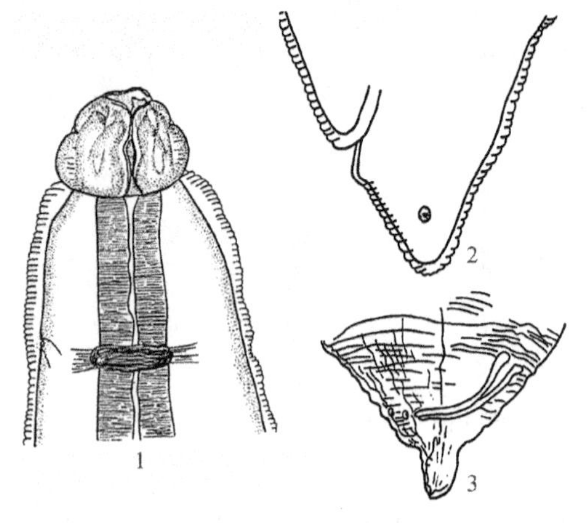

图9.3 牛弓首蛔虫(引自蒋学良,2004)
1.成虫头端侧面 2.雌虫尾部侧面
3.雄虫尾部亚侧面

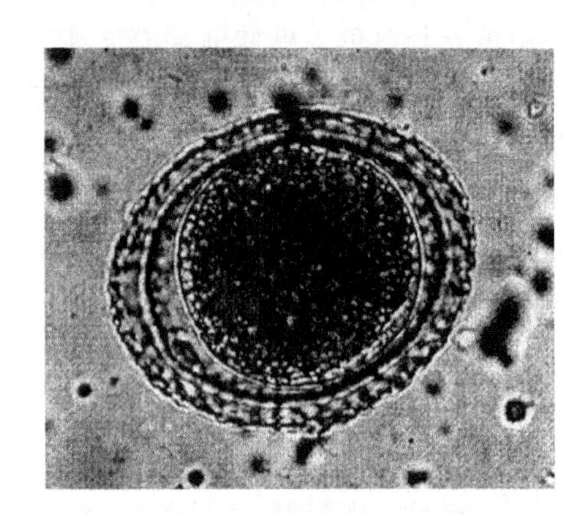

图9.4 牛弓首蛔虫虫卵
(引自杨光友,2005)

四、犬弓首蛔虫(*Toxocara canis*)

虫体呈白色,头端有3片唇,在虫体前端两侧有向后延伸的狭长颈翼膜。食道和肠道由小胃相连。

雄虫长5~11cm,尾端弯曲,有1个小的指状突起,具有尾翼。

雌虫长9~18cm,尾端直,阴门开口于虫体前半部。

虫卵呈黑褐色,亚球形,卵壳厚,表面有许多点状凹陷,大小为(68~85)μm×(64~72)μm(图9.5)。

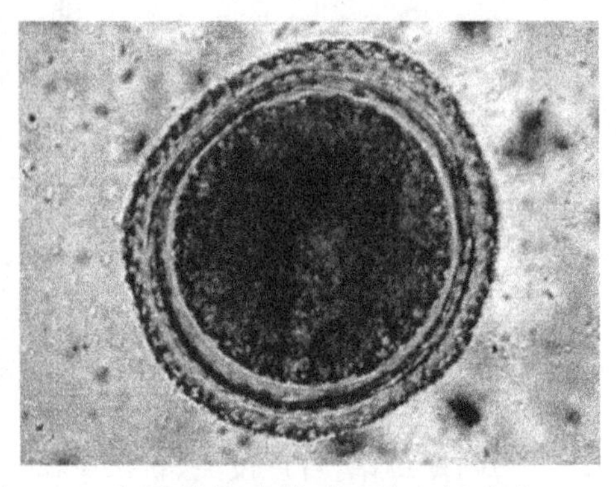

图9.5 犬弓首蛔虫虫卵(引自杨光友,2005)

五、猫弓首蛔虫(*Toxocara cati*)

虫体外形与犬弓首蛔虫很相似，但虫体前端两侧的颈翼膜前窄后宽，呈箭头状(图 9.6)。

雄虫长 3～6cm，有 1 对不等长的交合刺，尾部有一个小的指状突起。

雌虫长 4～12cm。

虫卵呈亚球形，无色，大小为 65μm×70μm，具有厚的凹凸不平的卵壳。

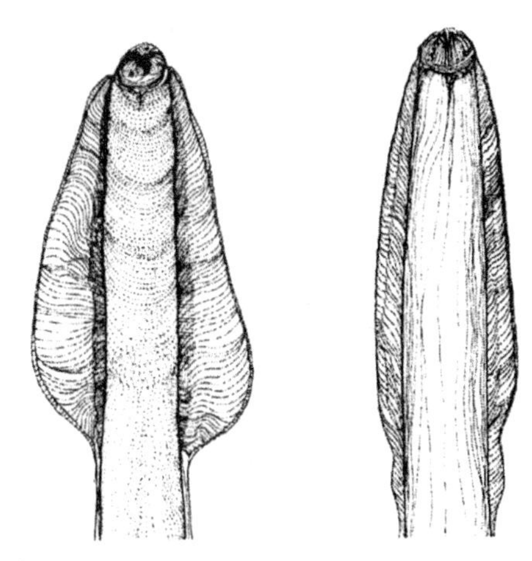

图 9.6　猫弓首蛔虫(左)和狮弓首蛔虫(右)颈翼(引自 Urquhart 等，1996)

六、狮弓首蛔虫(*Toxascaris leonina*)

成虫头端向背侧弯曲，颈翼膜逐渐变细呈柳叶刀形，无小胃(图 9.6)。

雄虫长 3～7cm，交合刺长 0.7～1.5mm。

雌虫长 3～10cm，阴口开口于虫体前 1/3 与中 1/3 的交接处。

虫卵略呈卵圆形，卵壳厚而光滑，大小为(49～61)μm×(74～86)μm(图 9.7)。

狮弓首蛔虫与犬弓首蛔虫、猫弓首蛔虫在形态上的主要区别：犬弓首蛔虫的雄虫尾部有一个指状突起，而狮弓首蛔虫的雄虫尾部无突起；狮弓首蛔虫的颈翼呈柳叶刀形，而猫弓首蛔虫的颈翼呈箭头状。

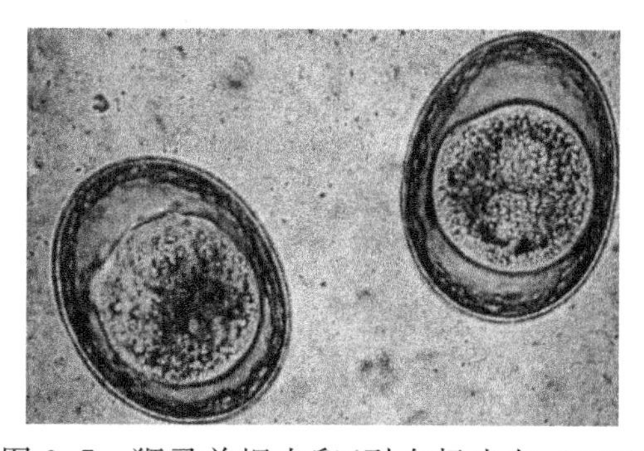

图 9.7　狮弓首蛔虫卵(引自杨光友，2005)

七、鸡蛔虫(*Ascaridia galli*)

虫体呈黄白色,圆筒形,体表角质层具有横纹,口孔位于体前端,其周围有一个背唇和2个侧腹唇。口孔下接食道,在食道前方1/4处有神经环;排泄孔位于神经环后的体腹侧(图9.8)。

雄虫长26～70mm,尾部有尾翼,并有性乳突10对,泄殖孔的前方有近似椭圆形的肛前吸盘,吸盘上有明显的角质环,角质环后有一个圆形的乳突,交合刺1对近于等长。

雌虫长65～110mm,阴门开口于虫体的中部,肛门位于虫体的亚末端。

虫卵呈椭圆形,深灰色,卵壳厚而光滑,大小为(70～90)μm×(47～51)μm。

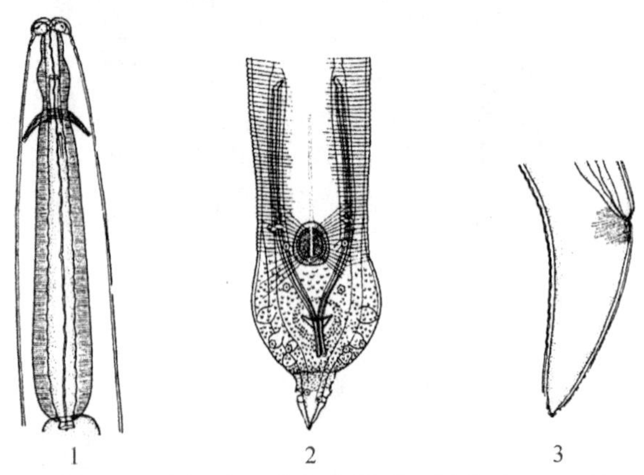

图9.8　鸡蛔虫(引自卢俊杰、靳家声,2002)

1.虫体头部　2.雄虫尾部　3.雌虫尾部

【注意事项】

1.乳酸酚透明液具有一定的腐蚀性,因此不宜滴加太多,以防溢出载玻片而腐蚀光学显微镜的载物台。

2.虫体在滴加乳酸酚透明液后,应尽快放到光学显微镜下进行观察,若虫体透明过度,则不利于虫体内部形态构造的观察。

3.观察虫卵时要注意调节显微镜镜头光圈的大小或灯的亮度,使视野的亮度适中。

【思考题】

1.比较猪蛔虫、牛弓首蛔虫和鸡蛔虫虫体主要形态构造的区别以及这三种蛔虫在生活发育过程中的异同点。

2.比较猪蛔虫卵、牛弓首蛔虫卵、犬弓首蛔虫卵、猫弓首蛔虫卵、狮弓首蛔虫卵及鸡蛔虫卵的主要形态区别点。

【实验报告要求】

绘出犬弓首蛔虫、猫弓首蛔虫、狮弓首蛔虫的头端构造,并标明各部分的名称。

实验十　圆形亚目线虫形态观察

【实验目的】

在显微镜下或肉眼观察寄生于家畜的圆形亚目线虫，掌握圆形亚目线虫常见种类的虫体及虫卵的主要形态特征，能正确诊断家畜的此类线虫病。

【实验内容】

家畜常见圆形亚目线虫的虫体浸渍标本和病理标本观察。

【材料与设备】

1. 浸渍标本

毛圆科（Trichostrongylidae）线虫：捻转血矛线虫（*Haemonchus contortus*）、奥氏奥斯特线虫（*Ostertagia ostertagia*）、环形奥斯特线虫（*Ostertagia circumcincta*）和三叉奥斯特线虫（*Ostertagia trifurcata*）等；

钩口科（Ancylostomatidae）线虫：羊仰口线虫（*Bunostomum trigonocephalum*）、牛仰口线虫（*B. phlebotomum*）、犬钩口线虫（*Ancylostoma caninum*）、长尖球首线虫（*Globocephalus longemucronatus*）、萨摩亚球首线虫（*G. samoensis*）和椎尾球首线虫（*G. urosubulatus*）等；

盅口科（Cyathostomidae）线虫：哥伦比亚食道口线虫（*Oesophagostomum columbianum*）、辐射食道口线虫（*O. radiatum*）、微管食道口线虫（*O. venulosu*）、粗纹食道口线虫（*O. asperum*）、有齿食道口线虫（*O. dentatum*）、长尾食道口线虫（*O. longicaudum*）和短尾食道口线虫（*O. brevicaudum*）等；

圆线科（Strongylidae）线虫：马圆线虫（*Strongylus equinus*）、无齿圆线虫（*S. edentatus*）和普通圆线虫（*S. vulgaris*）等。

2. 病理标本：食道口线虫幼虫引起动物肠道的结节病变等病理标本。

3. 试剂包括乳酸酚透明液等。

4. 设备包括光学显微镜、手持放大镜、镊子、平皿、载玻片、盖玻片、挂图、投影仪等。

【操作方法】

1. 挑取捻转血矛线虫或粗纹食道口线虫的雌雄虫各一条，分别放在不同的载玻片上，滴加乳酸酚透明液2～3滴，盖上盖玻片，在光学显微镜下观察透明虫体的详细构造。

2. 用肉眼或借助手持放大镜观察虫体浸渍标本及病理标本。

【形态观察】

一、毛圆科(Trichostrongylidae)线虫

毛圆科线虫包括血矛属(*Haemonchus*)和奥斯特属(*Ostertagia*)等属的多种线虫,主要寄生于牛、羊、骆驼和其他反刍兽的真胃和小肠内。本科线虫的代表种是捻转血矛线虫(*Haemonchus contortus*),其形态特征如下(图 10.1):

虫体头端有一小口囊,内有一个小的矛状齿,食道前 1/4 处有 1 对明显的刺状颈乳突,伸向后面。

雄虫长 15～19mm,新鲜时呈淡红色。交合伞发达呈缝针形,交合伞侧叶发达,背叶不对称,偏向左侧。前、后腹肋起于共同主干,弯向腹面,直达伞缘。3 个侧肋也起于共同主干,前侧肋长而直,中、后侧肋向背面弯曲。外背肋细长,背肋呈倒"Y"字形,位于左侧。交合刺 1 对,等长,其末端各有一个倒钩,引器呈梭形。

雌虫长 27～30mm,因白色的子宫缠绕红色的肠管,使其外观呈红、白相间的捻绳状,固定后为淡黄色。生殖孔位于虫体后半部,有呈舌状或球形的阴门盖,阴门开口于其基部。虫卵大小为(75～95)μm×(40～50)μm。

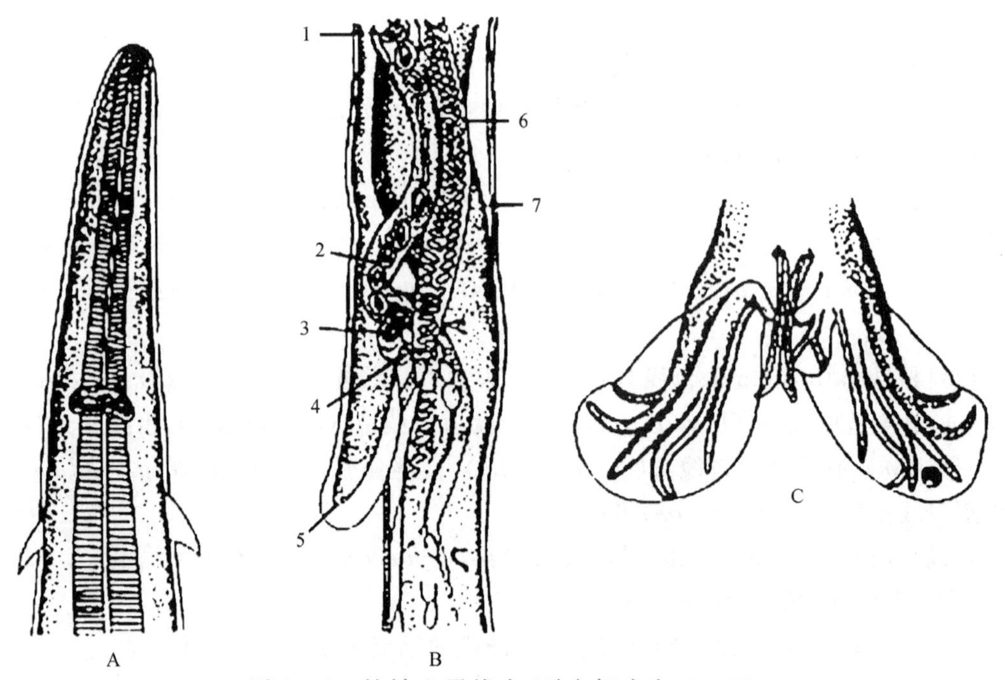

图 10.1 捻转血矛线虫(引自杨光友,2005)

A. 头端 B. 雌虫生殖孔部 C. 雄虫交合伞

1. 子宫 2. 输卵管 3. 阴道 4. 阴门 5. 阴门盖 6. 卵巢 7. 肠

二、钩口科(Ancylostomatidae)线虫

钩口科线虫包括钩口属(*Ancylostoma*)、仰口属(*Bunostomum*)和球首属(*Globocephalus*)等,主要寄生于动物的小肠内。

(一)仰口属(*Bunostomum*)线虫

虫体头部向背侧弯曲;口囊呈漏斗状,口孔腹缘有1对半月形的切板,口囊内有1个背齿,亚腹齿若干;雄虫交合伞的外背肋不对称;雌虫的阴门位于虫体中部之前。本属线虫主要寄生于牛、羊小肠,常见种有羊仰口线虫(*Bunostomum trigonocephalum*)和牛仰口线虫(*B. phlebotomum*)。

羊仰口线虫:主要寄生于羊的小肠。虫体乳白色或淡红色。口囊底部背侧生有1个大背齿,背沟由此穿出;底部腹侧有1对小的亚腹侧齿(图10.2)。雄虫长12.5~17.0mm。交合伞发达,外背肋不对称,右外背肋细长,由背肋的基部伸出;左外背肋短,由背肋的中部伸出。交合刺等长,扭曲,褐色。无引器。雌虫长15.5~21.0mm,尾端钝圆。阴门位于虫体中部前方不远处。虫卵具有一定特征:色深,大小为(79~97)μm×(47~50)μm,两端钝圆,两侧平直,内有8~16个胚细胞。

牛仰口线虫:主要寄生于牛的小肠(以十二指肠为主)。虫体形态与羊仰口线虫相似,但口囊底部腹侧有2对亚腹侧齿(图10.2)。雄虫长10~18mm,交合刺长3.5~4.0mm,为羊仰口线虫的5~6倍。雌虫长24~28mm。卵大小为106μm×46μm,两端钝圆,胚细胞呈暗黑色。

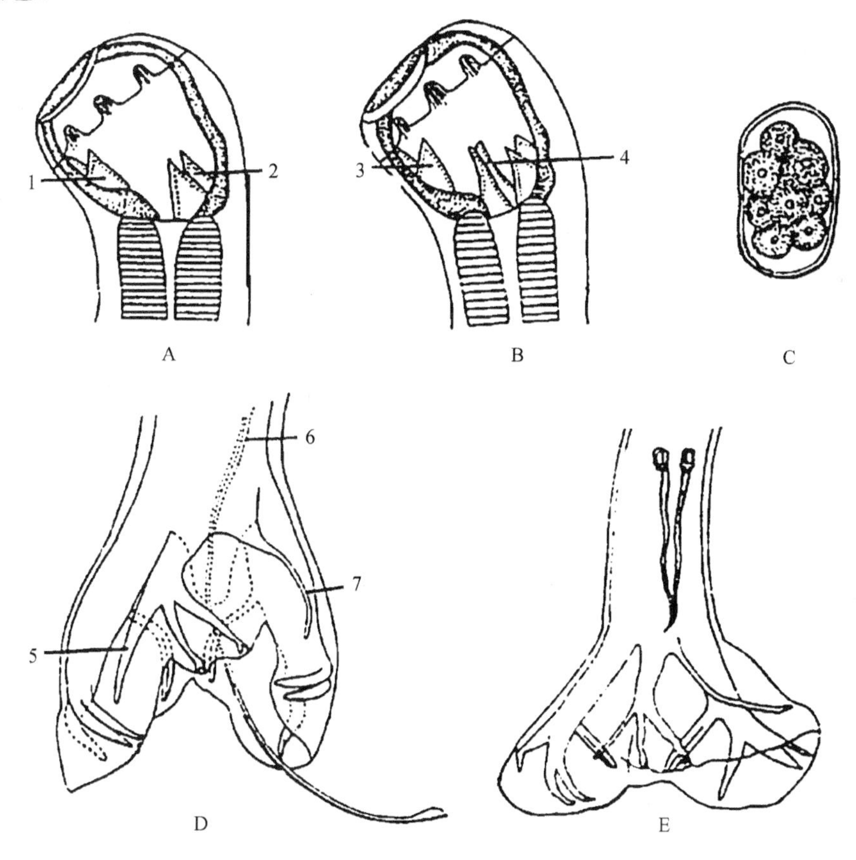

图10.2　牛、羊仰口线虫(引自杨光友,2005)

A. 羊仰口线虫头部　B. 牛仰口线虫头部　C. 卵　D. 牛仰口线虫雄虫尾部　E. 羊仰口线虫雄虫尾部
1、3. 背齿　2、4. 亚腹齿　5. 左侧外背肋　6. 交合刺　7. 右侧外背肋

(二)球首属(*Globocephalus*)线虫

虫体粗短，口孔呈亚背位，口囊呈球形或漏斗状，外缘有角质环，无叶冠。口囊底部有1对亚腹齿。背沟明显。雄虫背肋末端分为2支，每支末端形成3个指状突出，交合刺纤细。雌虫尾端呈尖刺状，阴门位于虫体中部后方。虫卵呈卵圆形，灰色，壳薄，卵细胞颜色较深。

球首属线虫主要寄生于猪的小肠，常见种有：

长尖球首线虫(*Globocephalus longemucronatus*)：口囊内无齿。雄虫长5～7mm，雌虫长6～8mm。

萨摩亚球首线虫(*G. samoensis*)：口囊内有2枚齿。雄虫长4.5～5.5mm，雌虫长5.2～5.6mm。

椎尾球首线虫(*G. urosubulatus*)：口囊内有2枚亚腹齿。雄虫长4.4～5.5mm，雌虫长5～7.5mm(图10.3)。

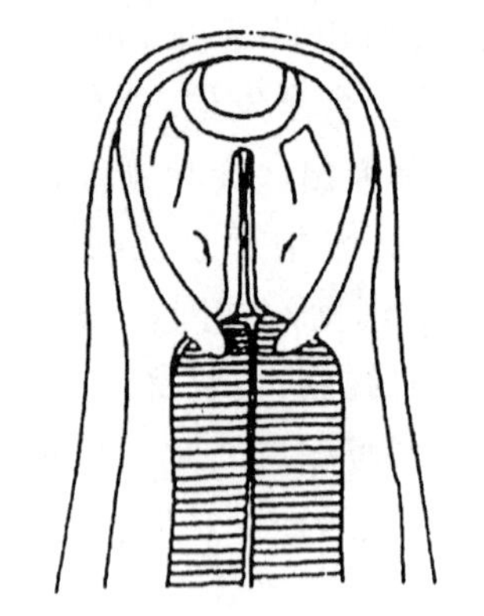

图10.3　椎尾球首线虫头部

(引自孔繁瑶，1997)

(三)钩口属(*Ancylostoma*)线虫

本属线虫主要寄生于犬、猫的小肠，常见种有犬钩口线虫(*Ancylostoma caninum*)、锡兰钩口线虫(*Ancylostoma ceylanicum*)和管形钩口线虫(*Ancylostoma tubaeforme*)。

犬钩口线虫：虫体长10～16mm，呈淡红色。前端向背侧弯曲，口囊大，腹侧口缘上有3对大齿。口囊深部有1对背齿和1对侧腹齿。卵大小为60μm×40μm，刚排出的卵内含8个卵细胞(图10.4)。

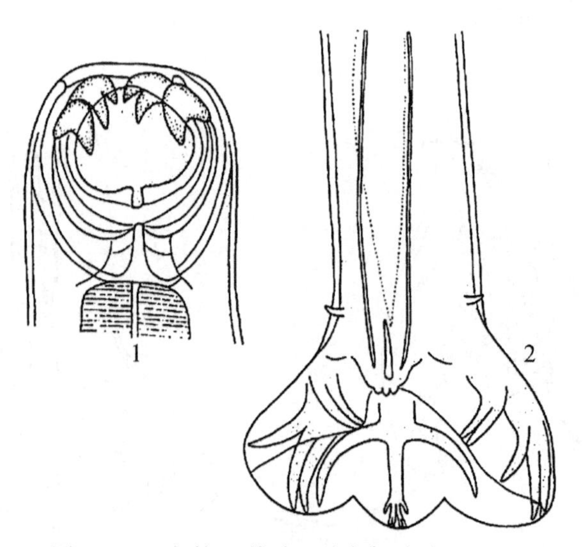

图10.4　犬钩口线虫(引自杨光友，2005)

1.头端背面　2.雄虫尾部

锡兰钩口线虫:雄虫长 5.28～7.14mm,雌虫长 7.14～8.76mm。口孔腹面内缘有 2 对齿,侧方的 1 对较大,近中央的 1 对较小(图 10.5)。

管形钩口线虫:是猫体内最常见的钩虫。雄虫长 9.5～10.0mm,雌虫长 12～15mm。

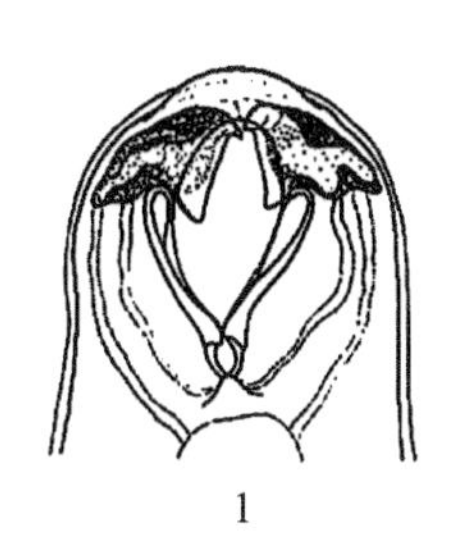

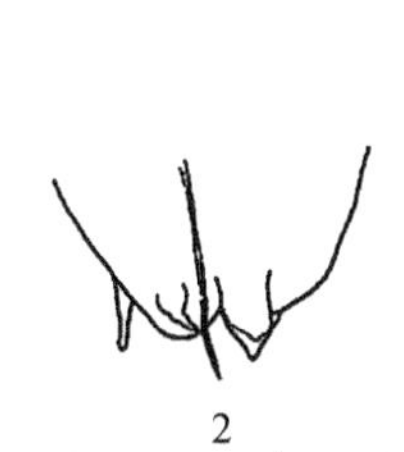

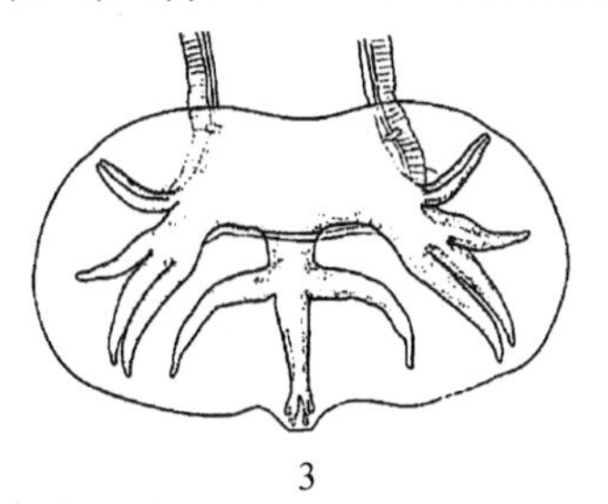

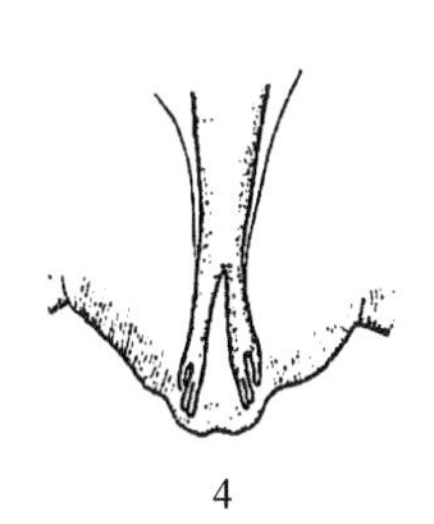

图 10.5　锡兰钩口线虫(引自赵辉元,1996)

1.头部　2.生殖锥侧面观　3.交合伞　4.交合伞的背肋

三、盅口科(Cyathostomidae)线虫

盅口科包括盅口属(*Cyathostomum*)和食道口属(*Oesophagostomum*)等属线虫。食道口属的线虫寄生于反刍家畜和猪的大肠(主要是结肠)内。由于某些种类的食道口线虫幼虫可在寄生部位的肠壁上形成结节,故本属线虫又称为结节虫。

食道口属线虫的特征:口囊呈小而浅的圆筒形,其外周为一显著的口领,口孔周围有 1～2 圈叶冠;颈沟位于腹面,颈乳突位于食道部或稍后的虫体两侧,有或无头泡及侧翼膜。雄虫交合伞较发达,有 1 对等长的交合刺。雌虫阴门位于肛门前方不远处,排卵器发达,呈肾形(图 10.6)。

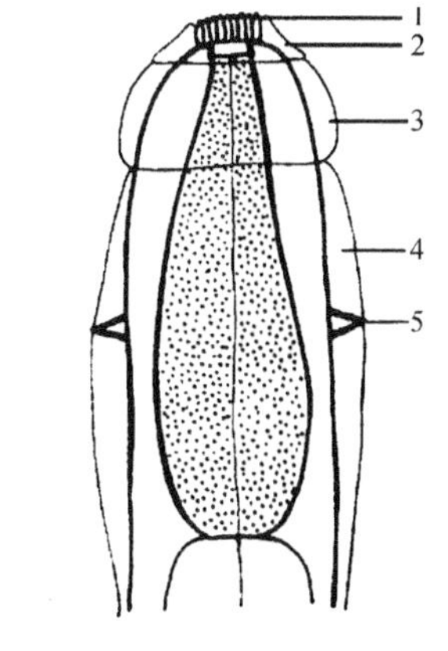

图 10.6　食道口线虫头前部构造(引自汪明,2003)

寄生于牛、羊的常见种类有哥伦比亚食道口线虫(*Oesophagostomum columbianum*)、辐射食道口线虫(*O. radiatum*)、微管食道口线虫(*O. venulosum*)、粗纹食道口线虫(*O. asperum*)和甘肃食道口线虫(*O. kansuensis*)等;寄生于猪的常见种类有:有齿食道口线虫(*Oesophagostomum dentatum*)、长尾食道口线虫(*O. longicaudum*)和短尾食道口线虫(*O. brevicaudum*)等。

1.哥伦比亚食道口线虫:主要寄生于羊的结肠。虫体有发达的侧翼膜,致使体前部弯曲;头泡不甚膨大;颈乳突在颈沟的稍后方,其尖端突出于侧翼膜之外(图 10.7)。雄虫长 12.0～13.5mm,交合伞发达;雌虫长 16.7～18.6mm,阴道短,横行引入肾形的排卵器;尾部长。虫卵呈椭圆形,大小为(73～89)μm×(34～45)μm。

2.微管食道口线虫:主要寄生于羊的结肠。虫体无侧翼膜,前部直;口囊较宽而浅;颈乳突位于食道后面。雄虫长 12～14mm;雌虫长 16～20mm。

3.粗纹食道口线虫:主要寄生于羊的结肠。虫体无侧翼膜;口囊较深,头泡显著膨大;颈乳突位于食道后方。雄虫长 13～15mm;雌虫长 17.3～20.3mm。

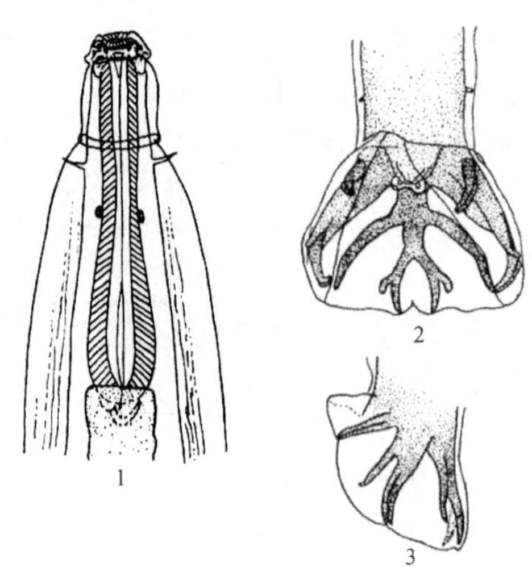

图 10.7 哥伦比亚食道口线虫(引自汪明,2003)

1. 虫体头端 2. 雄虫尾端 3. 雄虫尾端侧面观

4. 辐射食道口线虫:寄生于牛的结肠。虫体侧翼膜发达,前部弯曲;缺外叶冠,内叶冠也只是口囊前缘的一小圈细小的突起,有 38～40 叶;头泡膨大,上有一横沟,将头泡区分为前后两部分;颈乳突位于颈沟的后方。雄虫长 13.9～15.2mm;雌虫长 14.7～18.0mm。

5. 甘肃食道口线虫:寄生于绵羊的结肠。虫体有发达的侧翼膜,前部弯曲;头泡膨大;颈乳突位于食道末端或前或后的侧翼膜内,尖端稍突出于膜外。雄虫长 14.5～16.5mm;雌虫长 18～22mm。

6. 有齿食道口线虫:寄生于猪的结肠。虫体乳白色。雄虫长 8～9mm,交合刺长 1.15～1.30mm;雌虫长 8.0～11.3mm,尾长 0.35mm。

7. 长尾食道口线虫:寄生于猪的结肠和盲肠。虫体呈灰白色。雄虫长 6.5～8.5mm,交合刺长 0.9～0.95mm;雌虫长 8.2～9.4mm,尾长 0.4～0.46mm。

8. 短尾食道口线虫:寄生于猪的结肠。雄虫长 6.2～6.8mm,交合刺长 1.05～1.23mm;雌虫长 6.4～8.5mm,尾长仅 0.081～0.12mm。

四、圆线科(Strongylidae)线虫

圆线科线虫包括圆线属(*Strongylus*)和夏伯特属(*Chabertia*)等属线虫。其中,圆线属的线虫主要寄生于马属动物的大肠内。

圆线属的特征:属于大型圆线虫。虫体较大、粗硬,长约 14～47mm,形如火柴杆状,呈红褐色或深灰色。头端钝圆,有发达的口囊,其内有齿或无。口孔周围有叶冠环绕。雄虫有发达的交合伞和 2 根细长的交合刺。

常见有 3 种:马圆线虫(*Strongylus equinus*)、无齿圆线虫(*S. edentatus*)、普通圆线虫(*S. vulgaris*)。

1. 马圆线虫:口囊内有 1 个大背齿(末端有分支)和 2 个亚腹齿(图 10.8)。

2. 无齿圆线虫:口囊内无齿,又称为无齿阿尔夫线虫(图 10.9)。

3. 普通圆线虫:口囊内有 1 对耳状齿,又称为普通戴拉风线虫(图 10.10)。

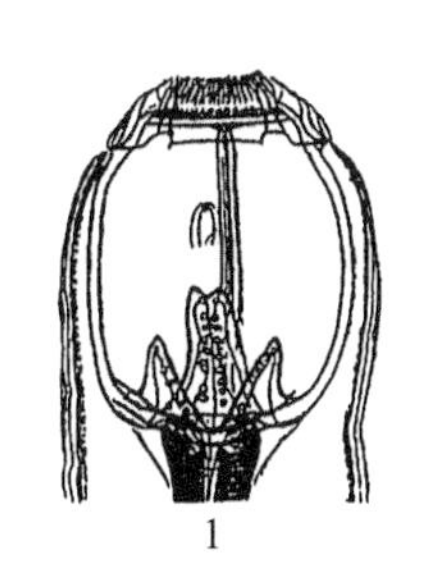

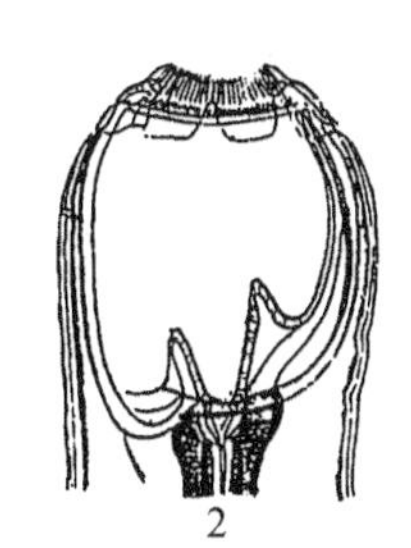

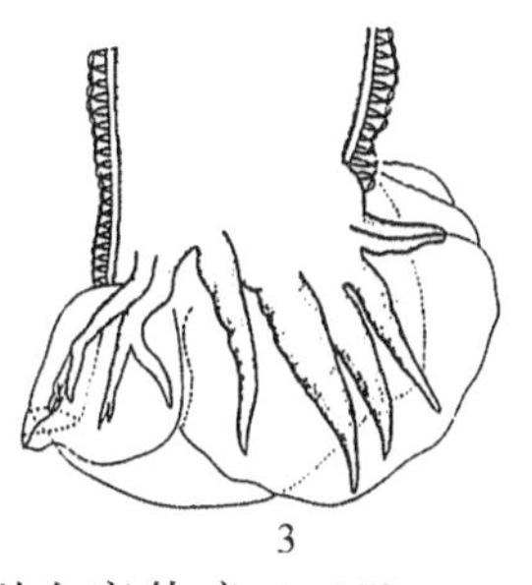

图 10.8　马圆线虫(引自唐仲璋,1987)

1.口囊腹面观　2.口囊侧面观　3.雄虫尾部　4.雌虫尾部

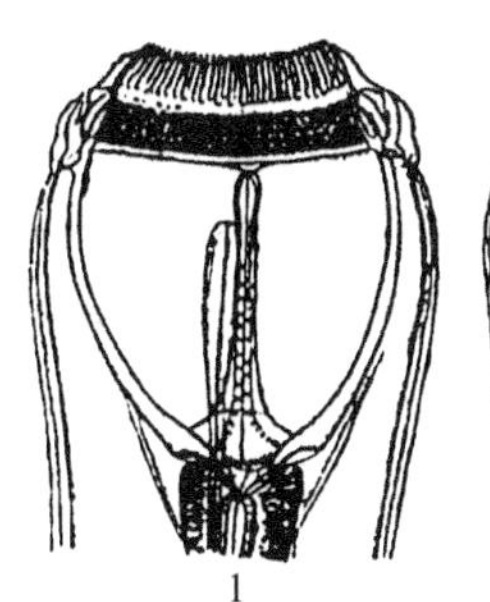

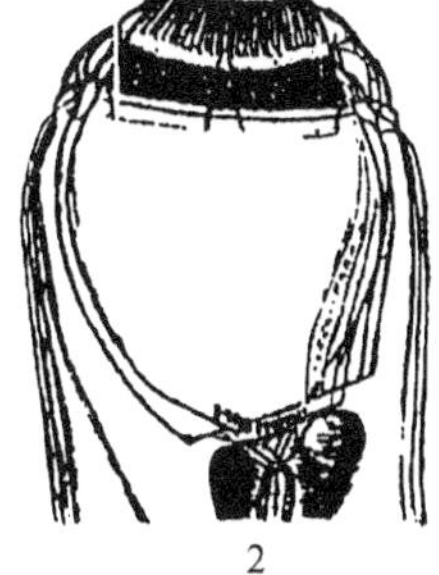

图 10.9　无齿圆线虫
(引自唐仲璋,1987)

1.口囊腹面观　2.口囊侧面观

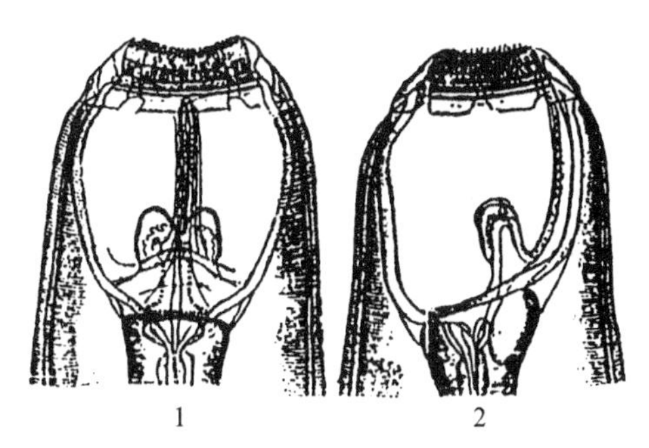

图 10.10　普通圆线虫
(引自唐仲璋,1987)

1.口囊腹面观　2.口囊侧面观

【注意事项】

1.乳酸酚透明液具有一定的腐蚀性,因此不宜滴加太多,以防溢出载玻片而腐蚀光学显微镜的载物台。

2.虫体在滴加乳酸酚透明液后,应尽快放到光学显微镜下进行观察,若虫体透明过度,则不利于虫体内部形态构造的观察。

3.雄虫尾端交合伞常包裹在一起,可用解剖针轻轻移动盖玻片,让交合伞展开便于观察交合伞内肋的形态。

4.观察透明后虫体时要注意调节显微镜镜头光圈的大小或灯的亮度,使视野的亮度适中。

【思考题】

1.比较捻转血矛线虫、羊仰口线虫和环形奥斯特线虫的主要形态构造的区别以及这三种线虫在生活发育过程中的异同点。

2.比较犬钩口线虫和哥伦比亚食道口线虫主要形态构造的区别以及在生活发育过程中的异同点。

【实验报告要求】

1.绘出捻转血矛线虫虫体头端、雄虫尾端构造;或绘出粗纹食道口线虫的前部、雌虫与雄虫后部的形态构造图,并标出各部位的名称。

2.列出实验中所观察线虫的中间宿主、终末宿主与寄生部位。

实验十一 家畜肺线虫形态观察

【实验目的】

在显微镜下或肉眼观察寄生于家畜的肺线虫种类，掌握肺线虫常见虫种的虫体及虫卵的主要形态特征，能正确诊断家畜的肺线虫病。

【实验内容】

家畜肺线虫虫体浸渍标本、虫卵封片标本和病理标本观察。

【材料与设备】

1. 浸渍标本：

网尾科(Dictyocaulidae)线虫：丝状网尾线虫(*Dictyocaulus filaria*)、鹿网尾线虫(*D. eckerti*)、胎生网尾线虫(*D. viviparus*)、骆驼网尾线虫(*D. cameli*)和安氏网尾线虫(*D. arnfieldi*)等；

原圆科(Protostrongylidae)线虫：毛样缪勒线虫(*Muellerius capillaris*)、柯氏原圆线虫(*Protostrongylus kochi*)和肺变圆线虫(*Varestrongylus pneumonicus*)等；

后圆科(Metastrongylidae)线虫：野猪后圆线虫(*Metastrongylus apri*)和复阴后圆线虫(*M. pudendotectus*)等。

2. 封片标本：后圆科线虫虫卵等封片标本。

3. 病理标本：肺线虫引起的动物气管、支气管阻塞等病理标本。

4. 试剂有乳酸酚透明液等。

5. 设备包括光学显微镜、手持放大镜、镊子、平皿、载玻片、盖玻片、挂图、投影仪等。

【操作方法】

1. 挑取丝状网尾线虫、毛样缪勒线虫和野猪后圆线虫的雌雄虫各一条，分别放在不同的载玻片上，滴加乳酸酚透明液2～3滴，盖上盖玻片，在光学显微镜下观察透明虫体的内部形态构造。

2. 在光学显微镜下观察后圆科线虫虫卵封片标本的形态构造。

3. 用肉眼或借助手持放大镜观察虫体浸渍标本及病理标本。

【形态观察】

一、网尾科(Dictyocaulidae)线虫

网尾科、网尾属(*Dictyocaulus*)线虫的虫体较大，故又称大型肺线虫，该属线虫主要寄

生于反刍兽和马属动物的气管和支气管内。

网尾属线虫的特征：虫体乳白色，丝状，较长。头端有4片唇，口囊小。雄虫尾端具有发达的交合伞，前侧肋独立，中、后侧肋合并，或仅末端分开，背肋为2个独立的分支，每支末端形成2或3个突起；交合刺1对，等长；引器呈泡孔状结构。雌虫阴门位于虫体中部，虫卵内含有幼虫。

常见虫种有丝状网尾线虫(*Dictyocaulus filaria*)、鹿网尾线虫(*D. eckerti*)、胎生网尾线虫(*D. viviparus*)、骆驼网尾线虫(*D. cameli*)和安氏网尾线虫(*D. arnfieldi*)。它们的主要形态特征如下：

1. 丝状网尾线虫：寄生于绵羊、山羊、骆驼等反刍兽的支气管。

虫体乳白色。雄虫长25～80mm，交合伞发达，分叶不明显，前侧肋末端不膨大，中、后侧肋合二为一，但末端稍分开，两个背肋分枝末端各有3个小分枝；交合刺1对，等长，黄褐色，呈靴状。雌虫长43～112mm。虫卵大小为(120～130)μm×(80～90)μm(图11.1)。

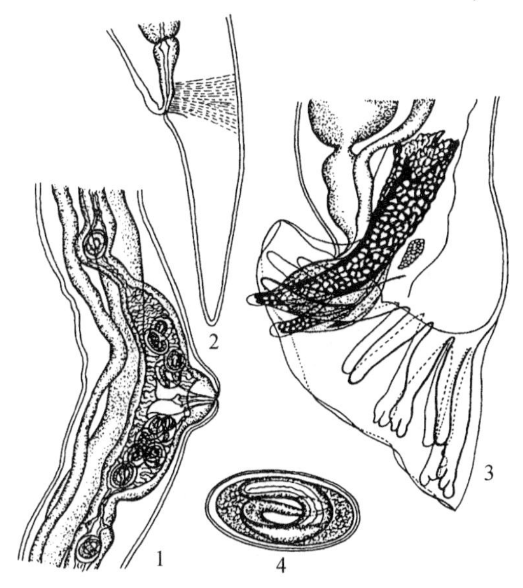

图11.1　丝状网尾线虫(引自卢俊杰、靳家声，2002)

1. 雌虫阴门部　2. 雌虫尾端　3. 雄虫尾端　4. 虫卵

2. 鹿网尾线虫：寄生于绵羊、山羊等动物的支气管和气管。

雄虫长24～38mm，交合伞的前侧肋末端膨大呈球形，中、后侧肋完全融合；交合刺棒状。雌虫长34～56mm。虫卵大小为(49～97)μm×(32～59)μm。

3. 胎生网尾线虫：寄生于牛和骆驼等反刍兽的支气管和气管。

虫体丝状，淡黄色。雄虫长40～50mm，交合伞的前侧肋末端不膨大，中、后侧肋完全融合；交合刺棒状。雌虫长60～80mm。虫卵大小为(82～88)μm×(33～38)μm。

4. 骆驼网尾线虫：寄生于骆驼的气管和支气管。

雄虫长32～55mm，交合伞中、后侧肋完全融合，仅末端稍膨大；外背肋短；背肋末端各有呈梯级的3个分枝；交合刺棒状。雌虫长46～68mm。虫卵大小为(49～99)μm×(32～49)μm。

5. 安氏网尾线虫：寄生于马属动物的支气管。

雄虫长 30～40mm，交合伞的中、后侧肋在开始时为一总干，后半段分开；交合刺棒状。雌虫长 55～70mm。虫卵大小为(49～83)μm×(25～49)μm。

二、原圆科(Protostrongylidae)线虫

本科线虫的虫体细小，雄虫交合伞不发达，单个背肋，交合刺呈膜质羽状的翼膜，引器由头、体和脚 3 部分组成，雌虫的阴门位于肛门附近。

原圆科包括原圆属(*Protostrongylus*)、缪勒属(*Muellerius*)和变圆属(*Varestrongylus*)等属的多种线虫，主要寄生于家畜的肺泡、毛细支气管、细支气管、肺实质等处。

常见种有毛样缪勒线虫(*Muellerius capillaris*)、柯氏原圆线虫(*Protostrongylus kochi*)和肺变圆线虫(*Varestrongylus pneumonicus*)。

1. 毛样缪勒线虫：寄生于绵羊、山羊、岩羊等动物的支气管和小肺泡(图 11.2)。

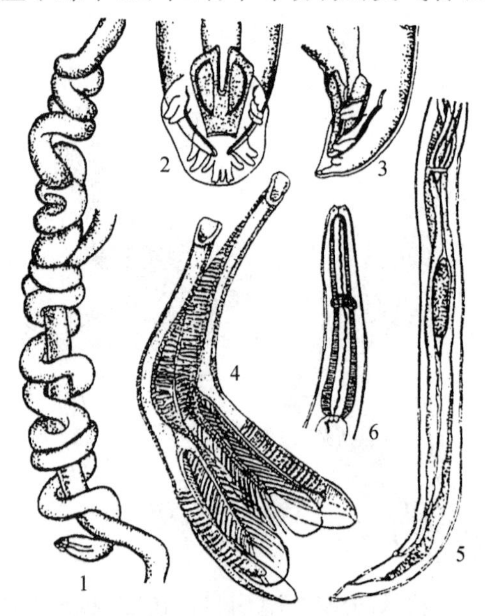

图 11.2　毛样缪勒线虫(引自孔繁瑶，1997)

1. 雄虫缠绕在雌虫身上(外形)　2. 雄虫尾部腹面观
3. 雄虫尾部侧面观　4. 交合刺　5. 雄虫后部　6. 头部

雄虫长 11～26mm。雄虫尾部呈螺旋状卷曲，泄殖孔周围有许多乳突。其交合伞高度退化。背肋较其他肋发达，于后 1/4 处分为 3 枝。交合刺两根，弯曲，长 150～180μm，近端部有翼膜，远端部分为两枝。引器 1 对，结构简单，副引器发达。雌虫长 18～30mm，阴门距肛门较近，虫体后端边缘有一小的角质隆起。虫卵呈褐色，产出时细胞尚未分裂，大小为(82～104)μm×(28～40)μm。

2. 柯氏原圆线虫：寄生于绵羊、山羊等动物的支气管和细支气管等处(图 11.3)。

虫体纤细，红褐色。雄虫长 24.3～30.0mm，交合伞小，背肋为一丘形的隆突，上有 6 个乳突；交合刺呈暗褐色，呈梳子状；引器由头、体和脚 3 部分组成，头部有两个尖形的耳

状结构,脚部末端有 3～5 个齿状突起;副引器发达。雌虫长 28～40mm。虫卵大小为(69～98)mm×(36～54)mm。

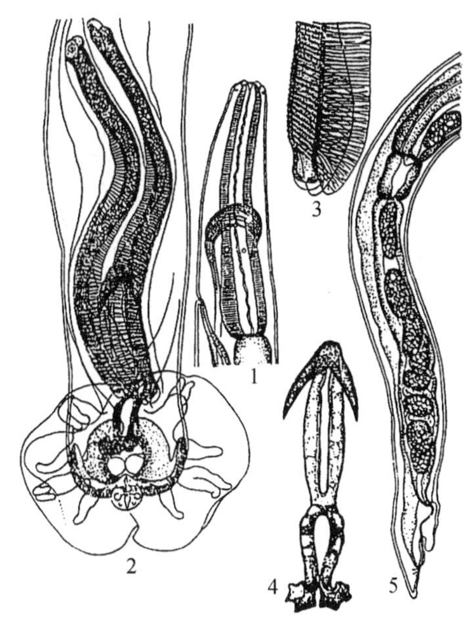

图 11.3　柯氏原圆线虫(引自孔繁瑶,1997)

1.头部　2.雄虫尾部　3.交合刺远端　4.引器　5.雌虫尾部

3.肺变圆线虫:寄生于绵羊、山羊等动物的小支气管和细支气管等处。

虫体黄色,细线状。雄虫长 13.77～23.10mm;交合伞较小;背肋呈圆扣状,其腹面有 5 个乳突;交合刺 1 对等长。引器由体与脚两部分组成,体部为单一的棒状;脚 1 对,上有 4 个小齿;副引器不发达。雌虫长 22～27mm。虫卵椭圆形,大小为(39～56)mm×(26～39)mm。

三、后圆科(Metastrongylidae)线虫

后圆科后圆属(*Metastrongylus*)线虫主要寄生于猪的支气管和细支气管内。

虫体呈乳白色或灰色长丝状;口囊小,有 1 对呈三叶状的侧唇;交合伞发达,背叶小,肋粗短,有些肋发生一定程度的融合;交合刺 1 对,细长,末端呈单钩或双钩;雌虫阴门位于肛门附近,前方覆有阴门盖。

常见种有野猪后圆线虫(*Metastrongylus apri*)和复阴后圆线虫(*M. pudendotectus*)。

1.野猪后圆线虫:寄生于家猪和野猪的气管(图 11.4)。

雄虫长 11～25mm,交合伞较小,前侧肋大,末端膨大;中、后侧肋融合在一起;背肋极小。交合刺呈丝状,长 4.0～4.5mm,末端为单钩。无引器。

雌虫长 20～50mm,阴道长,超过 2mm,阴门盖较大。尾长 90μm,稍弯向腹面。虫卵大小为(51～54)μm×(33～36)μm,内含有幼虫。

2.复阴后圆线虫:寄生于家猪和野猪的气管。

雄虫长 16～18mm,交合伞较大;交合刺长 1.4～1.7mm,末端为双钩。有引器。

雌虫长22～35mm，阴道短于1mm，尾直，阴门盖大而呈球形。虫卵大小为(57～63)μm×(39～42)μm。

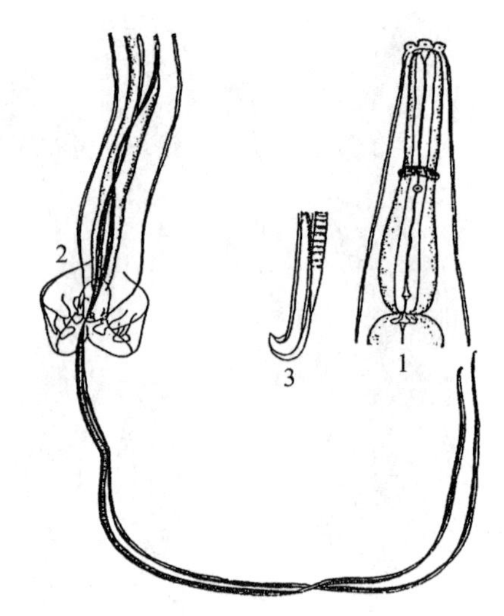

图11.4　野猪后圆线虫(引自孔繁瑶，1997)

1.前部侧面　2.雄虫尾部　3.交合刺末端

【注意事项】

1.乳酸酚透明液具有一定的腐蚀性，因此不宜滴加太多，以防溢出载玻片而腐蚀光学显微镜的载物台。

2.虫体在滴加乳酸酚透明液后，应尽快放到光学显微镜下进行观察，若虫体透明过度，则不利于虫体内部形态构造的观察。

3.雄虫尾端交合伞常包裹在一起，可用解剖针轻轻移动盖玻片，让交合伞展开便于观察交合伞内肋的形态。

4.观察透明后虫体时要注意调节显微镜镜头光圈的大小或灯的亮度，使视野的亮度适中。

【思考题】

比较丝状网尾线虫、毛样缪勒线虫和野猪后圆线虫的主要形态构造的区别以及这三种线虫在生活发育过程中的异同点。

【实验报告要求】

1.绘出鹿网尾线虫或野猪后圆线虫虫体头端、雄虫尾端构造，并标出各部位的名称。

2.列出实验中所观察线虫的中间宿主、终末宿主与寄生部位。

实验十二　有齿冠尾线虫、毛尾(首)线虫和旋毛虫幼虫的形态观察

【实验目的】

在显微镜下或肉眼观察寄生于家畜的有齿冠尾线虫、毛尾(首)线虫和旋毛虫幼虫的基本构造，掌握有齿冠尾线虫、毛尾(首)线虫和旋毛虫幼虫的主要形态特征，能正确诊断家畜的有齿冠尾线虫病、毛尾(首)线虫病和旋毛虫病。

【实验内容】

有齿冠尾线虫、毛尾(首)线虫虫体浸渍标本和旋毛虫幼虫封片标本及病理标本观察。

【材料与设备】

1. 浸渍标本：有齿冠尾线虫(*Stephanurus dentatus*)、猪毛尾(首)线虫(*Trichuris suis*)、球鞘毛尾(首)线虫(*T. globulosa*)及斯氏毛尾(首)线虫(*T. skrjabini*)等。

2. 封片标本：动物横纹肌中的旋毛虫(*Trichinella spiralis*)幼虫等封片标本。

3. 病理标本：有齿冠尾线虫叮于猪胃壁、毛尾(首)线虫头部钻入动物肠壁等病理标本。

4. 试剂包括乳酸酚透明液等。

5. 仪器设备有光学显微镜、手持放大镜、镊子、平皿、载玻片、盖玻片、挂图、投影仪等。

【操作方法】

1. 分别挑取有齿冠尾线虫、猪毛尾(首)线虫、绵羊毛尾(首)线虫的雌雄虫各一条，分别放在不同的载玻片上，滴加乳酸酚透明液 2～3 滴，盖上盖玻片，在光学显微镜下观察透明虫体的内部形态构造。

2. 在光学显微镜下观察封片标本中动物横纹肌中的旋毛虫幼虫的形态构造。

3. 用肉眼或借助手持放大镜观察虫体浸渍标本及病理标本。

【形态观察】

一、有齿冠尾线虫(*Stephanurus dentatus*)

有齿冠尾线虫为冠尾科(Stephanuridae)冠尾属(*Stephanurus*)线虫，寄生于猪的肾盂、肾周围脂肪和输尿管壁等处。

虫体粗壮，形似火柴杆。新鲜时虫体呈灰褐色，体壁半透明，其内部器官隐约可见。口囊呈杯状，壁厚，底部有 6～10 个小齿。口缘有一圈细小的叶冠和 6 个角质隆起(图 12.1)。

雄虫长 20～30mm，交合伞小，肋短粗；腹肋并行，其基部为一总干；侧肋基部亦为一总干，前侧肋细小，中侧肋和后侧肋较大；外背肋细小，自背肋基部分出；背肋粗壮，其远端

分为 4 个小枝。生殖锥突出于伞膜之外。交合刺 2 根，有引器和副引器。

雌虫长 30～45mm，阴门靠近肛门。虫卵呈长椭圆形，大小为(99.8～120.8)μm×(56～63)μm，灰白色，两端钝圆，卵壳薄。

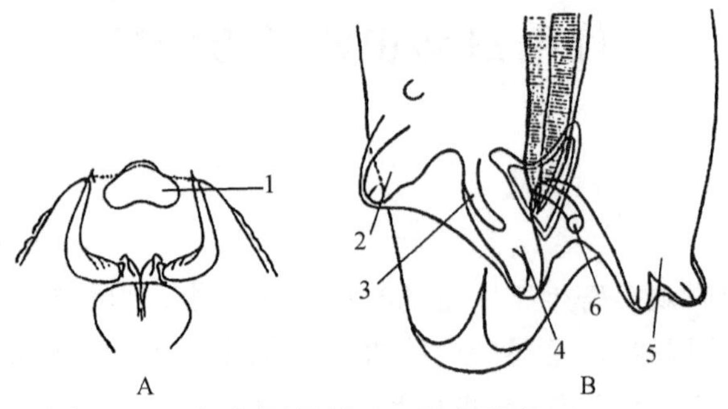

图 12.1 有齿冠尾线虫(引自孔繁瑶，1997)

A. 头端腹面 B. 交合伞侧面

.腹面角质隆起 2. 腹肋 3. 前侧肋 4. 中、后侧肋 5. 背肋 6. 外背肋

二、毛尾(首)线虫

毛尾(首)线虫为毛尾(首)科(Trichuridae)毛尾(首)属(*Trichocephalus*)的线虫，寄生于猪、牛、羊的盲肠内。根据虫体形态特点，也被称为鞭虫。

毛尾(首)属的特征：虫体呈乳白色，长 20～80mm。虫体外观形如鞭状。前部细长为食道部，约占整个虫体长的 2/3，内含由一串单细胞围绕着的食道。后部粗短为体部，内有生殖器官和肠管。

雄虫尾部卷曲，泄殖孔位于体末端，无交合伞；有交合刺 1 根，包藏在有刺的交合刺鞘内，刺及刺鞘均可伸缩于体内外。

雌虫尾部较直，阴门位于粗细交界处，肛门位于体末端。虫卵为棕黄色，腰鼓形，卵壳较厚，两端有卵塞(图 12.2)。

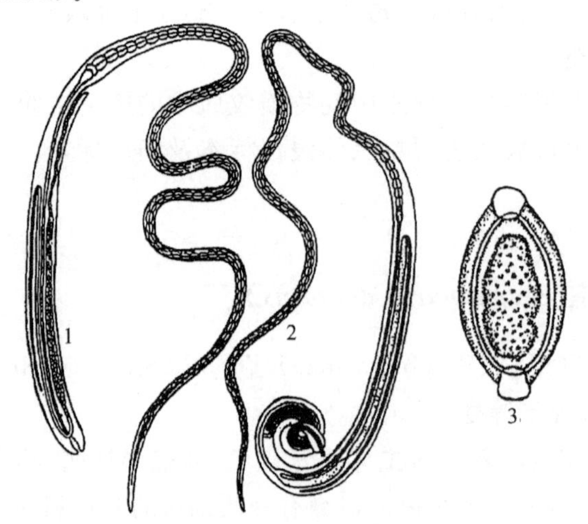

图 12.2 猪毛尾(首)线虫(引自杨光友，2005)

1. 雌虫 2. 雄虫 3. 虫卵

常见种有:猪毛尾(首)线虫(*Trichocephalus suis*),寄生于猪;绵羊毛尾(首)线虫(*T. ovis*)、球鞘毛尾(首)线虫(*T. globulosa*)及斯氏毛尾(首)线虫(*T. skrjabini*)等,寄生于牛、羊。

三、旋毛虫

旋毛虫(*Trichinella spiralis*)为毛形科(Trichinellidae)毛形属(*Trichinella*)线虫。旋毛虫成虫很细小,呈毛发状。消化道为一简单管道,由口腔、食道、有刷状缘的中肠及直肠组成。口呈圆形,内有一锥刺。食道总长约占整个体长的1/3～1/2,除神经环后的部分略膨大外,其余均为毛细管状。食道膨大部分之后邻接杆状体(stichosome);杆状体由45～55个圆盘状杆细胞组成,呈单层串球状排列;杆细胞的分泌物经管道系统排入食道(图12.3)。

雄虫长1～1.8mm,宽0.03～0.05mm。直肠开口于泄殖腔,尾端的泄殖孔外侧有1对呈耳状悬垂的交配叶,其内侧有2对性乳突或小结节。缺乏交合刺。

雌虫长1.3～3.7mm,宽0.05～0.06mm。生殖器官为单管型,卵巢位于虫体的后部,呈管状。卵巢之后为一短而窄的输卵管,在输卵管和子宫之间为受精囊。子宫较卵巢长,可在其内观察到胚胎发生的全过程。阴门开口于虫体前端1/5处的腹面,胎生。

肌肉中旋毛虫的幼虫往往形成一包囊,包囊呈椭圆形或棱形,包囊的长轴与肌纤维平行,包囊内含一盘曲的幼虫,偶尔也有含两条或两条以上的幼虫,在肌肉压片过程中亦可见到单独的没有包囊的幼虫(原因是压片时幼虫被压出包囊外或该幼虫为没有形成包囊的早期幼虫),旋毛虫幼虫的前部为一串念珠状细胞构成的食道。

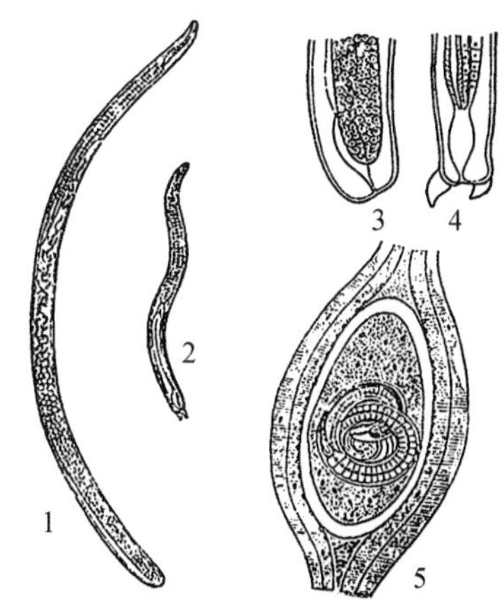

图12.3　旋毛虫(引自杨光友,2005)

1.雌虫　2.雄虫　3.雌虫尾端　4.雄虫尾端　5.幼虫包囊

【注意事项】

1.乳酸酚透明液具有一定的腐蚀性,因此不宜滴加太多,以防溢出载玻片而腐蚀光学显微镜的载物台。

2.虫体在滴加乳酸酚透明液后,应尽快放到光学显微镜下进行观察,若虫体透明过度，则不利于虫体内部形态构造的观察。

3. 雄虫尾端交合伞常包裹在一起，可用解剖针轻轻移动盖玻片，让交合伞展开便于观察交合伞内肋的形态。

【思考题】

1. 比较有齿冠尾线虫和猪毛尾（首）线虫的主要形态构造的区别以及在生活发育过程中的异同点。

2. 比较有齿冠尾线虫和旋毛虫在生活发育过程中的异同点。

3. 如何辨别肌肉中的旋毛虫包囊？

【实验报告要求】

1. 绘出有齿冠尾线虫、猪毛尾（首）线虫的头端和尾部形态构造，并标明各部位的名称。

2. 列出实验中所观察线虫的中间宿主、终末宿主与寄生部位。

实验十三　旋尾亚目、丝虫亚目线虫及棘头虫的形态观察

【实验目的】

在显微镜下或肉眼观察寄生于畜禽的旋尾亚目、丝虫亚目线虫及棘头虫种类，掌握旋尾亚目、丝虫亚目线虫及棘头虫的常见虫种的虫体及虫卵的主要形态特征，能正确诊断畜禽的此类寄生虫病。

【实验内容】

旋尾亚目、丝虫亚目线虫及棘头虫虫体等浸渍标本、幼虫封片标本和病理标本观察。

【材料与设备】

1. 浸渍标本：

吸吮科(Thelaziidae)线虫：罗氏吸吮线虫(*T. rhodesii*)和丽嫩吸吮线虫(*T. callipaeda*)等；

锐形科(Acuariidae)线虫(又称华首科线虫)：旋锐形线虫(*A. spiralis*)和钩状锐形线虫(*A. hamulosa*)等；

颚口科(Gnathostomidae)线虫：刚棘颚口线虫(*G. hispidum*)和陶氏颚口线虫(*G. doloresi*)等；

尾旋科(Spirocercidae)线虫：狼尾旋线虫(*Spirocerca lupi*)等；

丝状科(Filariidae)线虫：马丝状线虫(*Setaria equina*)、鹿丝状线虫(*S. cervi*)和指形丝状线虫(*S. digitata*)等；

双瓣科(Dipetalonematidae)线虫：犬恶丝虫(*Dirofilaria immitis*)、蛭形巨吻棘头虫(*Macracanthorhynchus hirudinaceus*)、大多形棘头虫(*P. magnus*)、小多形棘头虫(*P. minutus*)和鸭细颈棘头虫(*Filicollis anatis*)等。

2. 封片标本：丝虫微丝蚴；大多形棘头虫雄虫、雌虫；蛭形巨吻棘头虫卵、颚口线虫的中间宿主(剑水蚤)等封片标本。

3. 病理标本：寄生于动物肠壁的棘头虫、寄生于犬心脏的犬恶丝虫等病理标本。

4. 试剂包括乳酸酚透明液等。

5. 设备包括光学显微镜、手持放大镜、镊子、平皿、载玻片、盖玻片、挂图、投影仪等。

【操作方法】

1. 挑取旋锐形线虫、钩状锐形线虫和马丝状线虫的雌雄虫各一条，分别放在不同的载

玻片上，滴加乳酸酚透明液2～3滴，盖上盖玻片，在光学显微镜下观察透明虫体的内部形态构造。

2. 在光学显微镜下观察封片标本中丝虫微丝蚴，大多形棘头虫雄虫、雌虫，蛭形巨吻棘头虫卵和尾旋线虫幼虫的形态构造。

3. 用肉眼或借助手持放大镜观察虫体浸渍标本及病理标本。

【形态观察】

一、吸吮科(Thelaziidae)线虫

吸吮科、吸吮属(*Thelazia*)的多种吸吮线虫可寄生于动物的眼部，故又称眼线虫。

常见虫种有罗氏吸吮线虫(*Thelazia rhodesii*)和丽嫩吸吮线虫(*T. callipaeda*)，主要侵害黄牛、水牛、山羊、绵羊、马、野牛等。

1. 罗氏吸吮线虫(图13.1)：虫体细长，体表角皮具有粗横纹。雄虫长10.2～15.5mm，尾端钝圆。肛前乳突14对，肛后乳突2对。左交合刺细长，右交合刺粗短。雌虫体长15.4～16.5mm，尾端钝圆，阴门位于虫体前部。虫卵大小(32～43)μm×(21～26)μm。

2. 丽嫩吸吮线虫(又称结膜吸吮线虫)：虫体细长、半透明、浅红色，离开宿主后转为乳白色。体表除头尾两端外，均具有横纹。

雄虫体长9.9～13.0mm，左右交合刺不等长。肛前乳突8～12对，肛后乳突2～5对。雌虫体长10.45～15.00mm。卵壳薄而透明，愈近阴门处虫卵愈大，卵内含幼虫。

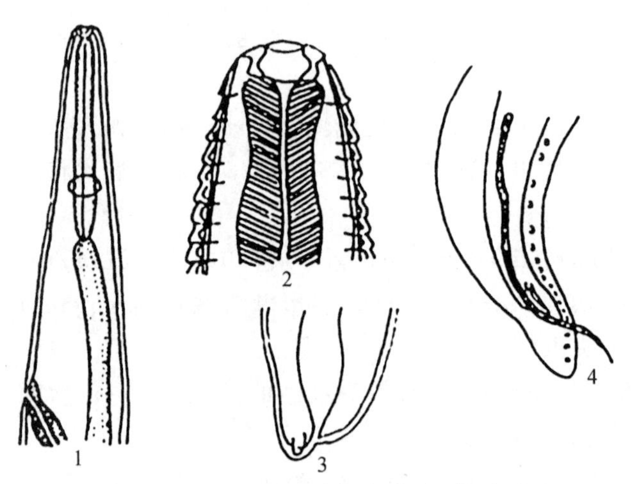

图13.1 罗氏吸吮线虫(引自卢俊杰、靳家声，2002)

1. 虫体头部 2. 体头端 3. 雌虫尾端 4. 雄虫尾端

二、锐形科(Acuariidae)线虫(又称华首科线虫)

锐形科、锐形属(*Acuaria*)线虫主要寄生于禽类的腺胃和肌胃角质层。常见种是旋锐

形线虫(*Acuaria spiralis*)和钩状锐性线虫(*A. hamulosa*)。

1. 旋锐形线虫：虫体短钝，体表具有细横纹，头端具 2 个锥形侧唇，每唇有 1 对乳突，唇后有 4 条角质饰带，呈波浪状弯曲，向后延伸，至食道肌质部的中后部或排泄孔前，复折向前伸，末端彼此不相连接。

雄虫体长 4.0～7.20mm，交合刺 1 对，细长，不等长，右交合刺短宽呈舟状。雌虫体长 5.6～9.2mm，阴门位于体后部，距尾端 1.60～1.80mm。虫卵大小(34～40)mm×(18～22)mm，产出时内含幼虫。

2. 钩状锐形线虫：虫体粗壮，淡黄色，圆柱形，头端钝尾部尖，体两侧各具有 2 条绳状的角质饰带，每条饰带由 2 条外缘不规则的角质隆起所组成，由头端向后延伸，不回旋曲折，直至虫体的亚末端(图 13.2)。

雄虫体长 8.6～14.0mm，具有尾翼膜。交合刺 1 对，细长，不等长，右交合刺短扁如船状。雌虫体长 25～30mm，阴门位于虫体中部稍后方。虫卵椭圆形，大小(32～38)mm×(20～26)mm，产出时内含幼虫。

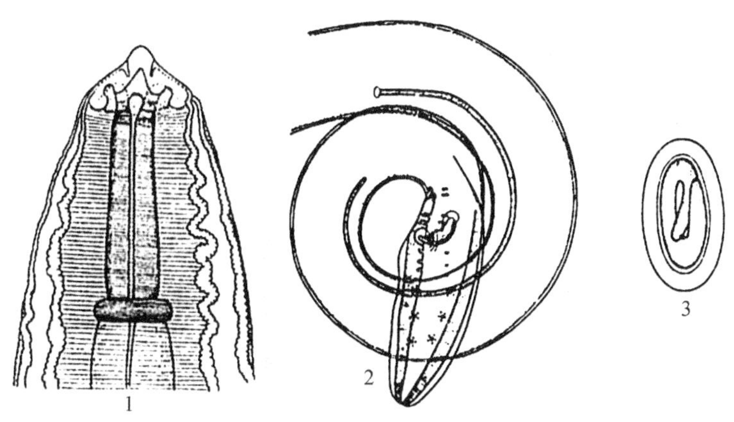

图 13.2　钩状锐形线虫(引自陈淑玉，1994)

1. 虫体头端　2. 雄虫尾端　3. 虫卵

三、颚口科(Gnathostomidae)线虫

颚口科、颚口属(*Gnathostoma*)线虫主要寄生于家猪及野猪的胃内。常见种有刚棘颚口线虫(*Gnathostoma hispidum*)和陶氏颚口线虫(*G. doloresi*)。

1. 刚棘颚口线虫：新鲜虫体呈淡红色，圆柱形，体壁较透明。体前端有膨大的头球，其上有 11 圈小钩，头球前端有 2 个大的侧唇。身体表面披有环列的小棘，体前部的棘呈鳞片状，较短宽，其游离缘小齿数最多可达 10 个。体后部的棘细长而呈针状。

雄虫体长 15～25mm，左右交合刺不等长；雌虫体长 22～45mm。虫卵呈椭圆形，大小为(72～74)μm×(39～42)μm，卵壳表面有细颗粒，一端有帽状的似卵盖样的突起(图 13.3)。

2. 陶氏颚口线虫(图 13.4)：头球具有 8～13 环列小钩。虫体布满体棘，在体前第 1～18 环列的体棘后缘小齿数目为 3～6 个，以后渐减为 3 齿，体后半部为针状的单棘。在雄虫的尾部腹面泄殖腔前后有一个椭圆形的无棘区。

雄虫大小为(25.5～38.0)mm×(0.9～1.7)mm。交合刺 1 对，不等长。尾部腹面有 4 对大的具柄侧乳突和 4 对小的腹乳突。雌虫大小为(30～52)mm×(1.3～2.8)mm。

虫卵呈椭圆形，大小为(56～67)mm×(31～37)mm，卵壳表面有细颗粒状突起，两端各有一卵盖样的帽状突起。

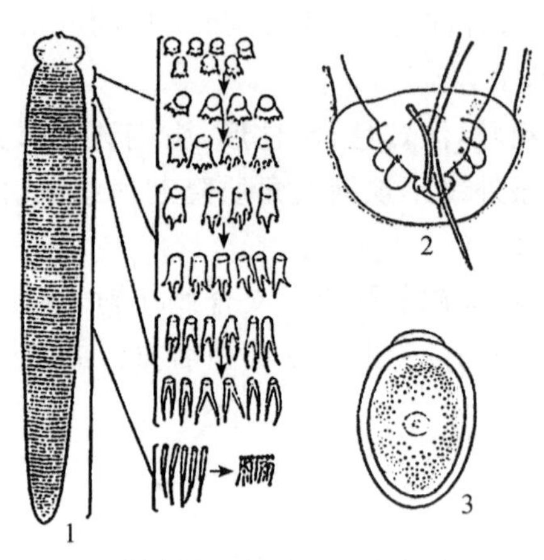

图 13.3　刚刺颚口线虫(引自杨光友，2005)

1.成虫　2.雄虫尾端　3.虫卵

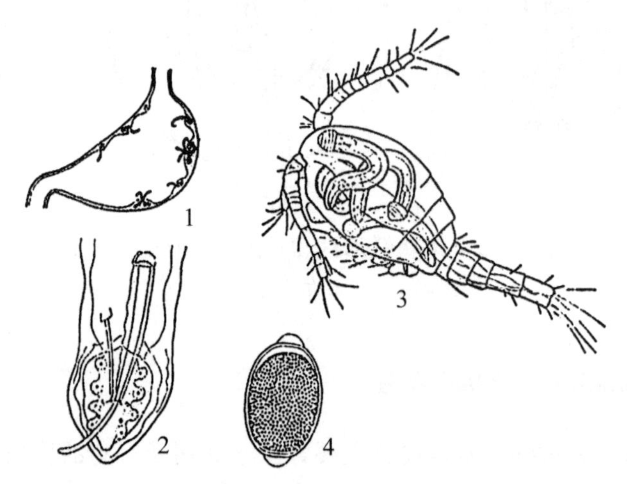

图 13.4　陶氏颚口线虫(引自杨光友，2005)

1.寄生于猪胃内的成虫　2.雄虫尾部　3.剑水蚤体内的颚口线虫幼虫　4.虫卵

四、尾旋科(Spirocercidae)线虫

尾旋科、尾旋属(*Spirocerca*)的狼尾旋线虫(*Spirocerca lupi*)寄生于犬、狐等肉食动物的食道壁、胃壁、主动脉壁及其他组织内，俗称犬食道线虫。

虫体呈螺旋形，新鲜虫体呈粉红色，粗壮。头端不具明显的唇片，口周围由 6 个柔软团块组织所环绕(图 13.5)。

雄虫长30～54mm，宽0.76mm，尾部有尾翼和许多乳突，有2个不等长的交合刺；左交合刺长2.45～2.80mm，右交合刺长0.475～0.750mm，尾部有侧翼膜，有4对肛前柄乳突与1个中央肛前乳突，2对肛后柄乳突，靠近尾尖有一些小乳突。

雌虫长54～80mm，宽1.15mm，尾长0.40～0.45mm，稍弯向背面。

卵壳有一厚壁，虫卵大小为(30～37)μm×(11～15)μm，刚排出的卵内已含幼虫。

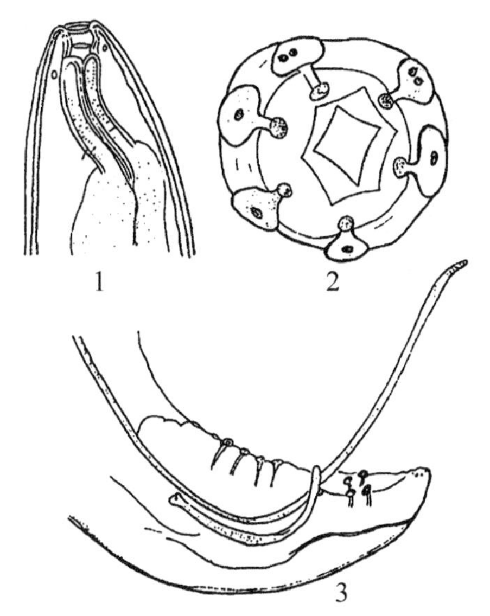

图13.5　狼尾旋线虫(引自孔繁瑶，1997)

1.虫体头端　2.体头端顶面观　3.雄虫尾端

五、丝状科(Filariidae)线虫

丝状科、丝状属(*Setaria*)的一些线虫，多寄生于有蹄类动物的腹腔内，又称腹腔丝虫。常见种：马丝状线虫(*Setaria equina*)、鹿丝状线虫(*S. cervi*)和指形丝状线虫(*S. digitata*)等。

1.马丝状线虫：主要寄生于马属动物的腹腔。

虫体呈乳白色，线状。口孔周围有角质环围绕，口环的边缘上突出形成2个半圆形的侧唇、2个乳突状的背唇和2个乳突状腹唇。头部有4对乳突：侧乳突较大，背、腹乳突较小。雄虫长40～80mm，交合刺两根不等长。雌虫长70～150mm，尾端呈圆锥状。

2.鹿丝状线虫：寄生于牛的腹腔(图13.6)。

口孔呈长形，角质环的两侧向上突出成新月状，背、腹面突起的顶部中央有一凹陷，略似墙垛口。

雄虫长40～60mm，交合刺两根不等长。雌虫长60～120mm，尾端为一球形的纽扣状膨大，表面有小刺。微丝蚴有鞘膜。

3.指形丝状线虫：寄生于黄牛、水牛和牦牛的腹腔(图13.7)。

形态和鹿丝状线虫相似，但口孔呈圆形，口环的侧突起为三角形，且大于鹿丝状线虫口环的侧突。背、腹突起上有凹迹。

雄虫长 40～50mm，交合刺两根不等长。雌虫长 60～90mm，尾末端为一小的球形膨大，其表面光滑或稍粗糙。

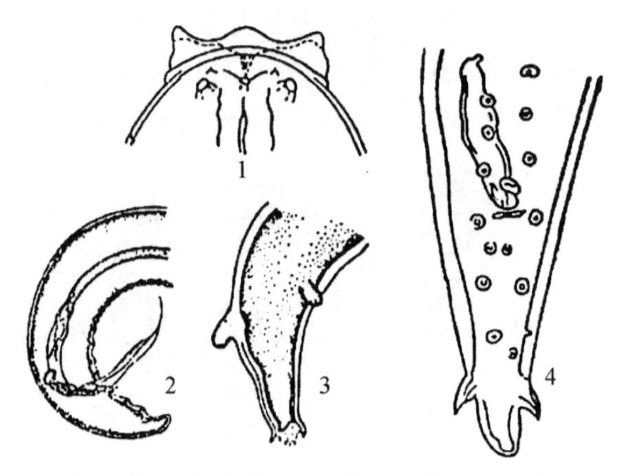

图 13.6　鹿丝状线虫(引自赵辉元，1996)

1. 虫体头端　2. 雄虫尾端　3. 雌虫尾端　4. 雄虫

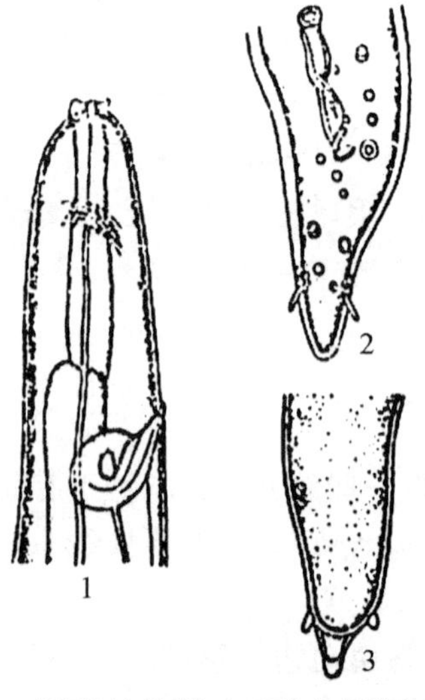

图 13.7　指形丝状线虫(引自赵辉元，1996)

1. 虫体头端　2. 雄虫尾端　3. 雌虫尾端

六、双瓣科(Dipetalonematidae)线虫

双瓣科、恶丝属(*Dirofilaria*)中的犬恶丝虫(*Dirofilaria immitis*)，主要寄生于犬的右心室和肺动脉。

犬恶丝虫(又称犬心丝虫)虫体呈微白色，细长粉丝状，口由 6 个不明显的乳突围绕。雄虫长 12～20cm，后部呈螺旋状卷曲，有窄的尾翼膜，末端有尾乳突 11 对(肛前 5 对、肛后 6 对)，交合刺 2 根，长短不等。雌虫长 25～30cm，尾端钝圆，阴门开口于食道后端。犬血液中的微丝蚴无鞘膜。微丝蚴出现的周期性不明显，但以夜间出现较多(图 13.8)。

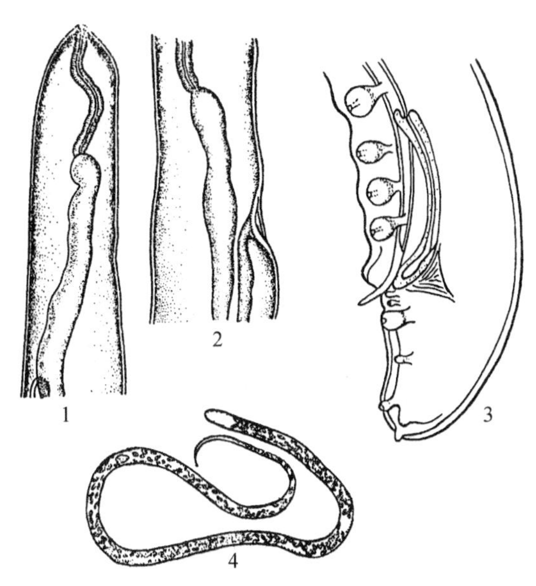

图 13.8　犬恶丝虫(引自赵辉元,1996)

1. 虫体头部　2. 雌虫阴门部　3. 雄虫尾端　4. 微丝蚴

七、棘头虫

寄生家畜和家禽的棘头虫主要为少棘吻科(Oligacanthorhychidae)和多形科(Polymorphidae)的种类,常见种有:蛭形巨吻棘头虫(*Macracanthorhynchus hirudinaceus*),寄生于猪的小肠内;大多形棘头虫(*Polymorphus magnus*)、小多形棘头虫(*P. minutus*)和鸭细颈棘头虫(*Filicollis anatis*),寄生于禽类的小肠内。

1. 蛭形巨吻棘头虫:虫体长圆筒形,前端较粗,后端较细,体表有横的皱纹。雄虫长50～113mm,呈逗点状,尾端有交合伞;雌虫长310～692mm。虫体分为前体部(吻部与颈部)和后体部(躯干部)两部分(图 13.9)。

前体部:吻部较小,呈球形,突出于虫体最前端,长约1mm,上有5～6列小钩,每列6个小钩;颈部位于吻部与躯干部之间,呈圆柱形,其长短、粗细视伸缩程度不同而异。后体部:吻囊(吻鞘)连于颈的基部,呈袋状,为双层肌质皮囊,借吻缩肌的收缩而回缩吻部,借液压作用伸出吻部;吻腺连于颈部与驱干部交界处的两侧,悬垂在假体腔内;韧带囊是由结缔组织构成的空的管状构造,贯穿于虫体的全长。前端与吻囊的后部或附近的体壁相连,后端连于生殖器官的某些部位上。雌虫有2个囊(背、腹各1个),雄虫只有1个背囊。

雄性生殖器官:睾丸2个,长圆柱形,大小不等,前后排列,睾丸的2根输出管合为1根射精管,在睾丸后方,射精管两侧有黏液腺、黏液囊和黏液管,黏液管与射精管相连,雄茎与交合伞位于虫体后端。交合伞呈倒屋顶状。雌性生殖器官:成熟虫体体腔内充满虫卵,在虫体尾部隐约可见子宫和阴道。

虫卵呈深褐色,长椭圆形,两端稍尖,大小为(87～102)μm×(43～56)μm。卵壳厚,其上布满不规则的沟纹,卵内含棘头蚴。

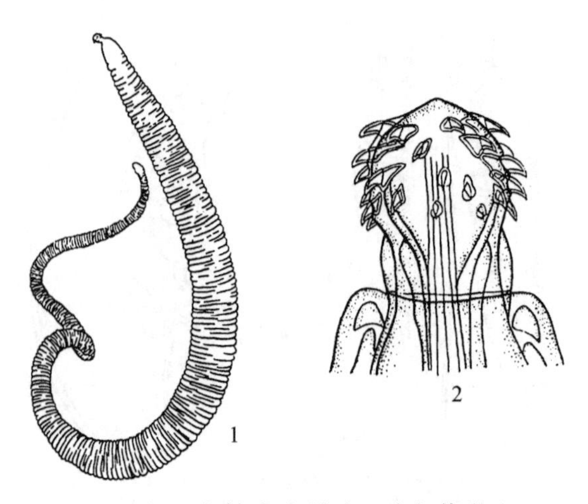

图 13.9　蛭形巨吻棘头虫雌虫(引自蒋学良,2004)

2. 大多形棘头虫:虫体呈纺锤形,体前部大,体表有小棘,体后部较细小,体表棘不明显。吻突呈长椭圆形,其上有 18 纵列吻钩,每列 7～8 个吻钩,前 4 个吻钩较大,有发达的尖端和基部(图 13.10)。

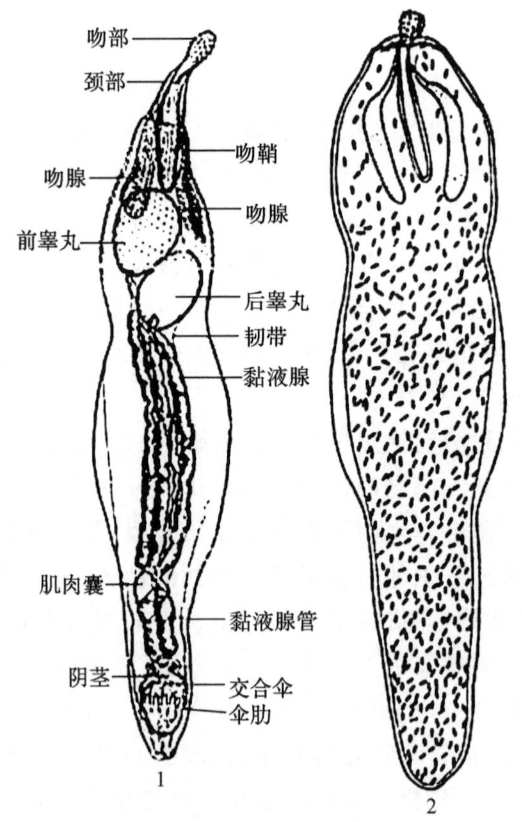

图 13.10　大多形棘头虫(引自陈淑玉,1994)

1. 雄虫　2. 雌虫

雄虫体长9.2～11.0mm，睾丸2个，呈卵圆形，斜列于虫体前1/3部，睾丸后方有4条并列的腊肠状黏液腺，交合伞呈钟状，位于体腔的后端，前面两侧有2个膨大的侧突，后部边缘有18个指状辐肋，生殖孔开口于体末端。雌虫体长12.4～14.7μm。虫卵呈长纺锤形，大小为(113～129)μm×(17～22)μm。

3. 小多形棘头虫：虫体细小，呈纺锤形，体前部体表有小棘。吻突呈圆形，其上有16纵列吻钩，每列7～8个，前4个钩发达。

雄虫长2.79～3.94mm，睾丸2个，呈球形，斜列于虫体前半部的后部；有4条腊肠状黏液腺，交合伞呈钟状，其前部有侧盲突，后缘有18条指状辐肋；生殖孔开口于虫体的亚末端。雌虫体长2.79～3.94mm。虫卵细长，卵壳有三层卵膜，大小为(107～111)μm×18μm。

4. 鸭细颈棘头虫：虫体呈纺锤形，体前部细长，后部粗短。雄虫体长6.0～8.0mm；吻椭圆形，吻钩大小相近；颈圆锥形；睾丸卵圆形，斜列于虫体中部；黏液腺6个，肾形；交合伞钟形。

雌虫长20～26mm；吻突圆球形；吻钩细小，大小相近，分布于吻突顶端，呈放射状排列；颈部细长。虫卵呈卵圆形，大小为(75～84)μm×(27～31)μm。

【注意事项】

1. 乳酸酚透明液具有一定的腐蚀性，因此不宜滴加太多，以防溢出载玻片而腐蚀光学显微镜的载物台。

2. 虫体在滴加乳酸酚透明液后，应尽快放到光学显微镜下进行观察，若虫体透明过度，则不利于虫体内部形态构造的观察。

3. 雄虫尾端交合伞常包裹在一起，可用解剖针轻轻移动盖玻片，让交合伞展开便于观察交合伞内肋的形态。

【思考题】

1. 比较蛭形巨吻棘头虫与猪蛔虫在外部形态及在生活发育过程中的异同点。

2. 比较指形丝状线虫和犬恶丝虫在形态构造及在生活发育过程中的异同点。

【实验报告要求】

1. 绘出旋锐形线虫和钩状锐形线虫的虫体前部、雌虫和雄虫后部的形态构造图，并标出各部位的名称。

2. 列出实验中所观察线虫的中间宿主、终末宿主与寄生部位。

第五章　蜘蛛昆虫类

蜱和螨是蛛形纲中能够致病并传播疾病的一类体型微小的节肢动物，躯体呈椭圆形或圆形，分头胸和腹两部，或头、胸、腹融合。昆虫隶属节肢动物门昆虫纲，种类繁多，分布广。本章主要介绍外寄生虫的检查技术以及兽医临床常见的蜱、螨等昆虫的形态结构特征。

实验十四　外寄生虫检查技术

【实验目的】

寄生于动物体表的寄生虫主要有蜱、螨、虱等。对于它们的检查，可采用肉眼观察和显微镜观察相结合的方法。

螨类（疥螨、痒螨和蠕形螨等）寄生于动物的体表或皮内，必须用特有的检查方法才能发现虫体。通过本实验要求掌握检查病料（皮屑）的采集方法、虫体的集虫法、虫体形态的识别和鉴定法。

【实验内容】

1. 螨的实验室检查。
2. 虱和其他吸血节肢动物寄生虫检查。

【材料与设备】

含有虫体的皮屑刮取物、患螨病的兔和羊等。显微镜、扩大镜、凸刃外科刀、平皿、酒精灯、载玻片、盖玻片、小镊子、50％甘油水溶液、10％氢氧化钠溶液等。

【操作与观察】

一、螨的实验室检查

1. 病料的采取法：由于螨主要寄生于动物的体表或皮内，必须刮取病部皮屑才能收集到虫体,所以如何正确地刮取皮屑是螨病诊断的重要一环。

刮取皮屑的方法非常重要,应选择患病皮肤与健康皮肤交界处,因为该部位的螨较多。刮取时先剪毛,取凸刃外科刀,在酒精灯上消毒,使刀刃与皮肤表面垂直,刮取皮屑,直到皮肤轻微出血(此点对检查寄生于皮内的疥螨尤为重要)。

在野外工作时,为了避免风将刮下的皮屑吹去,可根据所采用的检查方法的不同,在刀上先蘸一些水或50%甘油水溶液,这样可使皮屑黏附在刀上。将刮下的皮屑集中于培养皿或试管内,带回供检查。

蠕形螨病,可用力挤压病变部,挤出脓液,将脓液摊于载玻片上供检查。

2. 虫体的检查法:

(1)肉眼直接检查法:对新刮取的皮屑物,放在平皿内,将平皿在酒精灯上轻微加热,然后将平皿放在黑布或黑纸上,用肉眼检查。可以在皮屑内看到有小的白色虫体在活动,在通常情况下,往往是先看到由于虫体的活动而扒动的皮屑物,再在活动的皮屑处仔细看可看到虫体。这种方法检查体形较大的螨类(痒螨)更容易。

(2)显微镜下直接检查法:将刮下的皮屑,放于载玻片上,滴加50%甘油水溶液,覆以另一张载玻片。搓压载玻片使病料散开,分开载玻片,置显微镜下检查。

(3)虫体浓集法:为了在较多的病料中检出其中较少的虫体,提高检出率,可采用浓集法。先取较多的病料,置于试管中,加入10%氢氧化钠溶液。浸泡过夜(如亟待检查可在酒精上煮数分钟),使皮屑溶解,虫体自皮屑中分离出来。而后待其自然沉淀(或以每分钟2000转的速度离心沉淀5min),虫体即沉于管底,弃去上层液,吸取沉渣检查。

二、虱和其他吸血节肢动物寄生虫检查

虱、蜱、蚤、虱蝇等吸血节肢动物寄生虫在动物的腋窝、鼠蹊、乳房、趾间和耳后等部位寄生较多。可手持镊子进行仔细检查,采到虫体后放入有塞的瓶中或浸泡于70%酒精中。注意从体表分离蜱时,切勿用力过猛。应将其假头与皮肤垂直,轻轻往外拉,以免口器折断在皮肤内,引起炎症。

【注意事项】

注意病料采集部位的选择:应在患病皮肤与健康皮肤交界处刮取皮屑,且直到皮肤轻微出血。

【思考题】

1. 螨病的诊断要点是什么?
2. 虫体浓集方法如何操作?

【实验报告要求】

1. 记录实验结果。
2. 绘制检出的相应病原体。

实验十五　蜱、螨形态观察

【实验目的】

通过对硬蜱、几种主要螨的详细观察，认识硬蜱科成虫、几种主要螨的一般形态构造，并认识卵、幼虫、若虫和成虫各阶段的形态特征。认识硬蜱科中几个主要属的形态特征，并学会运用检索表鉴定硬蜱科中的主要属。认识寄生于家畜、家禽上的几种主要螨的形态特征。

【实验内容】

1.硬蜱科的形态特征观察。

2.禽、畜主要螨病病原体的形态观察。

【材料与设备】

硬蜱科各个属的成虫浸渍标本，含有螨的皮屑病料。硬蜱的形态构造图、硬蜱科主要属的形态图、硬蜱各发育阶段的形态图、硬蜱的制片标本。疥螨、痒螨、蠕形螨的形态构造图，螨各发育阶段的形态图，疥螨、痒螨、蠕形螨成虫(包括雌虫和雄虫)的制片标本。

显微镜、实体显微镜、放大镜、载玻片、盖玻片、吸管、小镊子、培养皿。

【操作与观察】

一、硬蜱科的一般形态特征

硬蜱成虫的身体可分为假头部和体部两个主要部分，假头部又包括口器和假头基部两部分(图 15.1、图 15.2)。

(一)假头部

1.假头基部：其形状随蜱种的不同而异，自背侧观察时，通常成矩形或六角形等。雌虫的假头基部的背面生有一对多孔区，呈圆形、卵圆形或近似三角形等。雄虫没有多孔区。

2.口器：由以下几个部分组成。

(1)须肢：一对，位于假头基前方两侧，左右成对，长短与形状因属或种的不同而异，分 4 节，第 1 节较短小，第 2、3 节较长且外侧缘直或凸出，第 4 节短小，嵌在第 3 节腹面的前端，端部具感觉毛。须肢在吸血时起固定和支撑蜱体作用。

(2)螯肢：一对，位于须肢之间，可从背面看到。螯肢分为螯杆和螯趾，螯杆包在螯鞘内，螯趾分为内侧的动趾和外侧的定趾，为切割宿主皮肤之用。

(3)口下板：一个，位于螯肢的腹方，与螯肢合拢形成口腔。形状和长短因种类而异（剑状、矛状或压舌板状等），顶端尖细或圆钝。腹面有成纵列的逆齿，为吸血时穿刺与附着的重要器官。

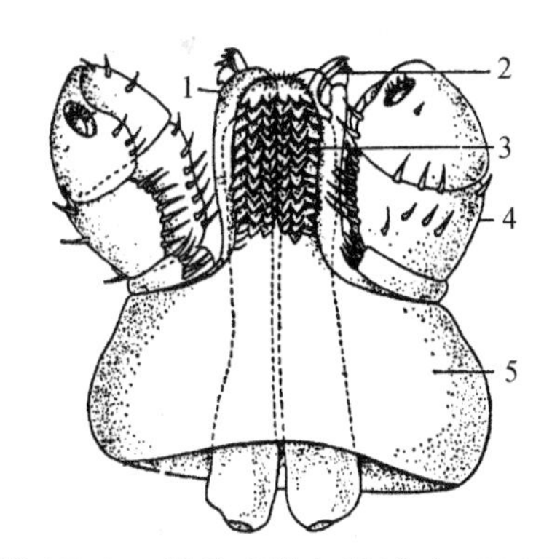

图 15.1　假头（引自杨光友，2005）

1. 螯肢鞘　2. 内、外趾　3. 口下板　4. 须肢　5. 假头基

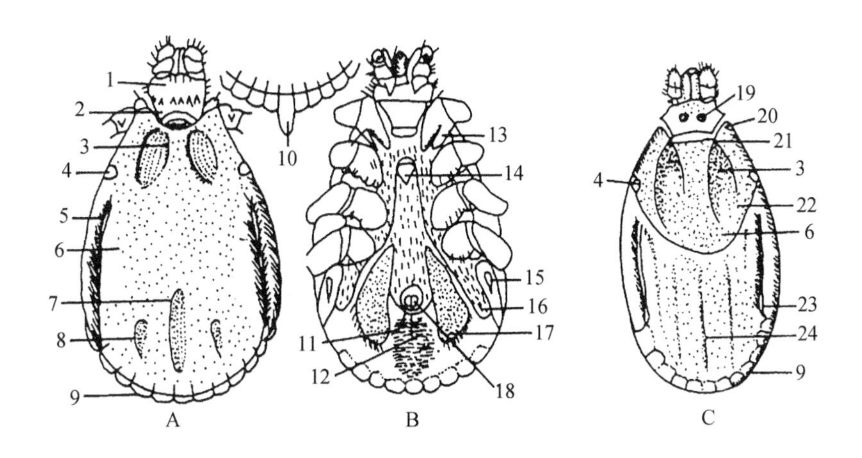

图 15.2　硬蜱外部构造（引自姚永政，1982）

A. 雄蜱背面观　B. 雄蜱腹面观　C. 雌蜱腹面观

1. 假头基　2. 背角　3. 颈沟　4. 眼　5. 侧沟　6. 盾板　7. 后中沟　8. 后侧沟　9. 缘垛　10. 尾突　11. 肛沟　12. 肛后沟　13. 基节内外距　14. 生殖孔　15. 气门　16. 副肛侧板　17. 肛侧板　18. 肛门瓣　19. 孔区　20. 肩突　21. 颈　22. 前侧沟　23. 边沟　24. 中沟

(二)体部

1. 盾板：是虫体背面一个几丁质增厚的部分。雄蜱的盾板覆盖着整个背面，雌蜱的盾板只占假头基部后方背面的一小部分。

2. 眼：有或无。有眼时，其位置是在盾板前部的两侧边缘上，约相当于第 2 对脚基部水平线的附近，是一种小的、较透明的半圆形隆起。

3. 缘垛：有或无，是盾板或身体后缘上由许多沟纹所划分成的若干长方形的格块。

4.足:成虫为4对足,足由6节组成,即基节、转节、股节、胫节、后跗节和跗节(图15.3)。跗节的末端有爪和爪垫。

5.生殖孔:位于相当第2对足基节水平的腹面中线上。有些种类的生殖孔比较偏后,大约位于第3对足基节之间。在生殖孔前方及两侧,有1对向后伸展的生殖沟。

6.肛门:位于后部正中,是由1对半月形肛瓣构成的纵行裂口。在肛门之后或肛门之前有或无肛沟,一般为半圆形或马蹄形。

7.气孔板:1对,左右各1个,位于第4对足基节的后侧方不远处。其形状构造随蜱的种类的不同而不同。

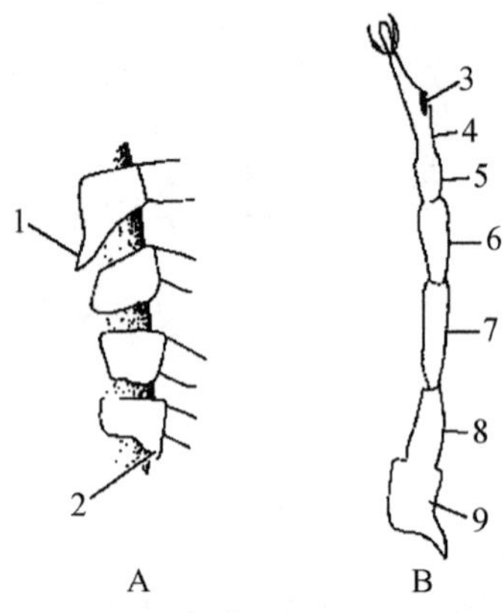

图15.3 硬蜱基节的腹面观(A)和足的分节(B)

1.内距 2.外距 3.哈氏器 4.跗节 5.后跗节 6.胫节 7.股节 8.转节 9.基节

有的种雄蜱腹面还有几块几丁质板,其数目因蜱属不同而异。硬蜱属有腹板7块:生殖前板1块,位于生殖孔之前;中板1块,位于生殖孔与肛门之间;侧板1对,位于体侧缘的内侧;肛板1块,位于肛门的周围,紧靠中板之后;肛侧板1对,位于肛板的外侧。

硬蜱科不同属蜱的形态如图15.4所示。

我国硬蜱科分属检索表

1 肛沟围绕肛门之前;雄蜱腹面几乎全被几丁质板(共7块)所覆盖 ……… 硬蜱属(*Ixodes*)

肛沟围绕肛门之后,或很浅不明显;雄蜱腹面若有几丁质板,只覆盖后面一部分…… 2

2 假头基六角形 …………………………………………………………………… 3

假头基矩形或其他形状 …………………………………………………………… 5

3 无眼;须肢第1节内缘有趾状突 ……………………… 异扇蜱属(*Anomalohimaloya*)

有眼;须肢第1节内缘无趾状突……………………………………………………… 4

4 肛沟明显;足基节Ⅰ有2个发达的距 ……………………… 扇头蜱属(*Rhipicephalus*)

肛沟很浅而不明显,足基节Ⅰ有2个很短的距 …………………… 牛蜱属(*Boophilus*)

5 体宽短,卵圆形或宽卵形;须肢直而显著窄长,尤其第2节最明显…………………… 6

体较窄长,卵形或长卵形;须肢粗短或窄长 ……………………………………… 8

6 有眼 ………………………………………………………………… 花蜱属(*Amblyomma*)

　无眼 …………………………………………………… 盲花蜱属(*Aponomma*)

7　无眼;足基节Ⅰ只有1个距,有时很短 ……………… 血蜱属(*Haemaphysalis*)

　有眼;足基节Ⅰ有2个发达的距 ………………………………………… 8

8　盾板有白色珐琅斑;须肢粗短 ………………………… 革蜱属(*Dermacentor*)

　盾板单色,无珐琅斑;须肢窄长 ………………………… 璃眼蜱属(*Hyalomma*)

图 15.4　硬蜱科不同属蜱的形态

1.硬蜱属　2.革蜱属　3.血蜱属　4.扇头蜱属　5.牛蜱属　6.花蜱属

二、螨类的形态特征

(一)疥螨(*Sarcoptes mite*)

成虫身体呈圆形或龟形,浅黄色,背面隆起,腹面扁平。体长不超过0.5mm,体表多皱纹。盾板有或无,假头背面后方有1对粗短的垂直刚毛或刺。腹面有4对短粗的足,每对足上均有角质化的支条。第1对足上的后支条在虫体中央并成一条长杆,第3、4对足上的后支条在雄虫是互相连接的。雄虫第1、2、4对足和雌虫第1、2对足跗节末端有一长柄的膜质钟形吸盘,其余各足末端为一根长刚毛。雄虫的生殖孔在第4对足之间,围在一个角质化的倒"V"形的构造中。雌虫腹面有两个生殖孔:一个为横裂,位于后两对肢前方中央,为产卵孔;另一个为纵裂,在体末端,为阴道,但产卵孔只在成虫时期发育完成。肛门位于体后缘正中,半背半腹。前两对足伸出体缘,后两对足不伸出体缘(图15.5)。

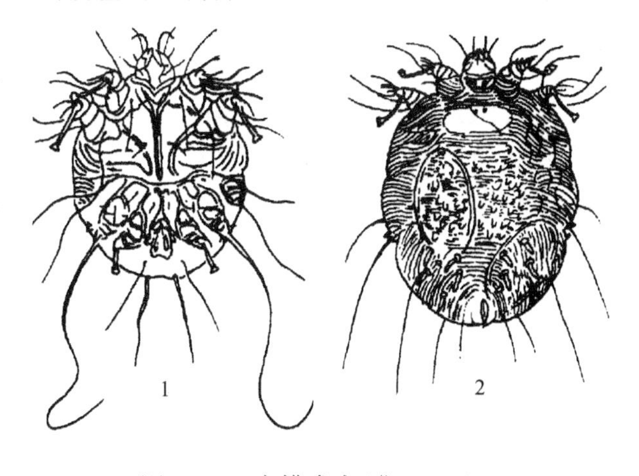

图 15.5　疥螨成虫(仿 Hirst)

1.雄虫　2.雌虫

(二)痒螨(*Psoroptes mite*)

虫体呈长圆形,体长0.5～0.9mm。假头背面后方无粗短的垂直刚毛。躯体后部有大而明显的盾板。口器呈长圆锥形;螯肢细长,趾上有三角齿;须肢也细长;体表有细皱纹;肛门在躯体末端;足较长,尤其是前两对足。雄虫前3对足和雌虫第1、2、4对足都有吸盘,吸盘长在一个分三节的柄上。雄虫第4对足很短,没有吸盘和刚毛;雌虫第3对足上各有 2 根长刚毛。雄虫体末端有 2 个大结节，结节上各有长毛数根；腹面后部有 2 个性吸盘；生殖器居于第 4 基节间。雌虫腹面前部有一个生殖孔，后端有纵裂的阴道，阴道背侧为肛门。4 对足均伸出体缘（图 15.6）。

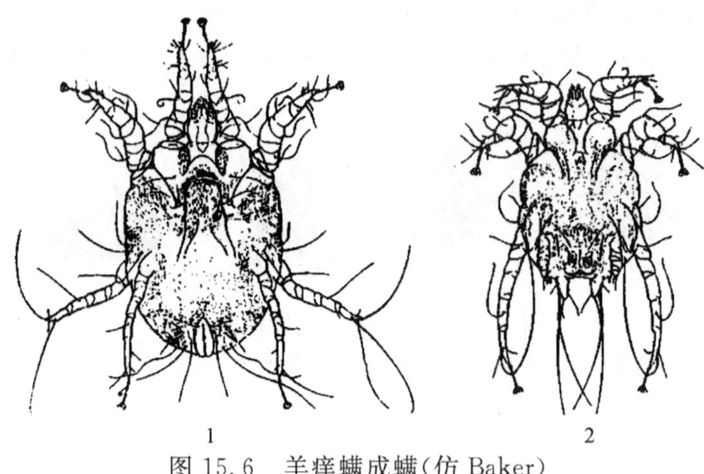

图 15.6 羊痒螨成螨（仿 Baker）

1. 雌螨 2. 雄螨

（三）蠕形螨（*Demodex mite*）

虫体细长呈蠕虫样，半透明，乳白色，一般体长 0.17～0.44mm，宽约 0.045～0.065mm。全体分为颚体、足体和末体三个部分。颚体（假头）呈不规则四边形，由一对细针状的螯肢、一对分三节的须肢及一个延伸为膜状构造的口下板组成，为短喙状的刺吸式口器。足体（胸）有 4 对短粗的足，各足基节与躯体腹壁愈合成扁平的基节片，不能活动；其他各节呈套筒状，能活动、伸缩；跗节上有 1 对锚状"义"形爪。末体（腹）长，表面具有明显的环形皮纹。雄虫的雄茎自足体的背面突出；雌虫的阴门为一狭长的纵裂，位于腹面第 4 对足的后方（图 15.7）。

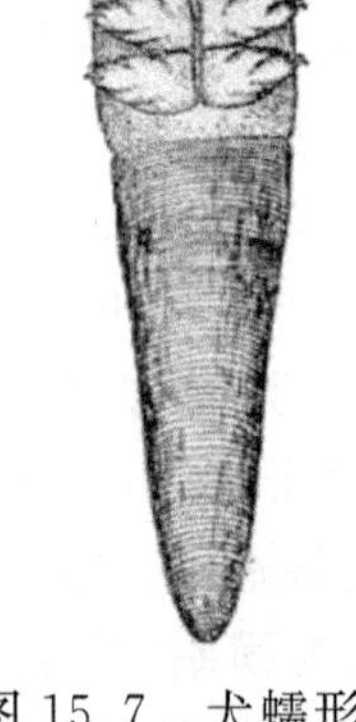

图 15.7 犬蠕形螨

（引自 Soulsby，1982）

（四）鸡皮刺螨（*Dermanyssus gallinae*）

虫体呈长椭圆形，后部略宽；饱血后虫体由灰白色转为红色。雌螨体长 0.72～0.75mm，宽 0.4mm，饱血后可长达 1.5mm，雄螨体长 0.6mm，宽 0.32mm。体表有细皱纹并密生短毛；背面有盾板 1 块，前部较宽，后部较窄，后缘平直。雌螨腹面的胸板非常扁，前缘呈弓形，后缘浅凹，有刚毛 2 对；生殖板前宽后窄，后端钝圆，有刚毛 1 对；肛板圆三角形，前缘宽阔，有刚毛 3 根，肛门偏于后端。雄螨胸板与生殖板愈合为胸殖板，腹板与肛板愈合成腹肛板，两板相接。腹面偏前方有 4 对较长的肢，肢端有吸盘。螯肢细长针状（图 15.8）。

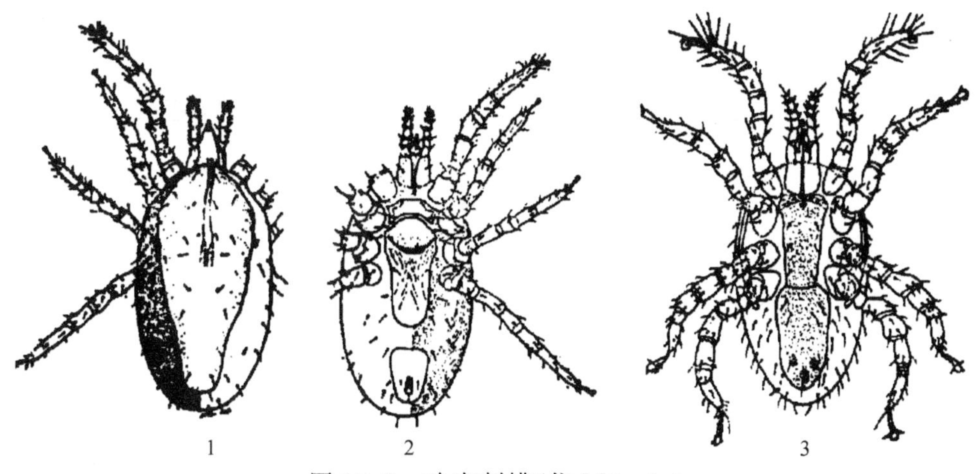

图 15.8　鸡皮刺螨(仿 Mönnig)

1. 雌螨背面　2. 雌螨腹面　3. 雄螨背面

【思考题】

1. 描述蜱螨的一般形态特征。
2. 硬蜱的主要鉴别要点是什么?
3. 疥螨和痒螨的主要区别是什么?

【实验报告要求】

1. 记录实验结果。
2. 绘出蜱、螨的形态图。

实验十六　昆虫类(蝇类、蚊、虱)形态观察

【实验目的】

通过对蝇类的详细观察,认识和熟悉昆虫的基本形态构造。掌握羊鼻蝇、牛皮蝇、马胃蝇各发育阶段的形态特征和寄生部位。了解蚊、蚋、蠓的外部形态。掌握吸血虱和食毛虱的形态差异。

【实验内容】

1. 羊鼻蝇、牛皮蝇、马胃蝇的形态特征观察。
2. 羊鼻蝇、牛皮蝇、马胃蝇各发育阶段的形态观察。
3. 蚊、蚋、蠓的外部形态观察。
4. 虱的形态观察。

【材料与设备】

1. 材料:羊鼻蝇、牛皮蝇、马胃蝇成蝇的针插标本及各发育阶段的浸渍标本;严重感染羊鼻蝇蛆病、牛皮蝇蛆病和马胃蝇蛆病等的病理标本。各种畜禽虱子的浸渍标本和制片标本。蚊、蚋、蠓等的针插标本或制片标本。昆虫构造模式图;羊鼻蝇、牛皮蝇、马胃蝇各发育阶段的形态图。血虱、毛虱、蚊、蚋、蠓等其他昆虫的形态图。

2. 设备:光学显微镜、实体显微镜、放大镜、载玻片、盖玻片、吸管、小镊子、挑虫针、培养皿等。

【操作与观察】

一、昆虫的一般形态特征

昆虫属于节肢动物门、昆虫纲(Insecta)。

昆虫的主要特征是身体两侧对称,分为头、胸、腹 3 部分。头部通常有 1 对触角,2 只复眼或单眼。口器是昆虫的摄食器官,由上唇、上咽、上颚、下颚、下咽及下唇组合而成。根据昆虫采食方式的不同,其口器可分为咀嚼式(毛虱)、刺吸式(蚊)、刮舔式(虻类)、舔吸式(家蝇)和刮吸式(角蝇)等五种。胸部分为 3 节,即前胸、中胸和后胸。每一节上有足 1 对,共 3 对足。在中胸和后胸上各生有 1 对翅。有些种类的昆虫后胸上的翅已退化,变为平衡棒。还有些种类的昆虫由于它们营永久性寄生生活,翅膀完全退化,如虱及蚤。腹部由 8 节组成,雌虫腹部的末端形成产卵器,腹部的两侧有气孔板,昆虫用气管呼吸。

二、羊鼻蝇、牛皮蝇、纹皮蝇、马胃蝇的形态特征

(一)羊鼻蝇

羊鼻蝇(*Oestrus ovis*)又称羊狂蝇,成蝇体长 10～12mm,形似蜜蜂,头部呈黄色,胸部

淡褐色并带有小黑斑;腹部黑色带有银白色闪光,翅透明。虫体胎生,成蝇产幼虫。

第一期幼虫为淡黄白色,体长约 1mm,前端有 2 个黑色的口钩。

第二期幼虫呈椭圆形,体长 20～25mm,只在虫体腹面有小刺。

第三期幼虫呈棕褐色,体长 30mm,前端细小,有 2 个黑色的口钩;虫体分节,每一节有许多小刺;腹面平,背面隆起,有黑色横带;虫体后端上部平削,有 2 个黑色气孔板,下部稍突出(图 16.1)。

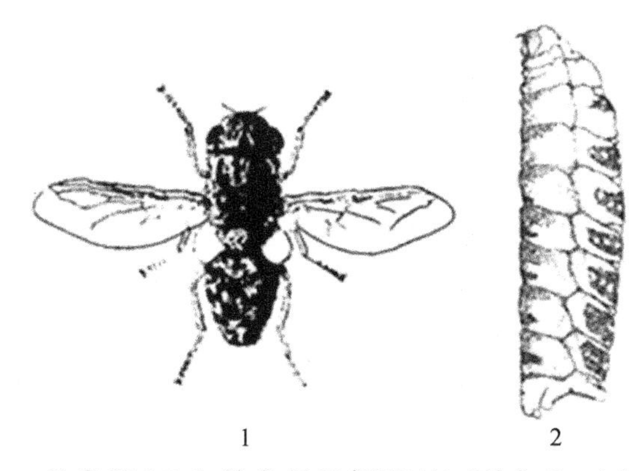

图 16.1　羊鼻蝇(1)和羊鼻蝇蛆侧面(2)(引自 Soulsby,1982)

(二)牛皮蝇和纹皮蝇

1. 牛皮蝇(*Hypoderma bovis*)成蝇体长约 15mm,外形如蜂,全身被绒毛;头部淡黄色;胸部前段和后段为淡黄色,中段为黑色;腹部前段为白色绒毛,中段为黑色,体末端为橙黄色;翅为淡灰色(图 16.2A)。

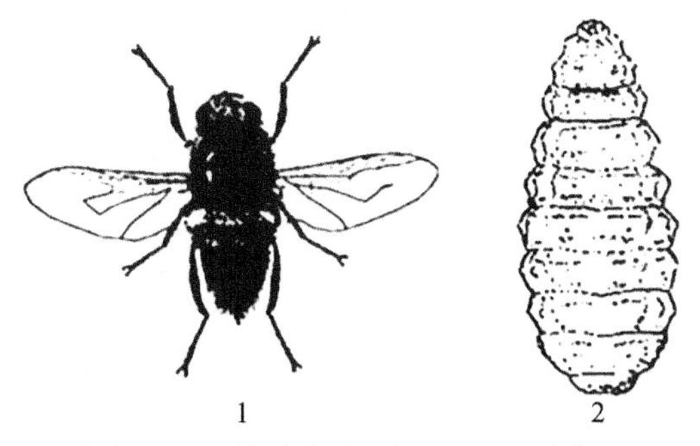

图 16.2　牛皮蝇(1)和纹皮蝇蛆腹面(2)(引自 Soulsby,1982)

蝇卵为淡黄白色,长圆形,表面有光泽,大小为(0.76～0.8)mm×(0.22～0.29)mm。一根牛毛上只黏附一个虫卵。

第一期幼虫为半透明的黄白色,体长 0.5mm,宽 0.2mm;虫体分 12 节,各节上密生有小刺;第 1 节上有口孔,内有 2 个口钩,呈新月形,前端分叉,腹面无齿;虫体后端有 2 个黑色圆点状的后气孔。

第二期幼虫体长 3～13mm,气孔板色较浅。

第三期幼虫体长 28mm,虫体呈深褐色,体分 11 节,背面较平,腹面有结节,最后两节背腹面均无刺。气孔板呈漏斗状。

2. 纹皮蝇(*Hypoderma lineata*)成蝇体长约 13mm，胸部绒毛淡黄色，胸背部除有灰白色绒毛外，还有 4 条黑色纵纹，纵纹上无毛；腹部前段绒毛为灰白色，中段为黑色，后端为橙黄色。翅为褐色(图 16.2B)。

蝇卵长约 0.76mm，宽 0.21mm，在一根牛毛上可黏附数个至 20 个成排的蝇卵。

第一期幼虫形态与牛皮蝇幼虫相似，但口钩前端尖锐而不分叉。腹面有 1 个向后的尖齿。

第二期幼虫的气孔板色浅而小。

第三期幼虫体长约 26mm，虫体第 11 节无刺，第 10 节腹面后缘有刺，气孔板浅平。

(三)马胃蝇

成蝇体表多绒毛，形似蜜蜂，口器退化，两眼小而分开较远，雌蝇产卵器很长。在我国较常见的有 4 种，即肠胃蝇、红尾胃蝇、兽胃蝇和烦扰胃蝇(图 16.3)。第三期幼虫长 13～20mm，体红色或黄色，近竹筒状，前端尖，后端钝圆或齐平。虫体前端有一对黑色锐利的口前钩，虫体各节上生有 1～2 圈小刺，1 对后气门板位于虫体末端窝内。可从蝇蛆的色彩和虫体上各节小刺分布的不同来鉴定种类。

4 种常见马胃蝇第三期幼虫检索表如下：

(1)体节的前缘上有 1 排小刺 …………………………………… 烦扰胃蝇(*G. veterinus*)

　体节的前缘上有 2 排小刺 ……………………………………………………………… (2)

(2)前排刺大，后排刺小。

(3)虫体第 9 节中央无刺，第 10 节两侧有 1～2 个刺 ……………………………………………

…………………………………………………………… 肠胃蝇(*Gastrophilus intestinalis*)

(4)虫体第 7、8 节中央无刺，第 9 节两侧有 1～2 个刺 … 红尾胃蝇(*G. haemorrhoidalis*)

(5)虫体第 6、7、8 节中央无刺，第 9 节两侧有 1～2 个刺 ………… 兽胃蝇(*G. pecorum*)

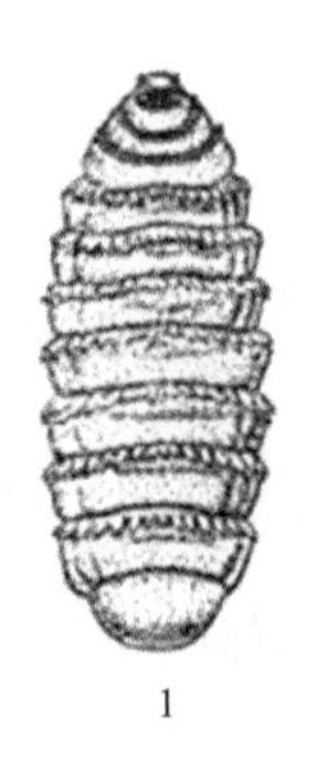
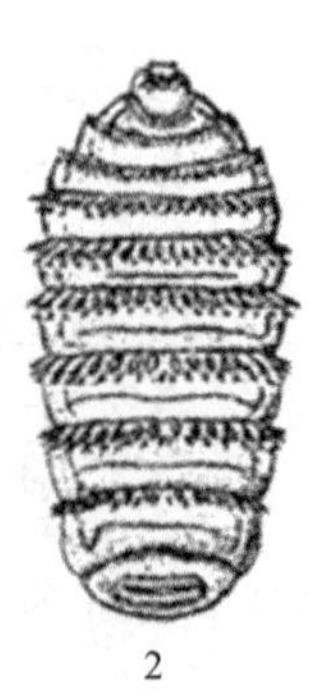
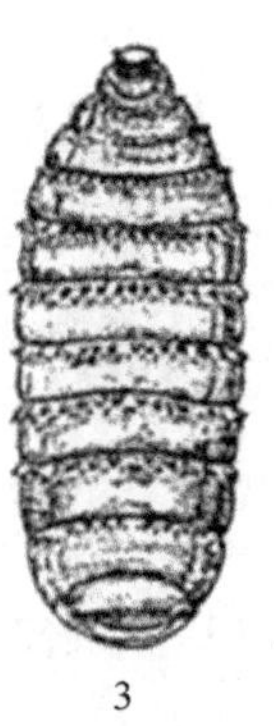
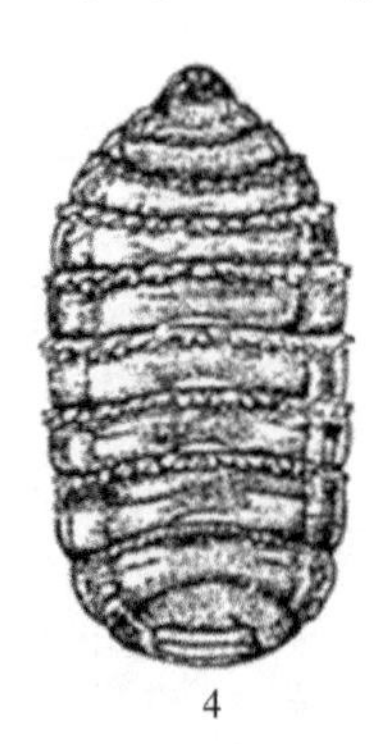

图 16.3　4 种马胃蝇第 3 期幼虫腹面

1. 烦扰胃蝇　2. 肠胃蝇　3. 红尾胃蝇　4. 兽胃蝇

1. 肠胃蝇(*Gastrophilus intestinalis*)：虫体较小，呈淡黄褐色，头和胸几乎等宽。头部淡黄色，胸部有褐色横纹，且有淡黄色而短的细毛；腹部橙黄色带有褐色斑点。雌蝇尾部后端有向腹面弯曲的产卵器。卵呈淡黄色。

2. 红尾胃蝇(*G. haemorrhoidalis*)：又叫赤尾胃蝇。虫体最小，呈黑褐色。头部有白色和黑色绒毛所组成的宽的横纹；腹部有三种颜色；基部密生白色绒毛；中部黑色；末端橙红色。翅透明无斑点。雌虫产卵器极发达。

3. 兽胃蝇(*G. pecorum*):又叫穿孔胃蝇。虫体中等大,呈褐色。头部黄色,胸部背面前半段密生黄色绒毛;腹部基底有黄褐色绒毛,中部为黑色,后端为淡黄色绒毛。翅有烟色的斑点。

4. 烦扰胃蝇(*G. veterinus*):又叫鼻胃蝇(*G. nasalis*)。虫体较大,呈黑色。头部为黄色。背部覆有红色细毛,腹部基底有白色绒毛,中部为黑色,后端为黄色。翅透明,飞翔时没有声音。虫卵白色。

三、蚊、蚋、蠓的外部形态特征

(一)蚊科(Culicidae)

蚊的种类很多,全世界约有 3150 种,我国已经记载的有 300 种以上。分属于 3 个亚科 35 个属,与兽医关系密切且常见的有按蚊(*Anopheles*)、库蚊(*Culex*)和伊蚊(*Aedes*)。蚊是一种细长的昆虫,体狭长,翅窄,足细长;有细长的刺吸式口器。头部略呈圆形,有复眼 1 对,触角 1 对,喙 1 支及须 1 对。复眼在头的两侧,大而明显。触角分为 15 节(雌)或 16 节(雄),呈鞭状,各节基部有一圈轮毛,雄蚊轮毛长而密,触角呈明显的毛帚状;雌蚊轮毛短而稀。喙由上唇咽、下咽、1 对上颚、1 对下颚和下唇组成。细长的食物管由上唇咽与下咽并拢组成。胸分前胸、中胸和后胸三节。前胸与后胸均很狭小,中胸非常宽大。前胸附有前足 1 对;中胸附有中足 1 对、气门 1 对及翅 1 对;后胸附有后足 1 对、气门 1 对及平衡棍 1 对。翅脉上有鳞片。腹部细长分 10 节,前 8 节明显可见,后 2 节转化为生殖器(图 16.4)。

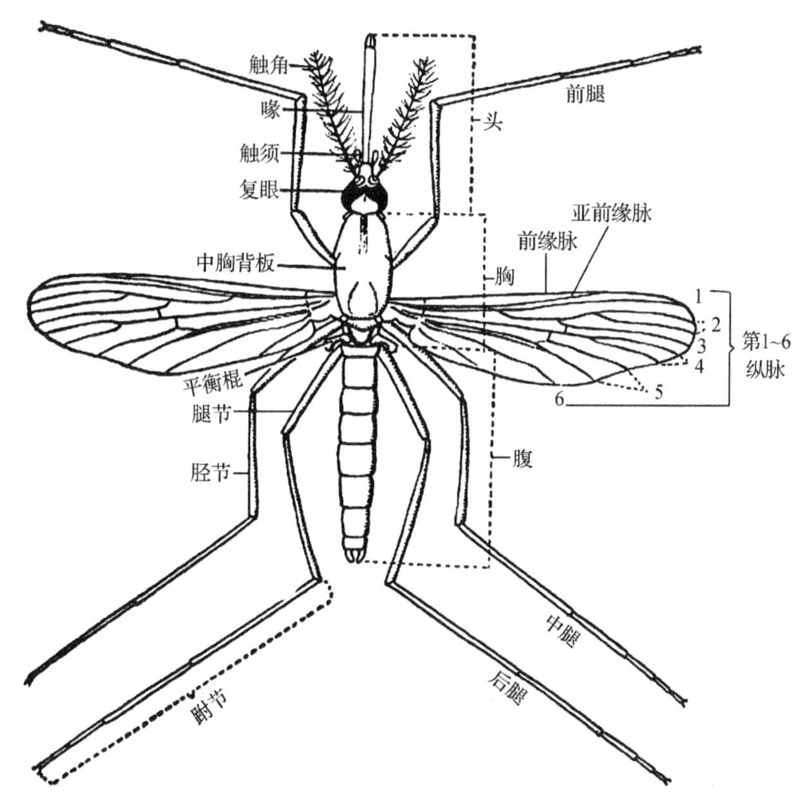

图 16.4　蚊外部形态(雌)(引自姚永政,1982)

鉴定按蚊时应注意翅及须上白斑或白环的有无及分布情况，足的一定部位上白斑或花斑的有无，足的一定部位上白环的有无及分布情况，以及雄蚊外生殖器的形态。鉴定库蚊时应注意喙及足有无白环，中胸背板上鳞片的色泽，第2喙室长度与第2纵脉干枝长度的比例，腹节背面淡色带的有无、部位及其形状，以及雄蚊外生殖器的形态。鉴定伊蚊时应注意中胸背板上有无白斑与白斑的形状，胸部侧面白斑的形状，腹节背面白纹或白斑的情况，足的情况以及雄蚊外生殖器的形态。

(二)蚋科(Simuliidae)

蚋是一类体小、黑色、粗短、背驼、翅宽的吸血昆虫，俗称黑蝇、刨锛。体长2～5mm，头部半球形，复眼发达，触角较短，由9～11节组成；刺吸式口器，喙短，下颚须突出。胸背隆起，翅1对，宽阔透明，前缘域翅脉明显，其余翅脉不明显。足粗短。腹部11节，最后3节转化为外生殖器(图16.5)。在我国常见且与兽医有关的主要有4个属，即蚋属(*Simulium*)、原蚋属(*Prosimulium*)、维蚋属(*Withelmia*)和真蚋属(*Eusimulium*)。

图16.5　蚋(引自Soulsby,1982)

蚋的鉴定可根据成虫的形态进行，主要是触角分节的数目、脉序、前足和后足第1跗节的特征、跗沟和跗突的发育情况、爪的形状，以及雌、雄外生殖器的形态等，尤其是雄性外生殖器。

(三)蠓科(Ceratopogonidae)

蠓是微小黑色昆虫，俗称小咬、墨蚊。体长1～3mm，头部近球形，复眼1对，口器短、刺吸式，触角细长，由13～15节组成，最后3～5节变长。胸部稍隆起，翅短而宽，翅尖钝圆，翅上无鳞片而密布细毛，且多数具有翅斑。足细长，后足较粗。腹部10节，各节体表均生有鬃或毛，雄蠓腹部较雌蠓略细(图16.6)。在兽医上，最重要的种类有库蠓属(*Culicoides*)、拉蠓属(*Lasiohelea*)、勒蠓属(*Leptoconops*)。

图16.6　蠓(引自Soulsby,1982)

蠓的鉴定主要依据触角的节数和形状、脉序、径室的数目和形状、翅膜上长毛或细毛的分布情况、翅斑的有无和式样、爪间突的发育情况、雄蠓外生殖器结构和雌蠓受精囊的数目及形状。此外，分类也与触角、下颚须和足的各节长度有关。

四、虱的形态特征

(一)虱目(Anoplura)

虱目的昆虫以吸食哺乳动物的血液为生，通称为兽虱。背腹扁平，头部较胸部为窄，似圆锥形。触角短，通常由5节组成。刺吸式口器，不采食时缩入咽下的刺器囊内。胸部

3节，有不同程度的融合。足3对，粗短有力，肢末端以跗节的爪与胫节的指状突相对，形成握毛的有力工具。腹部由9节组成。与兽医关系密切的主要有：血虱属（Haematopinus）的猪血虱（*H. suis*）；驴血属（*H. asini*）的牛血虱（*H. eurysternus*）、水牛血虱（*H. tuberculatus*）等；鄂虱属（Linognathus）的牛鄂虱（*L. vituli*）、绵羊鄂虱（*L. ovillus*）、绵羊足鄂虱（*L. pedalis*）、山羊鄂虱（*L. stenopsis*）等。

（二）食毛目（Mallophaga）

食毛目的种类多数寄生于禽类羽毛上，故称羽虱；少数寄生于哺乳动物毛上，称毛虱。营终生寄生生活，以采食羽毛、毛发及皮屑为生。主要特征为体长较虱目小，为0.5～1.0mm，体扁平，无翅。头部钝圆，其宽度大于胸部。咀嚼式口器。头部侧面有触角1对，由3～5节组成。胸部分前胸、中胸和后胸。中、后胸常有不同程度愈合，每一胸节上有1对足，足粗短，爪不甚发达。腹部由11节组成，但最后数节常变成生殖器(图16.7)。

畜体上常见的有毛虱科（Trichodectidae）牛毛虱属（*Bovicola*）的牛毛虱（*B. bovis*）、马毛虱（*B. equi*）、绵羊毛虱（*B. ovis*）和山羊毛虱（*B. caprae*）。

鸡体上常见的有长角羽虱科（Philpopteridae）长羽虱属（*Lipeurus*）的广幅长羽虱（*L. heterographus*，又称鸡头虱）、鸡长羽虱（*L. variabilis*），圆羽虱属（*Goniocotes*）的鸡圆羽虱（*G. gallinae*），角羽虱属（*Goniodes*）的鸡角羽虱（*G. gigas*）。还有短角羽虱科（Menoponidae）鸡羽虱属（*Menopon*）的鸡羽虱（*M. gillinae*）等。

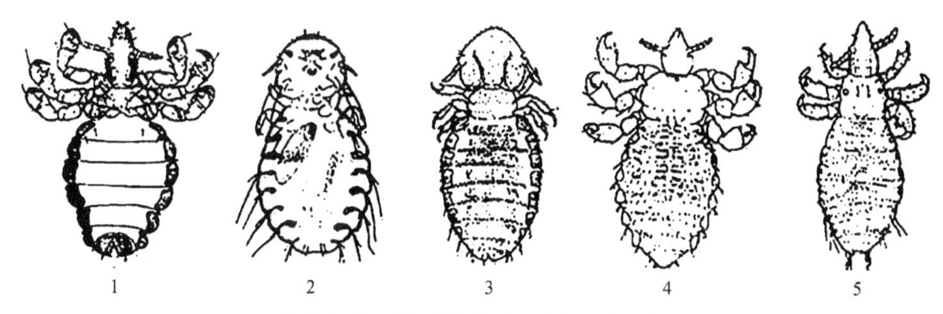

图16.7 虱（引自Soulsby，1982）

1.猪血虱 2.鸡圆羽虱 3.牛毛虱 4.牛血虱 5.牛颚虱

【思考题】

1.昆虫的一般形态特征。
2.各种寄生蝇成蝇及蝇蛆的形态特征。
3.蚊的鉴别要点。
4.蚋和蠓的区别。
5.血虱和毛虱的区别。

【实验报告要求】

1.记录实验结果。
2.绘制蚊的形态图。

第六章　原虫形态观察

原虫是单细胞动物，整个虫体由一个细胞构成。原虫种类繁多，本章主要介绍常见的兽医寄生虫，如伊氏锥虫、利什曼原虫、贾第虫、组织滴虫、巴贝斯虫、泰勒虫、球虫、隐孢子虫、弓形虫、肉孢子虫和禽住白细胞虫等。

实验十七　原虫检查技术

【实验目的】

掌握肠道内原虫、生殖道内原虫、血液内原虫和组织内原虫的常规检查技术，了解应用动物接种试验诊断原虫病的方法。

【实验内容】

1.肠道内原虫的检查。
2.生殖道内原虫的检查。
3.血液内原虫的检查。
4.组织内原虫的检查。
5.动物接种试验。

【材料与设备】

1.病料：自然感染球虫或小袋纤毛虫的畜禽粪便，人工感染伊氏锥虫或刚地弓形虫的小鼠，可疑动物的血液、组织及生殖道分泌物。

2.试剂：饱和食盐水、饱和蔗糖溶液、50%甘油水溶液、无菌生理盐水、各种染色液。

3.设备：注射器与针头、剪刀、镊子、火柴杆、铁丝圈、吸管、锥形瓶、烧杯、染色缸、铜筛漏斗（40～60孔/寸）、锦纶筛兜（260孔/寸）、载玻片、盖玻片、台式离心机、生物显微镜、一次性手套。

4.实验动物：小鼠、家兔。

【操作与观察】

一、肠道内原虫的检查

寄生于动物肠道内的原虫主要有球虫、隐孢子虫、小袋纤毛虫等，用于检查的病料主要是粪便。

（一）球虫卵囊检查

1. 直接涂片法，同蠕虫卵的检查。

2. 饱和食盐水漂浮法，同蠕虫卵的检查。

3. 锦纶筛兜淘洗法，与检查蠕虫卵的方法相似，但球虫的卵囊较小，能滤过锦纶筛兜，所以应收集滤下的液体，待其沉淀后取沉淀物检查。在进行种类鉴定时，可以将收集到的卵囊悬浮于2.5%的重铬酸钾溶液中，在25～28℃恒温箱中使卵囊孢子化后鉴定。

（二）隐孢子虫检查

由于隐孢子虫的卵囊较小，直径仅2～6μm，因此用饱和蔗糖溶液漂浮法和染色法检查，一般需在油镜下观察。最佳的染色方法是齐-尼氏染色法，此外还有金胺-酚染色法、金胺-酚-改良抗酸染色法和沙黄-亚甲蓝染色法等。

1. 漂浮法，同蠕虫卵的检查。油镜下检查，隐孢子虫卵囊往往呈玫瑰红色。

2. 齐-尼氏染色法

(1)染色液配制：

甲液：纯复红结晶4g，结晶酚12g，甘油25mL，95%乙醇25mL，二甲亚砜25mL，加蒸馏水定容至160mL；

乙液：孔雀绿（2%水溶液）220mL，99.5%冰醋酸30mL，甘油50mL，配制后静置2周再用。

(2)染色步骤：取少许粪便涂片，自然干燥后用甲醇固定10min；自然干燥后在甲液中染色2min，水洗；再在乙液中染色1min，水洗，自然干燥；在10×100倍油镜下检查。隐孢子虫卵囊在蓝色背景下呈红色球形，外周发亮，内有红褐色小颗粒。其他有机体不着红色，易于鉴别。

3. 金胺-酚染色法

(1)染色液配制：

1g/L金胺-酚染色液（第一液）：金胺0.1g，石炭酸5.0g，蒸馏水100mL；

3%盐酸酒精（第二液）：盐酸3mL，95%酒精100mL；

5g/L高锰酸钾溶液（第三液）：高锰酸钾0.5g，蒸馏水100mL。

(2)染色步骤：滴加第一液于晾干的粪膜上，10～15min后水洗；滴加第二液，1min后水洗；滴加第三液，1min后水洗，待干。置荧光显微镜下检查。在低倍荧光镜下，可见卵囊为一圆形小亮点，发乳白色荧光；在高倍荧光镜下，可见卵囊呈乳白或略带绿色，卵囊壁为一薄层，多数卵囊周围深染，中央淡染，似环状，或深染结构偏位，有些卵囊全部为深染。但有些标本可出现非特异的荧光颗粒，应注意鉴别。金胺-酚染色中使用的高锰酸钾溶液的有效期为 30～40d。

4. 金胺-酚-改良抗酸复染法

新鲜粪便或经 10%福尔马林固定保存(4℃,1 个月内)的含卵囊粪便都可用此法染色。染色过程是先用金胺-酚染色,再用改良抗酸染色法复染。改良抗酸染色法的染料配制与染色步骤如下:

(1)染色液配制:

石炭酸复红染色液(第一液):碱性复红 4g,95%酒精 20mL,石炭酸 8mL,蒸馏水 100mL;

10%硫酸溶液(第二液):纯硫酸 10mL,蒸馏水 90mL(边搅拌边将硫酸徐徐倾倒入水中;

2g/L 孔雀绿液(第三液):20g/L 孔雀绿原液 1mL,蒸馏水 10mL。

(2)染色步骤:滴加第一液于粪膜上,1.5～10min 后水洗;滴加第二液,1～10min 后水洗;滴加第三液,1min 后水洗,待干。置显微镜下观察,卵囊呈玫瑰红色,子孢子呈月牙形,共 4 个。其他非特异颗粒则染成蓝黑色,容易与卵囊区分。

5. 沙黄-亚甲蓝染色法

(1)染色液配制:30%盐酸甲醇溶液(第一液)、10%沙黄(Safranin)水溶液(第二液)、10%亚甲蓝水溶液(第三液)。

(2)染色步骤:做粪便涂片,待干燥后在火焰中固定,滴加第一液,3min 后水洗,滴加第二液,在火焰上加热蒸发出蒸气,2～3min 后用冷水冲洗,再滴加第三液,30s 后水洗,干燥后镜检。卵囊呈橘红色,背景为蓝色。但应注意涂片中可出现染成橘红色的杂质,应加以区别。

(三)结肠小袋纤毛虫检查

当猪等动物患结肠小袋纤毛虫病时,在粪便中可查到活动的虫体。检查时取新排出的粪便一小团,置载玻片上,加 1～2 滴温生理盐水,混匀剔去粗渣,覆以盖玻片,在低倍镜下检查,可见活虫体。加碘液(碘片 2.0g,碘化钾 4.0g,蒸馏水 1000mL)染色后镜检,虫体细胞质呈淡黄色,虫体内的肝糖呈暗褐色,核则透明。也可用苏木精-伊红(HE)染色法做永久保存标本。如碘液过多,可用吸水纸从盖玻片边缘吸去过多的液体。若同时需检查活滋养体,可在用生理盐水涂匀的粪滴附近滴一滴碘液,取少许粪便在碘液中涂匀,再盖上盖玻片,涂片染色的一半查包囊,未染色的一半查活滋养体。

二、生殖道内原虫的检查

(一)牛胎儿毛滴虫检查

1. 病料采集:牛胎儿毛滴虫存在于病母牛的阴道与子宫的分泌物,流产胎儿的羊水、羊膜或其第 4 胃内容物中,也存在于公牛的包皮鞘内,应采取以上各处的病料检查虫体。

(1)母畜病料的采集:取阴道分泌的透明液体,以直接自阴道内采取为好。建议用一根长 45cm、直径 1.0cm 的玻璃管,在距一端的 12cm 处弯成 150°角,而后消毒备用。使用时将管的“短臂”插入受检畜的阴道,另一端接一橡皮管并抽吸,少量阴道黏液即可吸入管内。取出玻璃管,两端塞以棉球,带回实验室检查。

(2)公畜病料的收集:取包皮冲洗液。应先准备100～150mL加温到30～35℃的生理盐水,用针筒注入包皮腔,用手指捏住包皮的出口,用另一手按摩包皮后部,而后放松手指,将液体收集到广口瓶中待查。

(3)流产胎儿:可取其第4胃内容物、胸水或腹水检查。

虫体的鉴定常以能见到运动活泼的虫体为准,因此在采集病料时应注意以下几点:尽量避免其他鞭毛虫混入样品而造成错误诊断;虫体在低温时活动减弱,因此应将冲洗液、载玻片等适当加温;虫体较脆弱,冲洗液应采用无金属离子的生理盐水;病料采集后要尽快检查。

2.检查方法:收集到的病料,立即置于载玻片上,并防止病料干燥。对浓稠的阴道黏液,检查前以生理盐水稀释2～3倍,羊水或包皮洗涤物最好先以2000r/min离心5min,而后以沉淀物制片检查。未染色的标本主要检查活动的虫体,在显微镜下可见其长度略大于一般的白细胞,能清晰地看到波动膜,有时可以看到鞭毛,在虫体内部可见含有一个圆形或椭圆形的有强折光性的核。波动膜常作为本虫与其他一些非致病性鞭毛虫和纤毛虫在形态上相区别的依据。

收集到的以上标本,可以固定染色制成永久性标本。下面介绍姬氏染色(染液配制见后)和苏木精染色方法。

(1)姬氏染色法:取含虫的阴道分泌物制成抹片,立即用20%福尔马林蒸气固定,约熏1h(即用一培养皿,皿内放些加有20%福尔马林的棉花,用2根玻璃棒架于棉花上,将涂片抹面向下,置玻璃棒上);取出,晾干,用甲醇固定2min;用姬氏染色法染色;水洗,晾干,检查。

(2)苏木精染色法:

邵氏固定液:氯化汞饱和水溶液2份,95%酒精1份,使用前每100mL加冰醋酸5～10mL;

苏木精染液:将苏木精1.0g溶于10mL纯酒精内,再加蒸馏水200mL,放置3～4周;

碘酒精:加碘于70%酒精中,直至呈琥珀色。

染色步骤为:①将玻片浸于40℃的邵氏固定液中3min,70%酒精中浸泡2min;

②碘酒精中浸泡10min,70%酒精中浸泡1～2h,50%酒精中浸泡5min;

③流水洗10min,40℃的2%硫酸铵水溶液中浸泡2min;

④流水洗3min,40℃苏木精染液中染色1min;冷的2%硫酸铵水溶液中脱色5～10min,流水冲洗10～30min;

⑤逐级通过50%、70%、80%、90%、100%的酒精,100%的酒精与二甲苯等量混合液,二甲苯,各2min;

⑥最后滴加加拿大树胶,盖上盖玻片封固即可。

(二)马媾疫锥虫检查法

1.病料采集:马媾疫锥虫在末梢血液中很少出现,而且数量也很少,因此血液学检查在马媾疫诊断上的用处不大。用于检查虫体的病料,主要是浮肿部或丘疹的抽出液、尿道及阴道的黏膜刮取物，特别在黏膜刮取物中最易发现虫体。

(1)浮肿液和皮肤丘疹液：用消毒的注射器抽取，为了防止吸入血液而发生凝固，可于注射器内先吸入适量的2%柠檬酸钠生理盐水。

(2)马阴道黏膜刮取物：用阴道扩张器扩张阴道，再用长柄锐匙在其黏膜有炎症的部位刮取，刮时应稍用力，使刮取物微带血液，则其中容易检到锥虫。

(3)公马尿道刮取物：应先将马保定，左手伸入包皮内，以食指插入龟头窝中，徐徐用力以牵出阴茎，随后用消毒长柄锐匙插入尿道中，刮取病料。若阴茎牵出困难，则可先用普鲁卡因在坐骨切迹部作阴内神经的传导麻醉。

2.检查方法：所采病料均可加适量的生理盐水，置载玻片上，覆以盖玻片，制成压滴标本检查；也可以制成抹片，用姬氏液染色后检查，方法与血液原虫检查时所用者同。也可用灭菌纱布以生理盐水浸湿，用敷料钳夹持，插入公马尿道或母马阴道，擦洗后取出纱布，洗入无菌生理盐水中，将盐水离心沉淀，取沉淀物检查，方法同上。虫体形态类似于伊氏锥虫。

三、血液内原虫的检查

一般用消毒的针头自耳静脉或颈静脉采取血液。此法适用于检查寄生于血液中的伊氏锥虫、住白细胞虫和梨形虫等。

(一)鲜血压滴标本检查

将采出的血液滴在洁净的载玻片上，加等量的生理盐水混合，覆以盖玻片，立即用低倍镜检查，发现有运动的可疑虫体时，可再换高倍镜检查，由于虫体未染色，检查时应使视野中的光线弱些。冬季室温过低，应先将玻片在酒精灯上或炉旁略加温，以保持虫体的活力。此法适用于伊氏锥虫和附红细胞体。伊氏锥虫在压滴血液标本中，原地运动相当活泼，前进运动比较缓慢。

(二)涂片染色检查法

采血滴于载玻片一端。按常规推制成血片，并晾干，滴甲醇2～3滴于血膜上，使其固定，而后用姬氏或瑞氏液染色，染色后用油镜检查。本法适用于各种血液原虫。

1.姬氏染色法

(1)染色液配制：

原液：由姬氏染色粉0.5g、无水甘油(中性)25.0mL、无水甲醇(中性)25.0mL组成。配制时先将姬氏染色粉置研钵中，加少量甘油充分研磨，再加再磨，直到甘油全部加完为止。将其倒入60～100mL容量的棕色小口试剂瓶中，然后以25mL甲醇，分次冲洗研钵，冲洗液均倒入瓶内。塞紧瓶塞，充分摇匀，而后将瓶置于65℃温箱中24h或室温内3～5d，并不断摇动，最后过滤，即为原液。

缓冲液：由甲、乙两液组成。甲液：磷酸氢二钠(无水)9.1g，蒸馏水1000mL；乙液：磷酸二氢钾(无水)9.07g，蒸馏水1000mL。缓冲蒸馏水：甲液63mL，乙液37mL，900mL水(pH 7.0)；或甲液73mL，乙液27mL，900mL水(pH 7.2)。每次应用时宜新鲜配制。

(2)染色步骤：1份原液和10～20份缓冲蒸馏水制成染液，染色30min，缓冲蒸馏水轻轻冲洗载玻片上的染液，等干后置于高倍镜或油镜下检查。为了保证所染的血膜结果良好，必须用缓冲液和缓冲蒸馏水。

(3)染色结果：锥虫细胞质呈浅蓝色，核呈紫色或深红色，动基体呈紫色或红色；梨形虫细胞质呈蓝色，核的染色质呈紫红色；红细胞呈浅红色，嗜酸性粒细胞的颗粒呈红色，淋巴细胞呈蓝色，各种白细胞的核和嗜碱性粒细胞的颗粒呈蓝紫色。

2. 瑞氏染色法

(1)染色液配制：瑞氏染色粉 0.2g，置棕色小口试剂瓶中，加入无水中性甲醇 100mL，加塞，置室温内，每日摇 4～5min，一周后可用。如需急用，可将染色粉 0.2g 置研钵中，加中性甘油 3.0mL，充分研磨，然后以 100mL 甲醇分次冲洗研钵，冲洗液均倒入瓶内，摇匀即成。

(2)染色步骤：本法染色时，血片不必预先固定，可将染液 5～8 滴直接加到未固定的血膜上，静置 2min(此作用是固定)，其后加等量蒸馏水于染液上，摇匀，过 3～5min(此时为染色)后，用流水冲洗，晾干，镜检。

(3)染色结果：大体相同于姬氏染色。

(三)虫体浓集法

当血液中的虫体较少，用常规血片法不易查到虫体时，可用虫体浓集法。此法适用于伊氏锥虫和梨形虫的检查。

1. 原理：锥虫和感染有梨形虫的红细胞比重较小，在第 1 次沉淀(低速离心)时，正常红细胞下降，而锥虫和感染有梨形虫的红细胞尚悬浮在血浆中。第 2 次离心沉淀(离心速度提高)时，则将其浓集于管底。所以可先进行集虫，再行制片检查。

2. 操作步骤：在离心管中加 2%柠檬酸钠生理盐水 3～4mL，再加被检血液 6～7mL，混匀后，以 500r/min 离心 5min，使其中大部分红细胞沉降；而后将含有少量红细胞、白细胞和虫体的上层血浆，用吸管移入另一离心管中，并在这血浆中补加一些生理盐水，将此管以 2500r/min 离心 10min，可得到沉淀物。取此沉淀物制成抹片，按上述染色法染色检查。

四、组织内原虫的检查

有些原虫寄生在动物的不同组织中。生前检查时，可采取腹水(如弓形虫)或淋巴液(如泰勒原虫)制作抹片，染色镜检。死后剖检时，可取一块组织，以其切面在载玻片上做成抹片或触片，或将小块组织固定后做成组织切片，染色镜检。抹片或触片可用姬氏或瑞氏染色法染色。

(一)弓形虫的检查

1. 生前检查：可以采集腹水，检查有无滋养体。采集时猪可以侧卧保定，穿刺部位在脐的后方。穿刺时，将局部消毒，皮肤推向一侧，针头略微倾斜地刺入，深度为 2～4cm，针头刺入腹腔后会感到阻力骤减，而后有腹水流出，取得腹水后可在载玻片上抹片，然后以瑞氏染色或姬氏染色后检查。

2. 死后检查：取肝、肺、淋巴结、脑组织或视网膜等做成涂片，用姬氏或瑞氏染色检查包囊和滋养体。

(二)泰勒原虫的检查

1. 生前检查:患泰勒原虫病的病畜常呈现局部体表淋巴结肿大,采取淋巴结穿刺物,进行检查。操作步骤是:动物保定后,用右手将肿大淋巴结向上推移,用左手固定淋巴结,局部剪毛,用碘酒消毒,以10mL注射器和较粗针头,将针头刺入淋巴结,抽取淋巴组织,拔出,将针头内容物推到载玻片上,涂成抹片,固定、染色(与血片染色法同)后镜检,可见裂殖体(又称柯赫氏蓝体)。

2. 死后检查:取脾或淋巴结做成涂片,用姬氏或瑞氏染色后镜检,观察裂殖体。

(三)住白细胞虫的检查

取禽的肌肉或脾病变组织,直接压片镜检,或制作组织切片后用HE染色镜检,观察裂殖体。

(四)球虫的检查

刮取肠道黏膜或取肝(肝球虫)、肾病变组织(肾球虫),直接压片镜检,或制作组织切片后用HE染色镜检,观察球虫的内生性发育阶段虫体。

五、动物接种试验

有些原虫,在病畜体内用以上检查方法不容易查到,为了确诊(或分离病原),常采用动物接种试验。动物接种的病料、被接种的易感动物和接种部位,根据疾病种类而有所不同。

(一)弓形虫

弓形体是多宿主的寄生原虫,对多种家畜和试验动物有易感性,但小鼠对弓形虫特别敏感,常常仅数十个虫体即可使小鼠感染发病,因此常将可疑病料接种于小鼠对本病进行诊断。取急性死亡被检动物的肺、淋巴结、脾、肝或脑,以1∶(5～10)比例加入生理盐水,研磨制成乳剂,并加入少量青霉素与链霉素以控制杂菌感染。吸取乳剂0.2mL经腹腔接种于小鼠,一般急性发病小鼠在4～5d后发病,呈背毛粗乱,食欲消失,腹部膨大,有大量腹水。发病4～5d后死亡。抽取病鼠或死亡鼠的腹水制作涂片,染色检查,可发现有游离的滋养体存在。

(二)伊氏锥虫

试验动物可用小鼠或狗。接种材料用可疑病畜的血液,血液采取后应在2～4h内接种完毕。接种量:小鼠皮下0.5～1.0mL,腹腔0.3～0.5mL;狗皮下5～10mL,腹腔10～20mL。接种后动物应该隔离,并需要经常检查。在病料中虫体较多时,小鼠在接种后1～3d,狗在接种后3～8d,即可在外周血液中查到锥虫。故在接种后第3天即应该采血进行检查,而后每隔2～3d检查血液一次。当病料内虫体量少时,发病的时间可能延长,因此接种后至少观察1个月。

(三)马媾疫锥虫

马媾疫锥虫不能使小鼠、大鼠、豚鼠、犬发病,但可以将病畜阴道或尿道的刮取物用无菌生理盐水混合接种于雄家兔的睾丸实质内，每个睾丸接种 0.2mL，如有马媾疫锥虫存在，经过 1～2 周后，即可见家兔的阴囊、阴茎、睾丸以及耳鼻周围的皮肤发生水肿，在水肿液中可以检查到虫体。

【注意事项】

1. 在采取动物血液时，应在病畜的高温期、未用药物治疗前采血。

2. 采取的血液应立即制成血涂片，或加抗凝血剂后在 4℃下短期保存，避免血液凝固。

3. 涂血片时血膜不宜过厚，使红细胞均匀分布于玻片上为宜。血片必须充分干燥后再用甲醇固定，以免发生血膜脱溶。

4. 牛胎儿三毛滴虫的形状随环境变化而发生改变，在不良条件下，如病料存放时间稍长，则多数虫体近似圆形，透明，失去鞭毛和波动膜，不易辨认，应注意与白细胞区别。

5. 小鼠接种弓形虫后是否出现症状，与虫株的毒力与接种量等相关。因此，当可疑病畜（如猪）的组织接种小鼠一周后未出现症状，检查腹水也未发现虫体时，应扑杀小鼠取其肝、脾研磨后与腹水混合，再次接种小鼠，继续观察。按上述方法，盲传 3 代。

6. 在检查弓形虫和隐孢子虫等人畜共患寄生虫时，应按操作规程进行，试验结束后的病料与所用器材应进行无害化处理。在接触可疑病畜的组织、血液或分泌物时应戴上一次性手套，注意个人防护。

【思考题】

1. 如何制作一张血细胞分布均匀、密度适宜且染色效果好的血液涂片？

2. 用锦纶筛兜淘洗法检查蠕虫卵和球虫卵囊时，在操作上两者有何不同？

3. 用病料直接涂片检查牛胎儿毛滴虫时，在形态上鉴别虫体的依据是什么？

【实验报告要求】

1. 记录实验结果。

2. 简述齐-尼氏染色法和金胺-酚-改良抗酸复染法的染色过程和结果。

3. 简述姬氏染色法和瑞氏染色法染血涂片的过程及对伊氏锥虫的染色结果。

实验十八　鞭毛虫和梨形虫形态观察

【实验目的】

熟悉动物鞭毛虫和梨形虫的基本结构，掌握动物常见鞭毛虫和梨形虫的主要形态特征。

【实验内容】

伊氏锥虫、杜氏利什曼原虫、贾第虫、火鸡组织滴虫、双芽巴贝斯虫、牛巴贝斯虫、卵圆巴贝斯虫、驽巴贝斯虫、吉氏巴贝斯虫、莫氏巴贝斯虫、环形泰勒虫、瑟氏泰勒虫、山羊泰勒虫。

【材料与设备】

1. 器材：生物显微镜、香柏油、二甲苯、擦镜纸。

2. 玻片染色标本：

(1)血液涂片：伊氏锥虫、双芽巴贝斯虫、牛巴贝斯虫、卵圆巴贝斯虫、马巴贝斯虫、驽巴贝斯虫、吉氏巴贝斯虫、莫氏巴贝斯虫、环形泰勒虫、瑟氏泰勒虫、山羊泰勒虫。

(2)淋巴涂片：环形泰勒虫、杜氏利什曼原虫。

(3)粪便涂片：贾第虫。

(4)组织切片：火鸡组织滴虫。

【操作与观察】

一、观察标本的方法

1. 将玻片标本放在载物台上，用标本推进器固定，将观察部分移至接物镜下。先用低倍镜找出虫体的位置，然后提高镜筒，在虫体部位滴镜油 1 滴，再换油镜观察。

2. 转动粗调节器使载物台徐徐上升(或使镜筒渐渐下降)，直至油镜头浸没至油中。此时眼睛应从侧面观察，以免压碎标本片和损坏镜头。

3. 然后双眼移至接目镜，一面从接目镜观察，一面反方向缓慢地转动粗调节器(下降载物台，或上升镜筒)，当出现模糊物像时，换用细调节器，转动至物像清晰为止。

4. 观察完毕，应先抬高镜筒，并将油镜头扭向一侧，再取下标本片。

二、观察内容

(一)鞭毛虫

1. 伊氏锥虫(*Trypanosoma evansi*)(图 18.1):虫体呈纺锤或柳叶状,体长 18～24μm,宽 1.5～2.5μm。虫体中央有一呈椭圆形的核,虫体后端有一圆点状动基体,其附近有一生毛体,一根鞭毛从生毛体生出,沿虫体伸向前方并以波动膜与虫体相连,随后游离。经姬氏液染色后,核和动基体呈紫红色,鞭毛呈红色,原生质呈淡蓝色。

2. 杜氏利什曼原虫(*Leishmania donovani*)(图 18.2):虫体分无鞭毛体(利杜体)和前鞭毛体两种形态,前者寄生于犬或人的血液、骨髓、肝、脾、淋巴结等网状内皮细胞中,后者寄生于白蛉体内。无鞭毛体,呈卵圆形,大小为(2.9～5.7)μm×(1.8～4.0)μm。用瑞氏液染色后,原生质呈浅蓝色,胞核呈红色圆形,常偏于虫体一端,动基体细小杆状呈紫红色,位于虫体中央或稍偏于另一端。前鞭毛体,呈细长的纺锤形,长 12～16μm,前端有 1 根与体长相当的游离鞭毛,核位于虫体中部,动基体在前部。

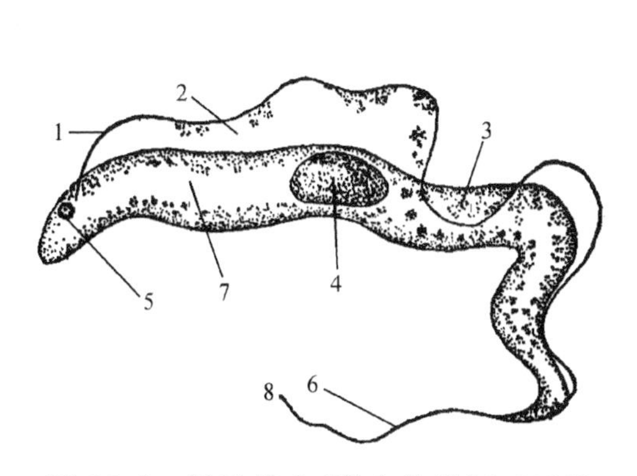

图 18.1　伊氏锥虫(引自林孟初,1986)

1. 鞭毛　2. 波动膜　3. 空泡　4. 细胞核　5. 动基体　6. 游离鞭毛　7. 原生质

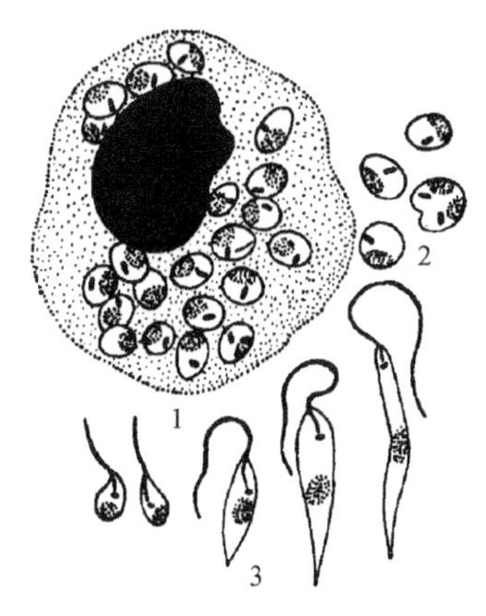

图 18.2　利什曼原虫(引自 Hoare,1950)

1. 巨噬细胞内的虫体　2. 细胞外的虫体　3. 前鞭毛体

3. 胎儿三毛滴虫(*Tritrichomonas foetus*)(图 18.3):虫体呈纺锤形或梨形,长 9～25μm,宽 3～10μm。核位于虫体前半部,其前有 1 动基体,由此伸出 4 根鞭毛,3 根向前游离,1 根向后以波动膜与虫体相连,至虫体后部成游离鞭毛。虫体中部有一轴柱,起于虫体前部,并穿过虫体中线向后延伸,其末端突出于体后端。

4. 贾第虫(*Giarsia* spp.)(图 18.4):与兽医有关的种类有蓝氏贾第虫(*G. lamblia*)、犬贾第虫(*G. canis*)、猫贾第虫(*G. cati*)、牛贾第虫(*G. bovis*)等。虫体有滋养体和包囊两种形态。滋养体呈梨形至卵圆形,两侧对称。体前半部呈圆形,后半部逐渐变尖,长 9～20μm,宽 5～10μm。腹面扁平,背面隆突。腹面有 2 个吸盘。有 2 个核,4 对鞭毛,分别称为前、中、腹、尾鞭毛。体中部有 1 对中体。包囊呈卵圆形,长 9～13μm,宽 7～9μm,内有 2～4 个核或更多的核。

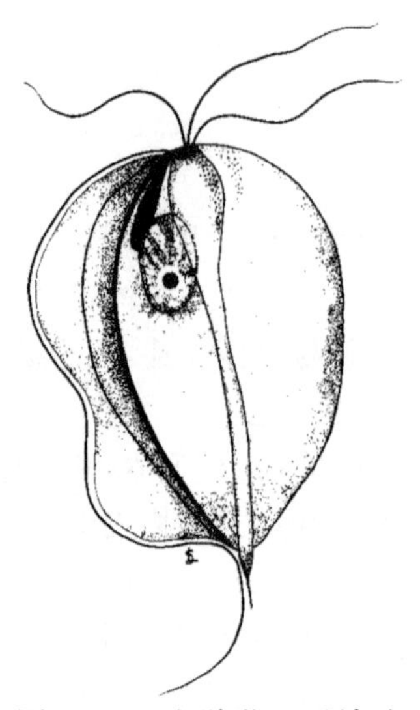

图 18.3　牛胎儿三毛滴虫
（引自 Soulsby，1982）

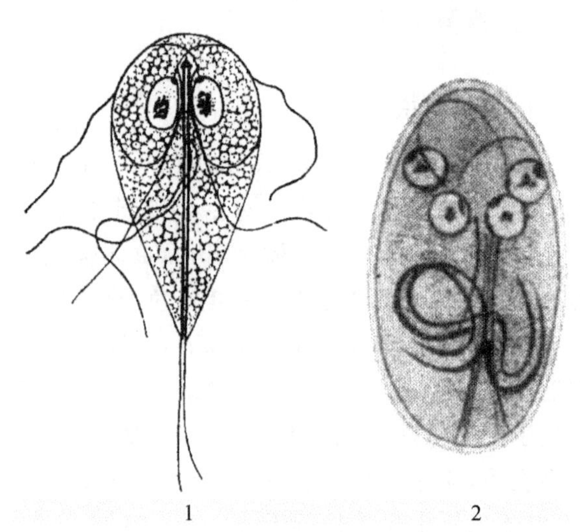

图 18.4　贾第虫（引自 Wenyon，1926）
1. 滋养体　2. 包囊

5. 火鸡组织滴虫（*Histomonas meleagridis*）（图 18.5）：多形性虫体，其形态取决于虫体的寄生部位和发病阶段。在盲肠腔中的虫体（肠腔型虫体）直径为 5～30μm，有 1 根鞭毛，做钟摆样运动，核呈泡囊状。组织型虫体存在于盲肠壁和肝组织中，有动基体，没有鞭毛，以 3 个阶段存在：侵袭期虫体，直径 8～17μm，呈阿米巴形，可形成伪足，主要存在于病变的边缘区；生长期虫体，直径 12～21μm，数量较多，存在于病灶中心附近；所谓抵抗型虫体，直径 4～11μm，致密，包有一层厚膜，虫体单个分散或多个聚集在肝脏病灶中。

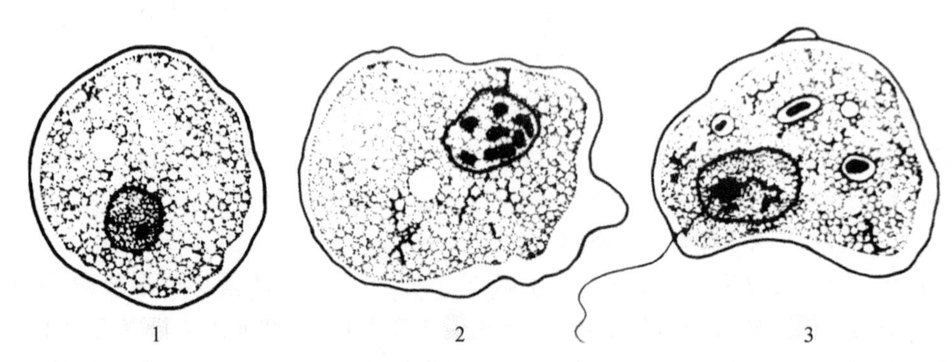

图 18.5　火鸡组织滴虫（引自 Wenyon，1926）
1. 组织型虫体　2. 伪足型虫体　3. 肠腔型虫体

(二)梨形虫

梨形虫是指梨形虫纲、巴贝斯科和泰勒科原虫的总称。寄生于哺乳动物红细胞内的梨形虫，虫体呈圆形、梨籽形、杆形或阿米巴形等各种形态。姬氏法染色后，虫体原生质呈浅蓝色，边缘着色较深，中央较浅或呈空泡状无色区；染色质呈暗红色，成 1～2 个团块。寄生在巨噬细胞和淋巴细胞内的泰勒虫，在寄生细胞的胞浆内形成多核的虫体，称为石榴体或何赫氏蓝体。

梨形虫极小，泰勒科原虫一般小于 2μm；巴贝斯科原虫可分为两类，长度不超过

2.5μm的小型组，如马巴贝斯虫、牛巴贝斯虫、吉氏巴贝斯虫等，长度超过3μm以上的大型组，如弩巴贝斯虫、双芽巴贝斯虫、卵形巴贝斯虫等。

可根据虫体的大小、排列、在红细胞中的位置、染色质团块的数目与位置、各种形态虫体的比例及典型的形态等作为鉴定梨形虫虫种时的依据。

1. 双芽巴贝斯虫(*Babesia bigemina*)(图 18.6)：大型虫体，其长度大于红细胞半径，多数位于红细胞中央，一个红细胞内的虫体常为1～2个，偶见3个。虫体呈梨籽形、圆形、椭圆形及不规则形等。典型虫体呈双梨形，尖端以锐角相连。每个虫体内有两团紫红色的染色质块。

2. 牛巴贝斯虫(*B. bovis*)(图 18.7)：小型虫体，其长度小于红细胞半径，多数位于红细胞边缘或偏中央，一个红细胞内的虫体为1～4个。虫体呈梨形、圆形、椭圆形、圆点形和不规则形等。典型虫体呈双梨籽形，尖端以钝角相连。每个虫体内含有一团染色质块。

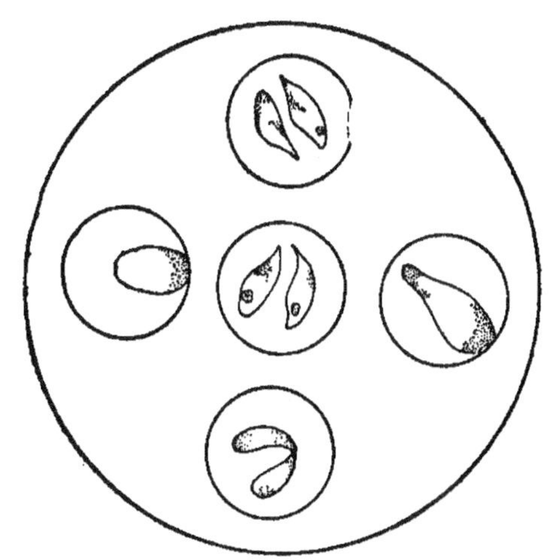

图 18.6　双芽巴贝斯虫(引自林孟初，1986)

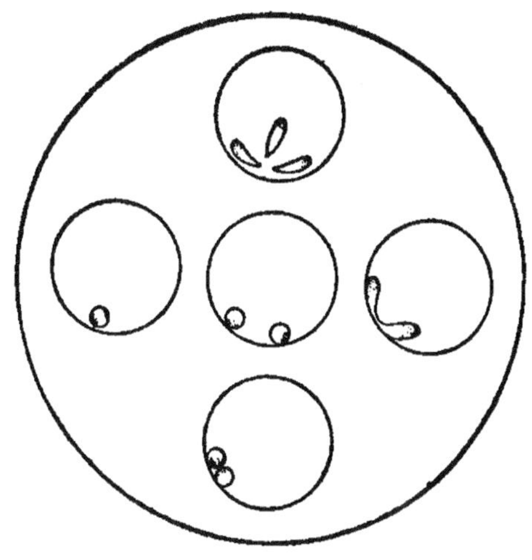

图 18.7　牛巴贝斯虫(引自林孟初，1986)

3. 卵圆巴贝斯虫(*B. ovata*)(图 18.8)：大型虫体，其长度大于红细胞半径。虫体呈梨形、卵圆形、出芽形等。典型虫体呈双梨籽形，尖端以锐角相连或不相连，位于红细胞中央。虫体中央不着色，形成空泡。

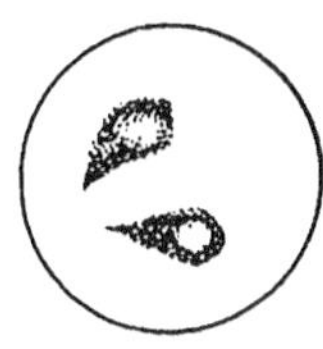
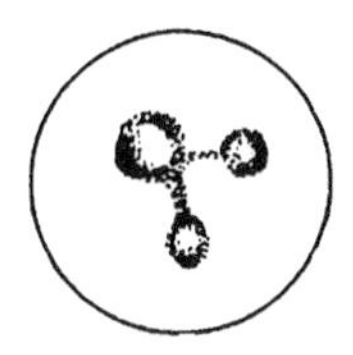

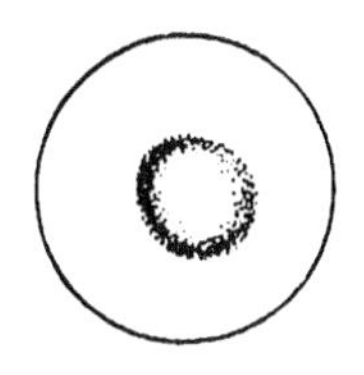

图 18.8　卵圆巴贝斯虫(引自汪明，2003)

4. 弩巴贝斯虫(*B. caballi*)(图 18.9)：大型虫体，其长度大于红细胞半径，一个红细胞内的虫体常为1～2个，偶见3～4个。虫体呈梨籽形(单个或成双)、椭圆形、环形等，偶尔见有变形虫样虫体。典型虫体呈双梨籽形，虫体以其尖端连成锐角。每个虫体内有两团染色质块。

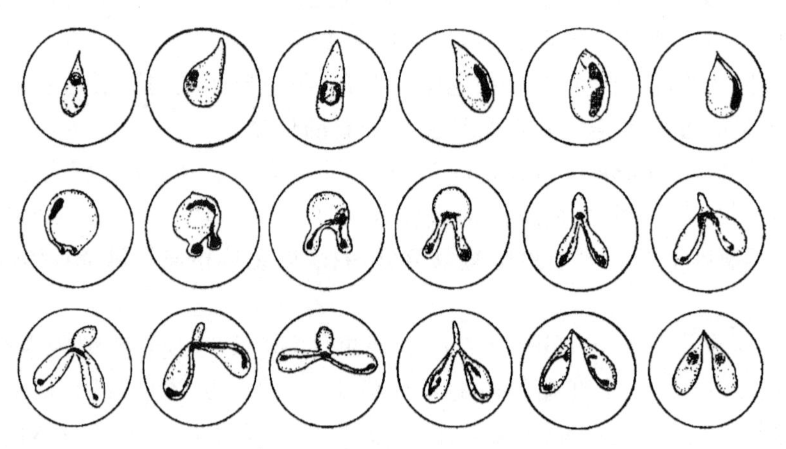

图 18.9　驽巴贝斯虫(引自 Wenyon,1926)

5. 马泰勒虫(*Theileria equi*)(图 18.10):小型虫体,其长度不超过红细胞半径,一个红细胞内的虫体常为 1～4 个。虫体呈圆形、椭圆形、单梨籽形、纺锤形、钉子形、逗号形、短杆形、圆点形及降落伞形等,以圆形、椭圆形虫体占大多数。典型的形状为 4 个梨籽形虫体以尖端连成十字形。每个虫体内只有一团染色质块。随病程不同,可出现大型(虫体长度等于红细胞半径)、中型(虫体长度是红细胞半径的 1/2)、小型(虫体长度是红细胞半径的 1/4)3 种类型的虫体。

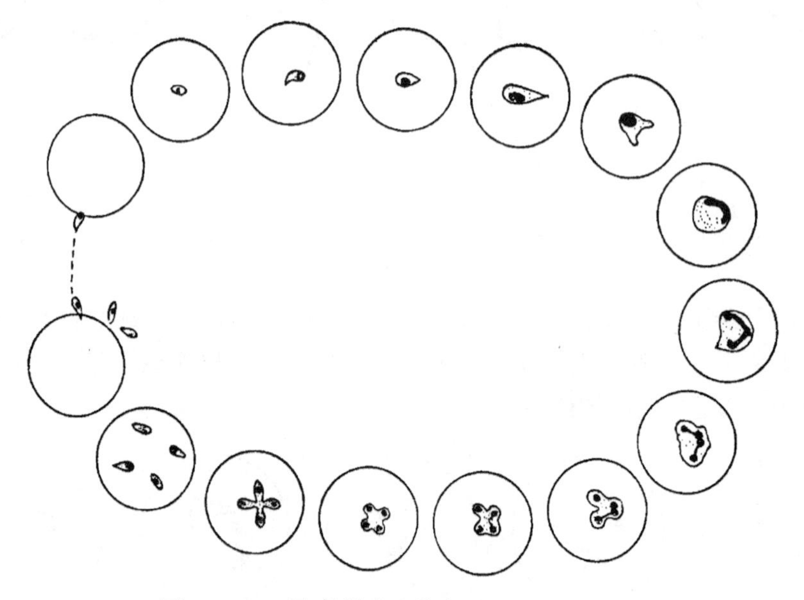

图 18.10　马泰勒虫(引自 Wenyon,1926)

6. 吉氏巴贝斯虫(*B. gibsoni*)(图 18.11):虫体很小,多位于红细胞边缘或偏中央,呈环形、椭圆形、圆点形、小杆形,偶尔可见十字形的四分裂虫体和成对的小梨籽形虫体,以圆点形、环形及小杆形最多见。圆点形虫体为一团染色质,姬氏法染色呈深紫色,多见于感染初期。环形虫体为浅蓝色的细胞质包围一个空泡,带有 1 团或 2 团染色质,位于细胞质的一端，虫体小于红细胞直径的 1/8。偶尔可见大于红细胞半径的椭圆形虫体。小杆形虫体的染色质位于两端，染色较深，中间细胞质着色较浅，呈巴氏杆菌样。

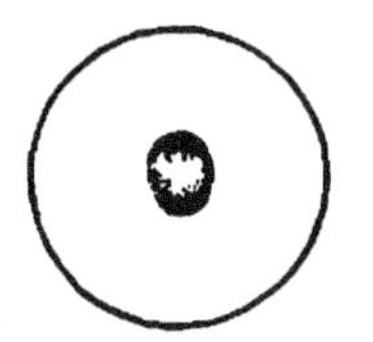
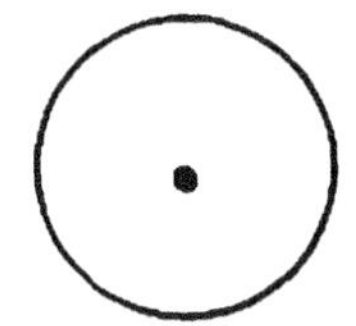

图 18.11　吉氏巴贝斯虫(引自孔繁瑶，1997)

7. 莫氏巴贝斯虫(*B. motasi*)(图 18.12)：虫体呈双梨籽形、单梨籽形、椭圆形和眼镜框形等形状。双梨籽形最多见，椭圆形和眼镜框形较少。梨籽形虫体大于红细胞半径，双梨籽形虫体以锐角相连，位于红细胞中央。虫体有两块染色质。

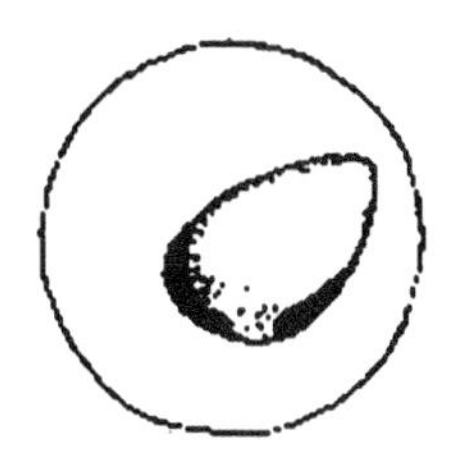
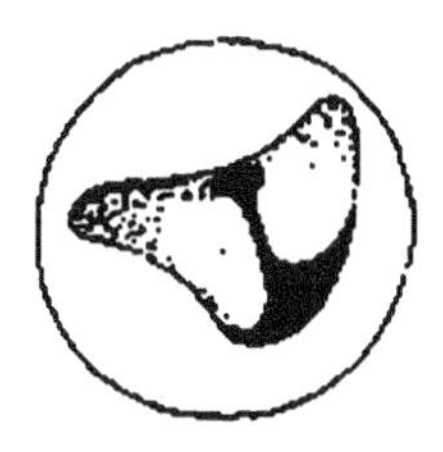

图 18.12　莫氏巴贝斯虫(引自 Wenyon，1926)

8. 环形泰勒虫(*Theileria annulata*)：血液型虫体(配子体，图 18.13)：寄生于红细胞内，虫体很小，形态多样，有圆环形、杆形、卵圆形、梨籽形、逗点形、圆点形、十字形、三叶形等各种形状。以圆环形和卵圆形为主，可占总数的 70%～80%。裂殖体(又称石榴体或柯赫氏蓝体，图 18.14)：呈圆形、椭圆形或肾形，位于淋巴细胞或巨噬细胞胞浆内或散在于细胞外。用姬氏法染色，虫体胞浆呈淡蓝色，含有多个红紫色颗粒状的核。裂殖体有两种类型，一种为大裂殖体(无性生殖体)，含有直径为 0.4～1.9μm 的染色质颗粒，产生直径为 2～2.5μm 的大裂殖子；另一种为小裂殖体(有性生殖体)，含有直径为 0.3～0.8μm 的染色质颗粒，产生直径为 0.7～1.0μm 的小裂殖子。

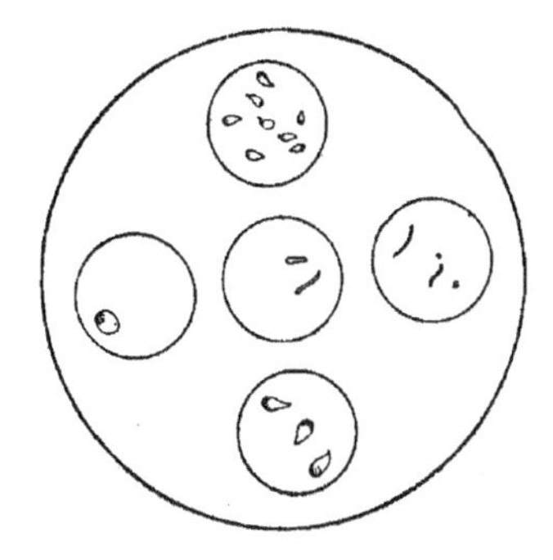

图 18.13　红细胞中环形泰勒虫
(引自林孟初，1986)

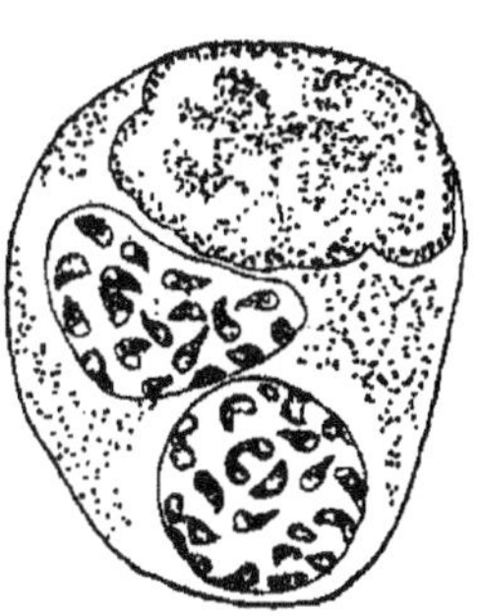

图 18.14　环形泰勒虫石榴体
(引自林孟初，1986)

9. 瑟氏泰勒虫（*T. sergenti*）（图 18.15）：血液型虫体的形态和大小与环形泰勒虫基本相似，但有一类特别长的杆状虫体，它与环形泰勒虫的主要区别是在各种形态中以杆形和梨籽形为主，占 67%～90%，且这两种形态的比例随着病程不同发生变化。

图 18.15　瑟氏泰勒虫（引自汪明，2003）

10. 山羊泰勒虫（*T. hirci*）（图 18.16）：虫体形态与牛环形泰勒虫相似。血液型虫体呈环形、椭圆形、短杆形、逗点形、钉子形、圆点形等各种形态，以圆形最多见。圆形虫体直径为 0.6～1.6μm。

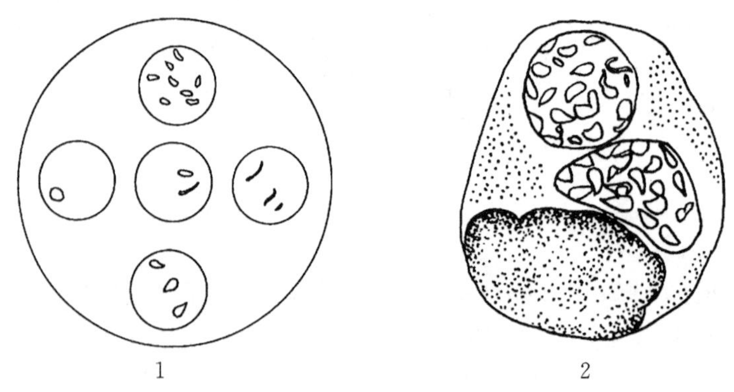

图 18.16　山羊泰勒虫（引自黄兵、沈杰，2005）

1. 红细胞中虫体　2. 淋巴细胞中虫体

【注意事项】

1. 使用油镜时注意：必须先用低倍镜和高倍镜观察，再用油镜观察；下降镜头时，一定要从侧面注视，切忌用眼睛对着目镜、边观察边下降镜头的错误操作，以免压碎玻片、损坏镜头。

2. 油镜头使用后，应立即用擦镜纸擦净镜头上的油。使用二甲苯擦镜头时，注意二甲苯不能过多，以防溶解固定透镜的树脂。

3. 玻片染色标本观察结束后，应立即用擦镜纸蘸少量二甲苯轻轻擦拭玻片，接着换用另一擦镜纸轻擦玻片至干净。

【思考题】

1. 在观察血涂片时，如何鉴别巴贝斯虫的种类？

2. 杜氏利什曼原虫、贾第虫和火鸡组织滴虫在形态结构上有何异同？

【实验报告要求】

1. 绘制伊氏锥虫和环形泰勒虫石榴体的结构图，并标出其结构特征。

2. 列表比较双芽巴贝斯虫、牛巴贝斯虫、卵圆巴贝斯虫、驽巴贝斯虫、吉氏巴贝斯虫和莫氏巴贝斯虫的主要鉴别点。

实验十九　孢子虫的形态观察

【实验目的】

掌握球虫、隐孢子虫、弓形虫、肉孢子虫和禽住白细胞虫的基本形态与结构特征，能鉴别艾美耳属、温扬属、泰泽属和等孢属球虫的孢子化卵囊，了解常见球虫的种类与鉴别要点。

【实验内容】

鸡球虫、鸭球虫、鹅球虫、兔球虫、牛球虫、羊球虫、猪球虫、犬球虫、猫球虫、隐孢子虫、弓形虫、肉孢子虫、禽住白细胞虫。

【材料与设备】

1. 标本：(1)球虫卵囊液：鸡球虫、鸭球虫、鹅球虫、兔球虫、牛球虫、羊球虫、猪球虫、犬球虫、猫球虫、隐孢子虫；(2)组织切片：球虫的裂殖体、裂殖子与配子体、肉孢子虫包囊；(3)玻片染色标本：弓形虫、禽住白细胞虫。

2. 器材：生物显微镜、载玻片、盖玻片、香柏油、二甲苯、擦镜纸。

【操作与观察】

一、观察标本的方法

1. 玻片标本：同实验十八，需用油镜观察。

2. 组织切片：先用低倍镜找到虫体，接着用高倍镜细致观察。

3. 卵囊液标本：取卵囊液一滴，滴在载玻片上，覆上盖玻片后置于显微镜下观察。除隐孢子卵囊需用油镜观察外，其余均用低倍镜或高倍镜观察。

二、观察内容

(一)球虫

球虫病(Coccidiosis)通常是指由艾美耳科的原虫引起的一类原虫病。艾美耳科的球虫均为专一宿主寄生虫，其发育类型属直接发育型，不需中间宿主，生活史过程基本相同，包括裂殖生殖、配子生殖和孢子生殖三个阶段。裂殖生殖和配子生殖在宿主体内的上皮细胞中进行，最终形成卵囊(未孢子化卵囊)并随宿主粪便排至外界环境。卵囊在外界环境中进行孢子生殖，形成孢子化卵囊。孢子化卵囊才具有感染性。所以球虫在不同发育阶段有不同的形态，主要有滋养体、裂殖体与裂殖子、配子体与配子、合子、未孢子化卵囊、孢子化卵囊等。

1.球虫裂殖体与裂殖子(图 19.1):成熟的裂殖体呈卵圆形或亚球形,内含数量不等的呈香蕉状的裂殖子。裂殖子呈香蕉形,一端钝圆,另一端稍尖,单个细胞核位于偏中央。裂殖体大小和含有裂殖子的数量及其长度,随球虫种类和裂殖生殖的代数不同而有差异。

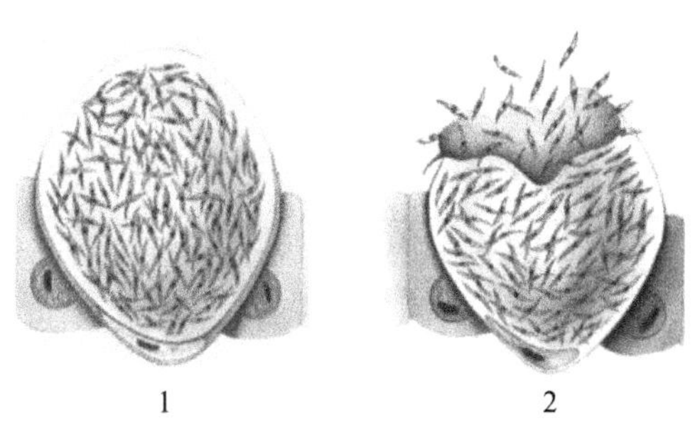

图 19.1　球虫裂殖体与裂殖子(引自 Williams,2007)

1.成熟的裂殖体　2.正在释放裂殖子的裂殖体

2.球虫配子体(图 19.2):有大、小配子体之分,呈卵圆形或亚球形。成熟的小配子体含有数量不等、具有 2 根鞭毛的小配子。一个大配子体只产生一个大配子,成熟大配子中央有一个细胞核,周围原生质内含有多个颗粒状的成壁体。

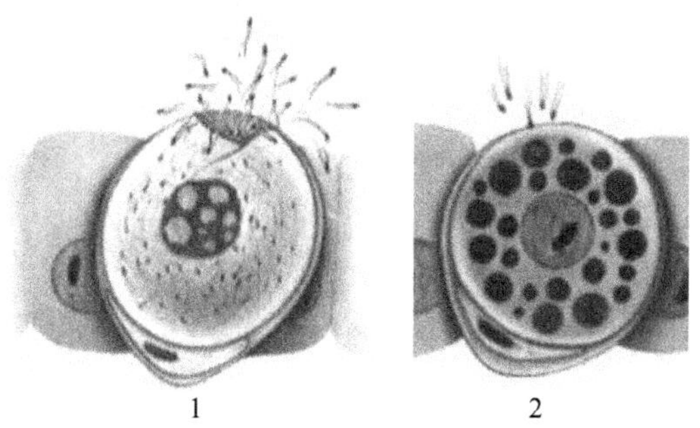

图 19.2　球虫小配子体与大配子体(引自 Williams,2007)

1.正在释放小配子的小配子体　2.正在受精的大配子体

3.球虫卵囊(图 19.3):有未孢子化卵囊和孢子化卵囊之分,两者的主要区别是未孢子化卵囊内仅有一原生质团,孢子化卵囊内有孢子囊(泰泽属球虫除外)和子孢子。

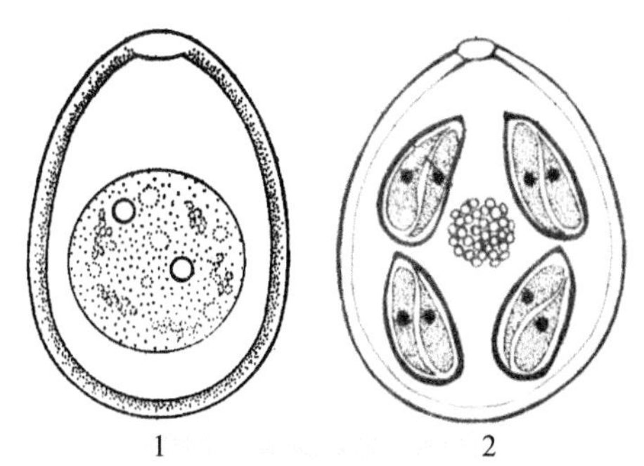

图 19.3　球虫卵囊(引自 Soulsby,1982)

1.未孢子化卵囊　2.艾美耳球虫孢子化卵囊

4. 球虫种类鉴别：

属的鉴别：艾美耳科球虫主要有 4 个属，即艾美耳属（*Eimeria*）、等孢属（*Isospora*）、泰泽属（*Tyzzeria*）和温扬属（*Wenyonella*），鉴别依据是孢子化卵囊中孢子囊的有无、数目和每个孢子囊内所含子孢子的数目（图 19.4）。

A. 艾美耳属球虫：每个孢子化卵囊含有 4 个孢子囊，每个孢子囊含有 2 个子孢子；

B. 等孢属球虫：每个孢子化卵囊含有 2 个孢子囊，每个孢子囊含有 4 个子孢子；

C. 泰泽属球虫：每个孢子化卵囊含有 8 个子孢子，无孢子囊；

D. 温扬属球虫：每个孢子化卵囊含有 4 个孢子囊，每个孢子囊含有 4 个子孢子。

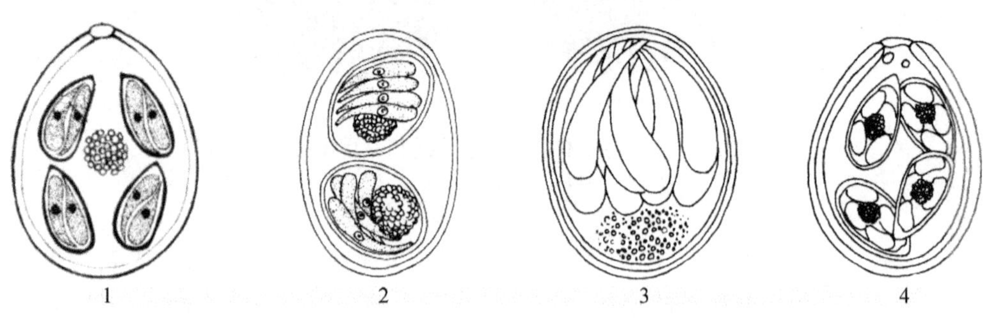

图 19.4 艾美耳科球虫孢子化卵囊（引自 Soulsby，1982）

1. 艾美耳属 2. 等孢属 3. 泰泽属 4. 温扬属

种的鉴别：主要依据卵囊的形态结构、虫体的寄生部位（如肠道区段、在肠黏膜和肠上皮细胞中的寄生部位）、引起宿主的病变特征、潜在期和孢子化时间等。其中，卵囊的形态结构主要包括：卵囊的大小、外形；卵囊壁的色泽、厚度与光滑度；孢子囊大小、形状及有无斯氏体；子孢子的大小与折光球；极帽、卵膜孔、内残体、外残体的有无；极粒的有无及其个数等（图 19.5）。

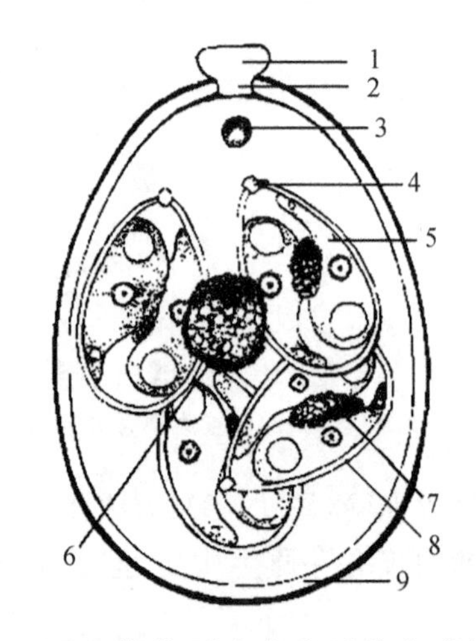

图 19.5 艾美耳球虫孢子化卵囊结构（引自 Soulsby，1982）

1. 极帽 2. 卵膜孔 3. 极粒 4. 斯氏体 5. 子孢子 6. 外残体 7. 内残体 8. 孢子囊 9. 卵囊壁

5. 鸡球虫（图 19.6）：均为艾美耳球虫，一般认为有 7 个种，分别是柔嫩艾美耳球虫（*E. tenella*）、毒害艾美耳球虫（*E. necatrix*）、堆型艾美耳球虫（*E. acervulina*）、巨型艾美耳球虫（*E. maxima*）、布氏艾美耳球虫（*E. brunetti*）、和缓艾美耳球虫（*E. mitis*）和早熟艾美耳球虫（*E. praecox*）。鸡球虫的卵囊无极帽、卵膜孔、内残体和外残体，均有斯氏体。在 7 种鸡球虫中，巨型艾美耳球虫卵囊最大，其囊壁呈浅黄色，有时粗糙，易于鉴别。其余 6 种鸡球虫，卵囊间不易相互鉴别。

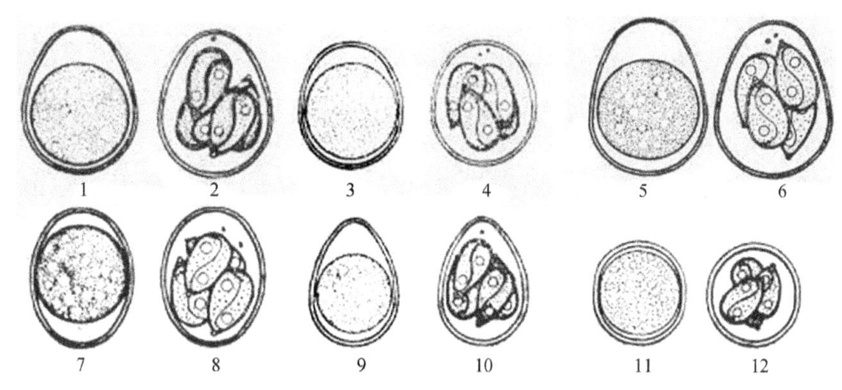

图 19.6　鸡球虫卵囊(引自张宝祥等,1986)

1、2. 柔嫩艾美耳球虫　3、4. 毒害艾美耳球虫　5、6. 巨型艾美耳球虫

7、8　早熟艾美耳球虫　9、10. 堆型艾美耳球虫　11、12. 和缓艾美耳球虫

6. 鸭球虫(图 19.7):隶属艾美耳属、温扬属、泰泽属和等孢属。据文献记载,寄生于家鸭或野鸭的球虫有 23 种,分别是阿氏艾美耳球虫(*Eimeria abramovi*)、鸭艾美耳球虫(*E. anatis*)、潜鸭艾美耳求(*E. aythyae*)、巴氏艾美耳球虫(*E. battakhi*)、水鸭艾美耳球虫

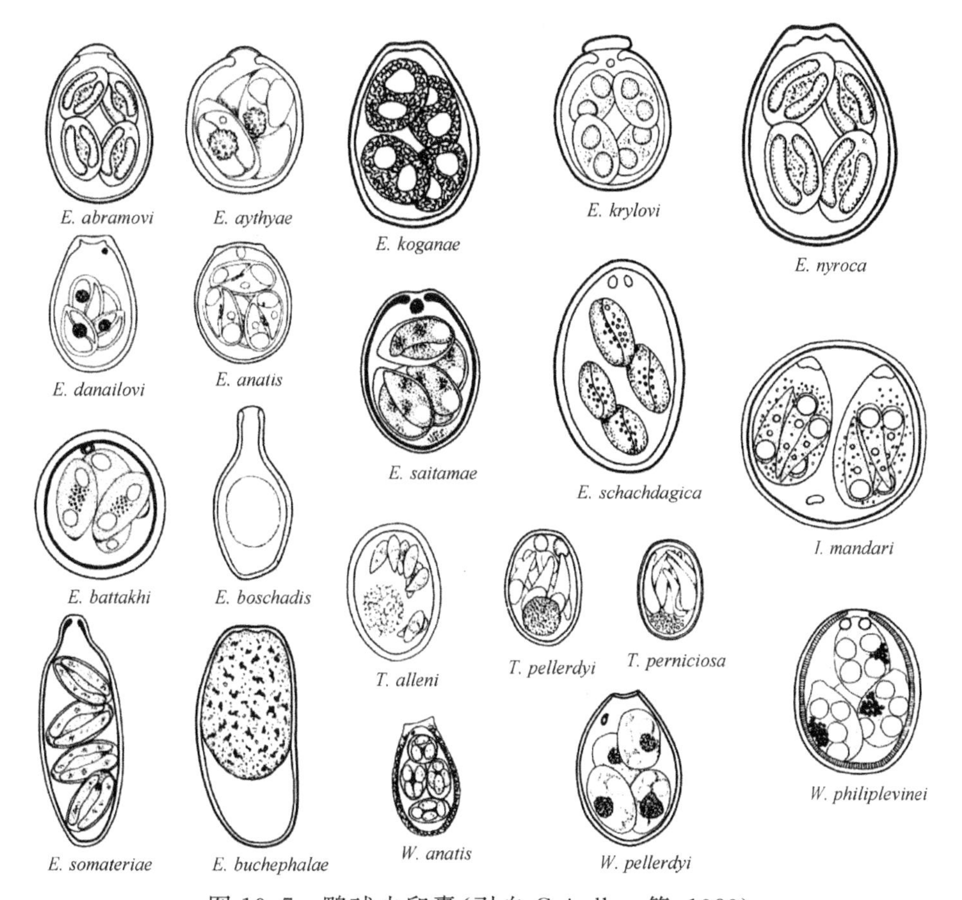

图 19.7　鸭球虫卵囊(引自 Gajadhar 等,1983)

(E. boschadis)、牛头鸭艾美耳球虫(*E. buchephalae*)、丹氏艾美耳球虫(*E. danailovi*)、针尾鸭艾美耳球虫(*E. koganae*)、克氏艾美耳球虫(*E. krylovi*)、番鸭艾美耳球虫(*E. mulardi*)、秋沙鸭艾美耳球虫(*E. nyroca*)、萨氏艾美耳球虫(*E. saitamae*)、沙氏艾美耳球虫(*E. schachdagica*)、绒鸭艾美耳球虫(*E. somateriae*)、鸭温扬球虫(*Wenyonella anatis*)、盖氏温扬球虫(*W. gagaris*)、裴氏温扬球虫(*W. pellerdyi*)、菲莱氏温扬球虫(*W. philiplevinei*)、艾氏泰泽球虫(*Tyzzeria alleni*)、棉凫泰泽球虫(*T. chenicusae*)、裴氏泰泽球虫(*T. pellerdyi*)、毁灭泰泽球虫(*T. perniciosa*)、鸳鸯等孢球虫(*Isospora mandari*)。其中毁灭泰泽球虫、菲来氏温扬球虫、丹氏艾美耳球虫和番鸭艾美耳球虫有较强的致病性。

7. 鹅球虫(图 19.8):隶属艾美耳属、泰泽属和等孢属。据文献记载,寄生于家鹅与野鹅的球虫有 16 种,分别是鹅艾美耳球虫(*Eimeria anseris*)、黑雁艾美耳球虫(*E. brantae*)、克氏艾美耳球虫(*E. clarkei*)、粗艾美耳球虫(*E. crassa*)、法立兰艾美耳球虫(*E. farri*)、棕黄艾美耳球虫(*E. fulva*)、赫尔曼艾美耳球虫(*E. hermani*)、柯氏耳艾美球虫(*E. kotlani*)、巨唇艾美耳球虫(*E. magnalabia*)、有毒艾美耳球虫(*E. nocens*)、美丽艾美耳球虫(*E. pulchella*)、多斑艾耳美球虫(*E. stigmosa*)、条纹艾美耳球虫(*E. striata*)、截形耳艾美球虫(*E. truncata*)、稍小泰泽球虫(*Tyzzesia parvula*)和鹅等孢球虫(*Isosposa anseris*)等。其中截形艾美耳球虫、鹅艾美耳球虫、柯氏艾美耳球虫和有毒艾美耳球虫具有明显的致病性。

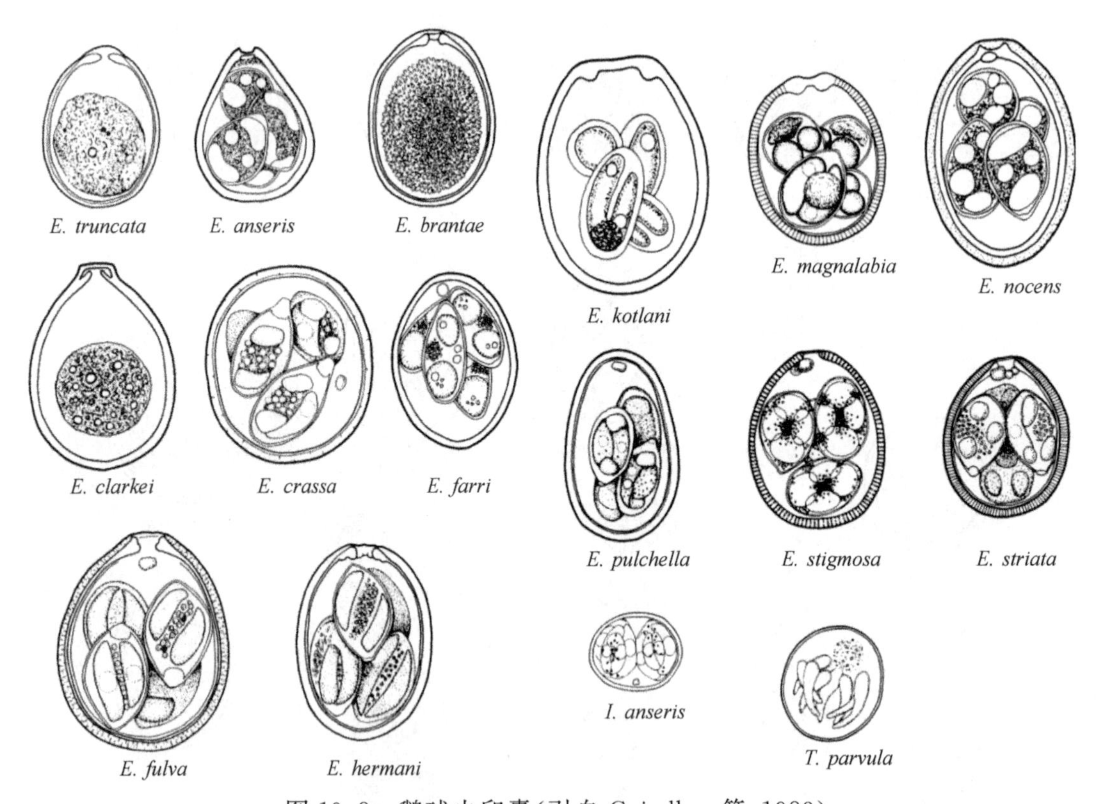

图 19.8 鹅球虫卵囊(引自 Gajadhar 等,1983)

8. 兔球虫(图 19.9):均为艾美耳球虫。据国内文献记载有 16 种,分别是斯氏艾美耳球虫(*Eimeria stiedai*)、穿孔艾美耳球虫(*E. perforans*)、大型艾美耳球虫(*E. magna*)、中型艾美耳球虫(*E. media*)、小型艾美耳球虫(*E. exigua*)、梨形艾美耳球虫(*E. piriformis*)、长型艾美耳球虫(*E. elongata*)、兔艾美耳球虫(*E. leporis*)、新兔艾美耳球虫(*E. neoleporis*)、肠艾美耳球虫(*E. intestinalis*)、盲肠艾美耳球虫(*E. coecicola*)、黄艾美耳球虫(*E. flavescens*)、无残艾美耳球虫(*E. irresidua*)、雕斑艾美耳球虫(*E. sculpta*)、松林艾美耳球虫(*E. matsubayashii*)和纳格浦尔艾美耳球虫(*E. nagpurensis*)。其中斯氏艾美耳球虫、穿孔艾美耳球虫、大型艾美耳球虫、中型艾美耳球虫、肠艾美耳球虫、黄艾美耳球虫、无残艾美耳球虫和松林艾美耳球虫具有明显的致病性。

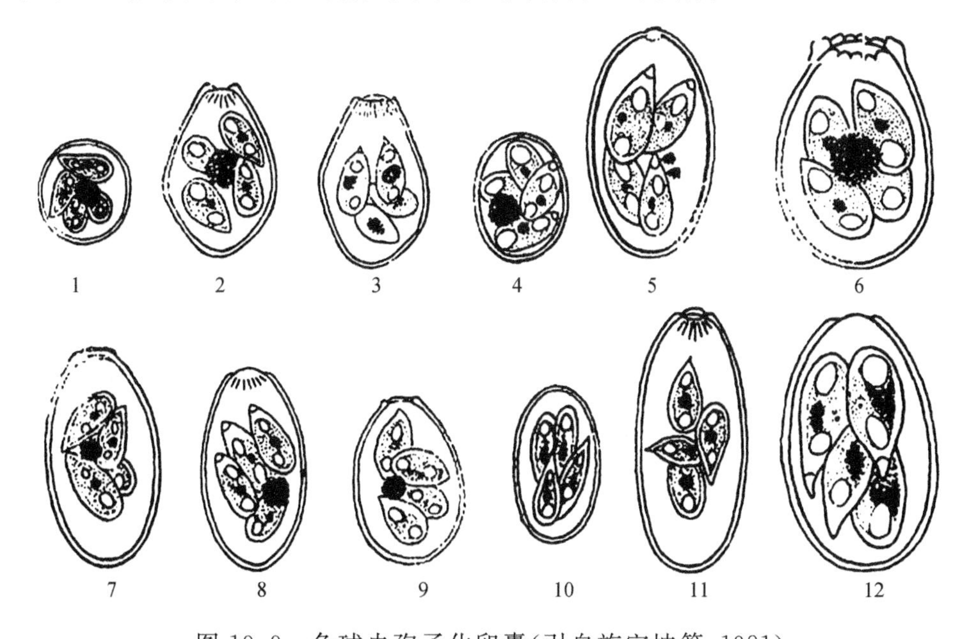

图 19.9　兔球虫孢子化卵囊(引自施宝坤等,1981)

1. 小型艾美耳球虫　2. 肠艾美耳球虫　3. 梨形艾美耳球虫　4. 穿孔艾美耳球虫　5. 斯氏艾美耳球虫　6. 大型艾美耳球虫　7. 中型艾美耳球虫　8. 盲肠艾美耳球虫　9. 松林艾美耳球虫　10. 纳格浦尔艾美耳球虫　11. 长型艾美耳球虫　12. 无残艾美耳球虫

9. 牛球虫(图 19.10):均为艾美耳球虫,文献上记载的牛球虫有 16 种,分别是阿拉巴艾美耳球虫(*Eimeria alabamensis*)、奥博艾美耳球虫(*E. auburnensis*)、巴氏艾美耳球虫(*E. bareillyi*)、牛艾美耳球虫(*E. bovis*)、巴西利亚艾美耳球虫(*E. brasiliensis*)、巴克朗艾美耳球虫(*E. bukidnonensis*)、加拿大艾美耳球虫(*E. canadensis*)、柱状艾美耳球虫(*E. cylindrica*)、椭圆艾美耳球虫(*E. ellipsoidallis*)、伊利诺斯艾美耳球虫(*E. illinoisensis*)、广西艾美耳球虫(*E. kwangsiensis*)、皮利他艾美耳球虫(*E. pellita*)、亚球艾美耳球虫(*E. subspherica*)、怀俄明艾美耳球虫(*E. wyomingensis*)、云南艾美耳球虫(*E. yunnanensis*)、邱氏艾美耳球虫(*E. zuernii*)等。其中以邱氏艾美耳球虫、牛艾美耳球虫和奥博艾美耳球虫的致病性最强。

10. 山羊球虫(图 19.11):均为艾美耳球虫,较确切的有 13 种,分别是艾丽艾美耳球虫(*Eimeria alijevi*)、阿普艾美耳球虫(*E. apsheronica*)、阿氏艾美耳球虫(*E. arloingi*)、山羊艾美耳球虫(*E. caprina*)、羊艾美耳球虫(*E. caprovina*)、克氏艾美耳球虫(*E. christenseni*)、

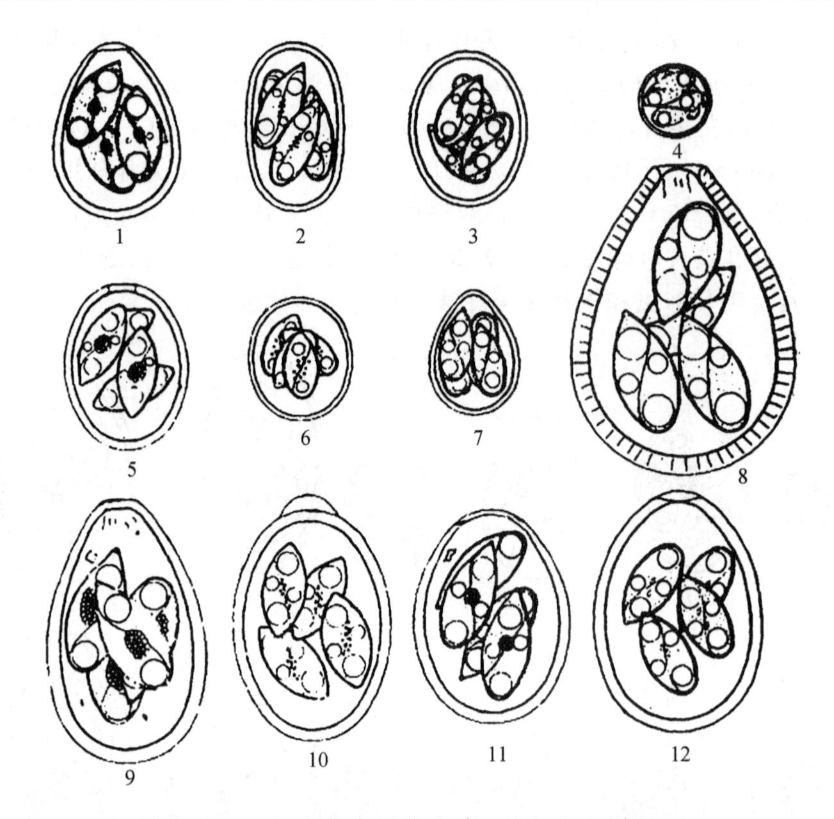

图 19.10　牛球虫孢子化卵囊(引自张宝祥,1988)

1.牛艾美耳球虫　2.柱状艾美耳球虫　3.椭圆艾美耳球虫　4.亚球艾美耳球虫　5.伊利诺斯艾美耳球虫　6.邱氏艾美耳球虫　7.阿拉巴艾美耳球虫　8.巴克朗艾美耳球虫　9.奥博艾美耳球虫　10.巴西利亚艾美耳球虫　11.加拿大艾美耳球虫　12.怀俄明艾美耳球虫

格氏艾美耳球虫(*E. gilruthi*)、家山羊艾美耳球虫(*E. hirci*)、约奇艾美耳球虫(*E. jolchijevi*)、柯氏艾美耳球虫(*E. kocharii*)、尼氏艾美耳球虫(*E. ninakohlyakimovae*)、苍白艾美耳球虫(*E. pallida*)和斑点艾美耳球虫(*E. puncatata*)。此外,在印度和我国的山羊中还分别报道有提鲁帕艾美耳球虫(*E. tirupatiensis*)和顺义艾美耳球虫(*E. shunyiensis*)。其中尼氏艾美耳球虫的致病性最强,其次为阿氏艾美耳球虫。

11.绵羊球虫(图 19.11):均为艾美耳球虫,文献记载有 14 种,分别是阿撒他艾美耳球虫(*E. ahsata*)、巴库艾美耳球虫(*E. bakuensis*)、槌状艾美耳球虫(*E. crandallis*)、浮氏艾美耳球虫(*E. faurei*)、格氏艾美耳球虫(*E. gilruthi*)、贡氏艾美耳球虫(*E. gonzalezi*)、颗粒艾美耳球虫(*E. granulosa*)、错乱艾美耳球虫(*E. intricata*)、马尔西卡艾美耳球虫(*E. marsica*)、类绵羊艾美耳球虫(*E. ovinoidalis*)、苍白艾美耳球虫(*E. pallida*)、小艾美耳球虫(*E. parva*)、斑点艾美耳球虫(*E. puncatata*)和温布里吉艾美耳球虫(*E. weybridgensis*)。此外,在我国的绵羊中还报道有固原艾美耳球虫(*E. guyuanensis*)、卵状艾美耳球虫(*E. oodeus*)和厚膜艾美耳球虫(*E. pachmenia*)。其中类绵羊艾美耳球虫的致病力最强,其次为槌状艾美耳球虫,阿撒他艾美耳球虫也可能有致病力。

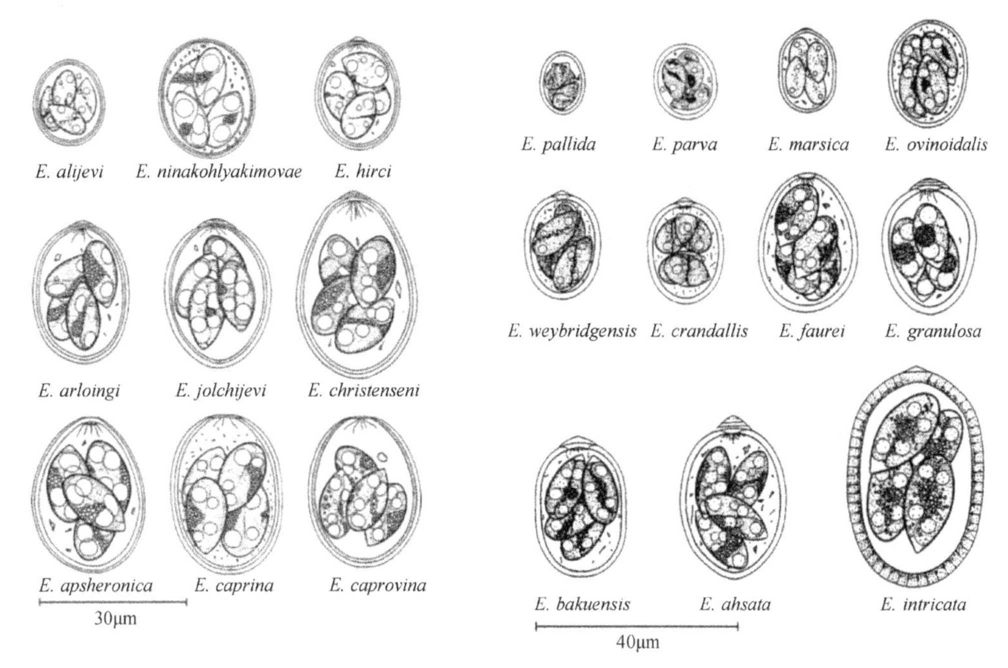

图 19.11　羊球虫孢子化卵囊(引自 Eckert 等,1995)

左:山羊;右:绵羊

12.猪球虫(图 19.12):隶属艾美耳属和等孢属。文献记载有 16 种,分别是蠕孢艾美耳球虫(*E. cerdonis*)、蒂氏艾美耳球虫(*E. debliecki*)、盖氏艾美耳球虫(*E. guevarai*)、新

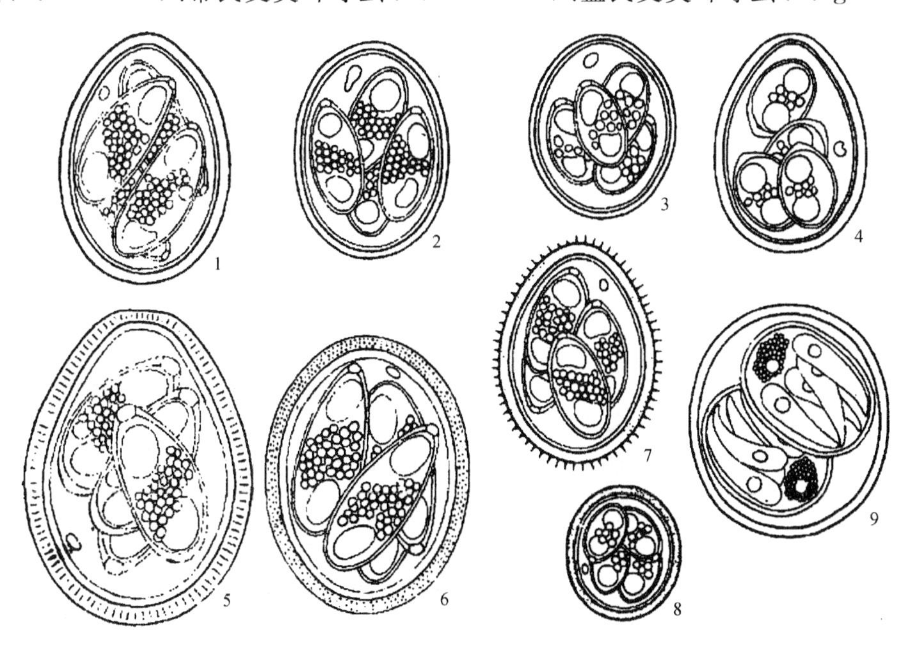

图 19.12　猪球虫孢子化卵囊(引自左仰贤等,1987)

1.蒂氏艾美耳球虫　2.新蒂氏艾美耳球虫　3.猪艾美耳球虫　4.豚艾美耳球虫　5.粗糙艾美耳球虫　6.光滑艾美耳球虫　7.有刺艾美耳球虫　8.极细艾美耳球虫　9.猪等孢球虫

蒂氏艾美耳球虫（*E. neodebliecki*）、极细艾美耳球虫（*E. perminuta*）、光滑艾美耳球虫（*E. polita*）、豚艾美耳球虫（*E. porci*）、罗马尼亚艾美耳球虫（*E. romaniae*）、粗糙艾美耳球虫（*E. scabra*）、母猪艾美耳球虫（*E. scrofae*）、有刺艾美耳球虫（*E. spinosa*）、猪艾美耳球虫（*E. suis*）、四川艾美耳球虫（*E. szechuanensis*）、杨陵艾美耳球虫（*E. yanglingensis*）、阿拉木图等孢球虫（*I. almaataensis*）和猪等孢球虫（*I. suis*）。其中猪等孢球虫的致病力最强。

13. 犬球虫（图 19.13）：均为等孢属球虫，有 3 种，分别是犬等孢球虫（*I. canis*）、俄亥俄等孢球虫（*I. ohioensis*）和狐等孢球虫（*I. vulipina*）。

14. 猫球虫（图 19.14）：均为等孢属球虫，有 2 种，分别是猫等孢球虫（*I. felis*）和芮氏等孢球虫（*I. rivolta*）。

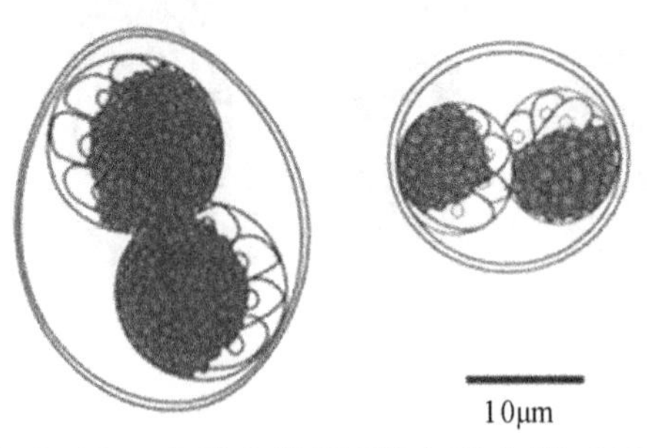

图 19.13　犬球虫卵囊（引自孟余等，2010）
左：犬等孢球虫；右：俄亥俄等孢球虫

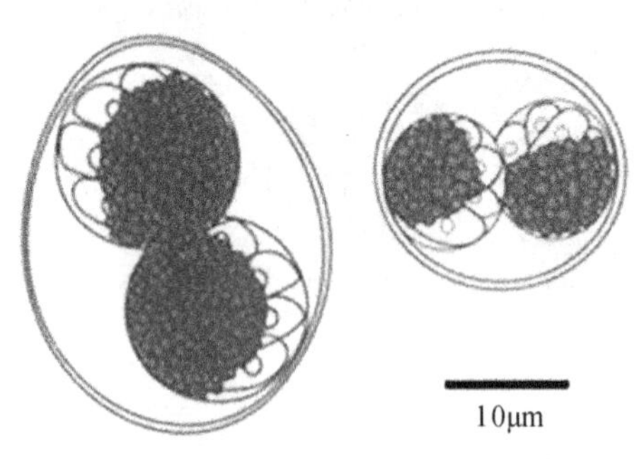

图 19.14　猫球虫卵囊（引自孟余等，2010）
左：猫等孢球虫；右：芮氏等孢球虫

（二）隐孢子虫

隐孢子虫隶属隐孢子虫科、隐孢子虫属（*Cryptosporidium*）。已被确认的隐孢子虫达 18 种，其中感染哺乳动物的隐孢子虫有 11 种，分别是小鼠隐孢子虫（*C. muris*）、安氏隐孢子虫（*C. andersoni*）、微小隐孢子虫（*C. parvum*）、人隐孢子虫（*C. hominis*）、牛隐孢子虫（*C. bovis*）、魏氏隐孢子虫（*C. wrairi*）、猫隐孢子虫（*C. felis*）、猪隐孢子虫（*C. suis*）、犬隐孢子虫（*C. canis*）、袋鼠隐孢子虫（*C. macropodum*）和费氏隐孢子虫（*C. fayeri*）；寄生于禽类的有 3 个有效种，即火鸡隐孢子虫（*C. meleagridis*）、贝氏隐孢子虫（*C. baileyi*）和鸡隐孢子虫（*C. galli*）；寄生于爬行动物的有 2 个有效种，即蛇隐孢子虫（*C. serpentis*）和蜥蜴隐孢子虫（*C. varaii*）；寄生于鱼类的有 2 个种，即莫氏隐孢子虫（*C. molnari*）和菱鲆隐孢子虫（*C. scophthalmi*）。

隐孢子虫的生活史与艾美耳球虫类似，但虫体全部发育过程（包括孢子生殖）均在宿主细胞的细胞膜内、细胞质外的带虫空泡内完成，从宿主排泄物或分泌物中排出的是孢子化卵囊，其卵囊显著小于艾美耳球虫的卵囊。如最大的鸡隐孢子虫卵囊大小为（8.0～8.5）μm×（6.2～6.4）μm，平均大小为 8.2μm×6.4μm。各种隐孢子虫的卵囊结构基本相同，难以鉴别。隐孢子虫卵囊呈圆形或椭圆形，囊壁光滑无色，有裂缝，无卵膜孔；无孢子囊和极粒，有 4 个香蕉形的子孢子和 1 个残体，残体由 1 个折光体和一些颗粒组成（图 19.15）。

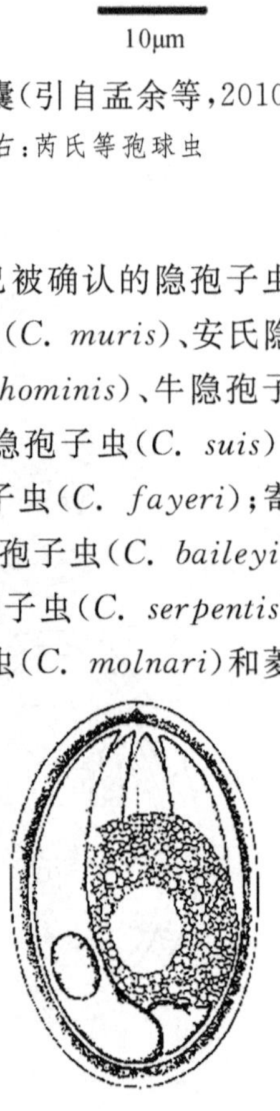

图 19.15　隐孢子虫卵囊
（引自 Current，1991）

(三)弓形虫

弓形虫隶属弓形虫科、弓形虫属(*Toxoplasma*),仅有 1 个种,即刚地弓形虫(*T. gondii*)。弓形虫在其全部生活史中可出现数种不同的形态(图 19.16),主要有滋养体、包囊、裂殖体、配子体和卵囊等,其中后 3 种形态只出现在终末宿主猫科动物的肠道上皮细胞内,滋养体、包囊和卵囊在疾病诊断或种类鉴别中有意义。

1. 滋养体:又称速殖子,虫体呈新月形或香蕉形,一端稍尖,另一端钝圆,大小为(4～7)μm×(2～4)μm。经姬氏或瑞氏染色后胞浆呈淡蓝色,胞核呈深蓝色,位于中央偏钝圆的一端。虫体可游离于宿主细胞外,也可位于宿主细胞的胞浆内,有时许多速殖子簇集在一个宿主细胞内,称为"假包囊"。速殖子主要出现于急性病例或感染早期。

2. 包囊:也称组织囊,见于慢性病例的脑、眼、骨骼肌、心肌等组织。包囊呈圆形或椭圆形,直径 50～60μm,也有可达 100μm。有较厚的囊壁,囊中的虫体称为缓殖子,数目可达数十个至数千个,形态与速殖子相似。

3. 卵囊:在猫科动物的小肠上皮细胞内经裂殖生殖与配子生殖,最后形成卵囊,并随猫的粪便排到外界。卵囊呈球形,孢子化后呈亚球形,大小为(11～14)μm×(9～11)μm,平均大小为 12μm×10μm,无卵膜孔、外残体和极粒,但有内残体;含有 2 个孢子囊,呈椭圆形,大小为 8.5μm×6μm,每个孢子囊内含有 4 个子孢子,大小为 8μm×2μm。

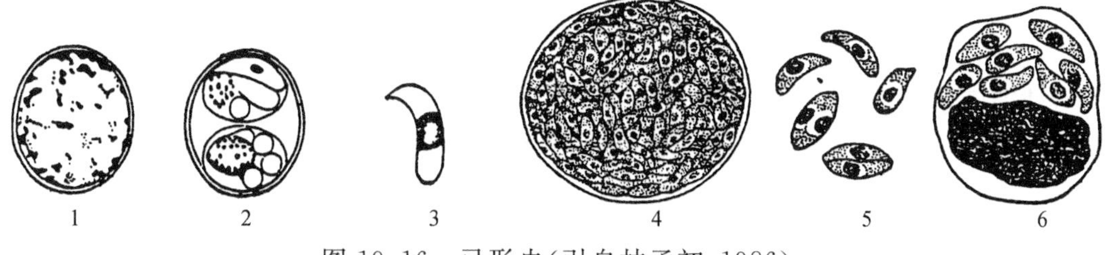

图 19.16　弓形虫(引自林孟初,1986)

1. 未孢子化卵囊　2. 孢子化卵囊　3. 子孢子　4. 包囊　5. 滋养体　6. 细胞内滋养体

(四)肉孢子虫

肉孢子虫隶属肉孢子虫科、肉孢子虫属(*Sarcocystis*)。同一种动物可有多种肉孢子虫寄生。寄生于猪的肉孢子虫有米氏肉孢子虫(*S. miescheriana*)、猪人肉孢子虫(*S. suihominis*)、野猪肉孢子虫(*S. porcifelis*);寄生于绵羊的有柔嫩肉孢子虫(*S. tenella*)、几刚肉孢子虫(*S. gigantea*)、髓梭肉孢子虫(*S. medusiformis*)、羚犬肉孢子虫(*S. arielicanis*);寄生于山羊的有山羊犬肉孢子虫(*S. capracanis*)、山羊猫肉孢子虫(*S. caprifelis*)、牟氏肉孢子虫(*S. moulei*);寄生于马的有菲氏肉孢子虫(*S. fayeri*)、马犬肉孢子虫(*S. equicanis*);寄生于水牛的有利文肉孢子虫(*S. levinei*)、梭型肉孢子虫(*S. fusiformis*)、中华肉孢子虫(*S. sinensis*);寄生于黄牛的有枯氏肉孢子虫(*S. cruzi*)、毛型肉孢子虫(*S. hirsuta*)、人肉孢子虫(*S. hominis*)。

肉孢子虫在不同发育阶段有不同的虫体形态,主要有包囊、裂殖体、配子体和卵囊等(图 19.17)。包囊寄生于中间宿主的肌肉中,对终末宿主具有感染性。卵囊在终末宿主的肠道细胞内形成,孢子化后随粪便排出体外,对中间宿主具有感染性。

1. 包囊：又称米氏囊，寄生于动物的肌肉中，多呈纺锤形、圆柱形或卵圆形，色灰白至乳白，小的肉眼难以看到，大的可达数厘米。囊壁由两层壁组成，内壁向囊内延伸，构成很多中隔，将囊腔分为若干小室。发育成熟的包囊，小室中藏着许多肾形或香蕉形的慢殖子（滋养体），又称为南雷氏小体，长 10～12μm，宽 4～9μm，一端稍尖，一端稍钝。

2. 卵囊：呈卵圆形或亚球形，均含有 2 个卵圆形的孢子囊，每个孢子囊含有 4 个香蕉形的子孢子和一团或散状的残余体。卵囊壁很薄，易破裂，因此从粪便中检查到的多半是孢子囊。

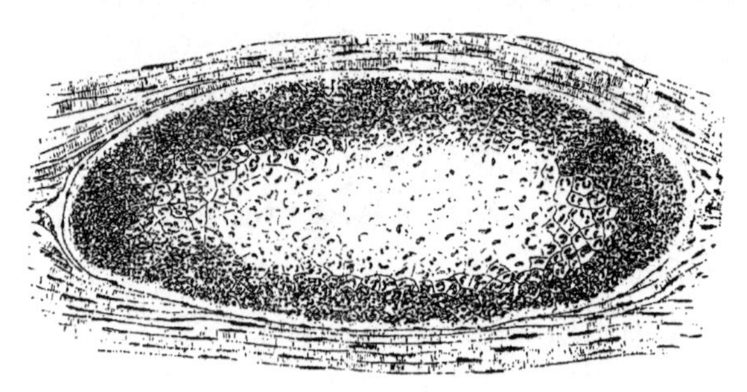
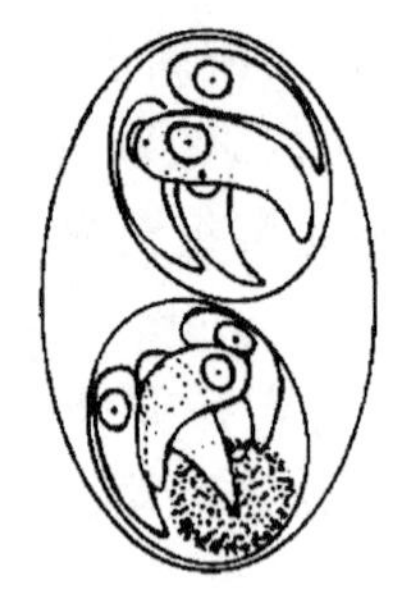

图 19.17　肉孢子虫（引自 Dubey，1976）

左：包囊；右：卵囊

（五）住白细胞虫

住白细胞虫隶属住白细胞虫科、住白细胞虫属（*Leucocytozoon*），已知的病原主要有两种，即卡氏住白细胞虫（*L. caulleryi*）和沙氏住白细胞虫（*L. sabrazesi*）。虫体在鸡体内主要有裂殖体与配子体两个发育阶段，前者寄生于鸡的内脏器官组织细胞内，后者寄生于鸡的白细胞（主要是单核细胞）和红细胞内。

1. 卡氏住白细胞虫（图 19.18）：成熟配子体近于圆形，大小为 15.5μm×15.0μm。大配子体的直径为 12～14μm，有一个核，直径为 3～4μm；小配子体的直径为 10～12μm，核的直径亦为 10～12μm，整个细胞几乎全为核所占有。宿主细胞变为圆形，直径 13～20μm，细胞核被挤压成一深色狭带，围绕虫体。

2. 沙氏住白细胞虫（图 19.18）：成熟配子体为长形，大小为 24μm×4μm。大配子体的大小为 22μm×6.5μm，小配子体为 20μm×6μm。宿主细胞变形为纺锤形，大小约为 67μm×6μm，细胞核被虫体挤压至一侧。

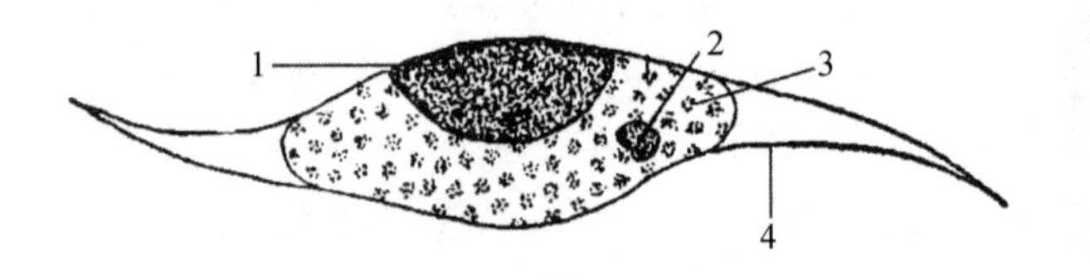

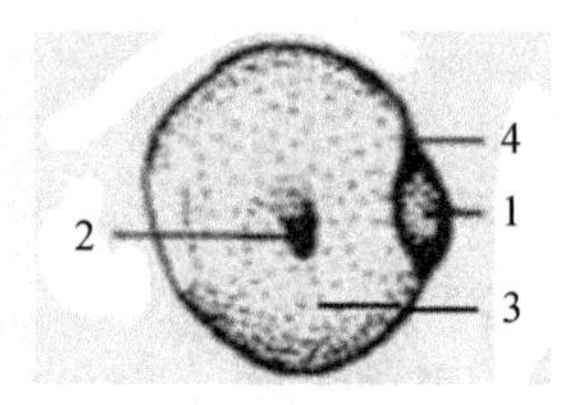

图 19.18　住白细胞虫配子体（引自林孟初，1986）

左：沙氏住白细胞虫；右：卡氏住白细胞虫

1. 白细胞核　2. 配子体核　3. 配子体原生质　4. 白细胞原生质

【注意事项】

1. 隐孢子虫卵囊、弓形虫滋养体和禽住白细胞虫必须用油镜观察。使用油镜的方法与注意点同实验十八。

2. 在观察弓形虫滋养体时，在视野中首先寻找宿主细胞的细胞核，然后在细胞核周围的细胞质或附近寻找虫体。

3. 在观察球虫卵囊时，为了看清楚卵囊的结构，可用手指轻轻敲显微镜的载物台或用细针轻微拨动盖玻片来改变卵囊的立体位置。

【思考题】

1. 如何鉴别艾美耳球虫的种类？

2. 弓形虫包囊与肉孢子虫的包囊在结构上有何不同？

3. 艾美耳球虫、隐孢子虫、弓形虫和肉孢子虫在孢子生殖和形成的孢子化卵囊结构上有何异同？

【实验报告要求】

1. 绘制艾美耳球虫的孢子化卵囊结构图，并标出其结构特征。

2. 绘制弓形虫滋养体、住白细胞虫配子体的结构图。

3. 列表比较隐孢子虫和艾美耳属、温扬属、泰泽属、等孢属球虫孢子化卵囊的主要检鉴别点。

二维码 3
鸡球虫孢子囊和子孢子的分离

第七章　寄生虫标本的采集、保存和观察方法

寄生虫蠕虫学完全剖检术是对死亡或患病的动物进行剖检，检查各系统、器官、组织的寄生虫，收集剖检过程中发现的全部寄生虫并进行鉴定和计数，确定动物感染的寄生虫病原，了解感染强度和感染率。寄生虫蠕虫学剖检术对寄生虫病的诊断和了解寄生虫病的流行有重要意义，根据实际工作的要求分为完全剖检法、某个器官的寄生虫剖检法和对某些器官内的某一种寄生虫的剖检法。对因病死亡的动物进行剖检时，注意死亡时间不能超过 24h，因为虫体会在宿主死亡 24～48h 后崩解消失。对所有进行寄生虫蠕虫学剖检的动物都应在登记表(见下表)上详细填写动物种类、品种、年龄、性别、编号、临床症状等。全身剖检方法一般是先检查血液与体表，然后检查头部各器官，打开胸腔和腹腔，分离出各个器官，按消化系统、呼吸系统、泌尿系统和生殖系统及其他分别进行检查。

吸虫、绦虫的装片制作方法主要分虫体的采集、固定和染色三个步骤。采集的过程注意保持虫体的完整性，对采集到的虫体进行清洗，然后进行固定。固定使虫体内的蛋白质、脂肪、糖类等凝固，保持虫体原有的形态，使虫体死亡后不会腐烂和自溶，使虫体内部结构保持完整，易于着色。

畜禽寄生虫剖检记录表(引自赵辉元,1996)

编号________　　　　　　检查日期________年________月________日

地区											
畜禽别		品种		性别		年龄		营养		产地	
病例及其他											

	寄生部位	虫名	数目(条)	瓶号	瓶数	主要病变	备注
采集寄生虫情况							

剖检单位______________________________　　剖检者姓名______________

实验二十 蠕虫学全身剖检术Ⅰ(猪)

【实验目的】

掌握猪蠕虫学全身剖检方法,对检查到的寄生虫进行采集、鉴定、计数和保存,确定本次剖检的猪感染寄生虫的种类和感染强度。

【实验内容】

1.淋巴结和皮下组织的检查。
2.头部各器官的检查。
3.消化系统的检查。
4.泌尿系统的检查。
5.生殖器官的检查。
6.呼吸系统的检查。
7.心及大血管的检查。
8.其他部位的检查。

【材料与设备】

瓷盘、解剖刀、解剖剪、镊子、标本瓶、标签纸、烧杯、载玻片、盖玻片、贝尔曼装置、显微镜、生理盐水、10%福尔马林、70%酒精、1%盐水等。

【操作与观察】

首先制作血片,染色镜检,观察血液中有无寄生虫。同时,检查体表有无寄生虫。

(一)淋巴结和皮下组织的检查

宰杀剥皮,观察各部淋巴结和皮下组织有无寄生虫寄生,然后剖开颅腔和胸腹腔对各组织器官进行详细检查。

(二)头部各器官的检查

1.脑部和脊髓:打开颅腔和脊髓管,检查有无猪囊尾蚴(*Cysticercus cellulosae*)寄生。

2.眼部:首先眼观检查,然后将眼睑结膜及球结膜放在水中刮取收集表层,水洗沉淀后检查沉淀物中是否有寄生虫,最后剖开眼球将眼房水收集在平皿内,用放大镜观察。

(三)消化系统的检查

剖开腹腔后检查脏器表面有无寄生虫,然后对各个脏器进行详细检查。先分离出肝、脾、胰，然后将食道、胃、小肠、大肠、盲肠分段做二重结扎后分离。胃肠内有大量内容物，在生理盐水中剖开，将内容物洗入液体中，然后对黏膜仔细检查有无寄生虫，洗下的内容物反复加生理盐水沉淀，直至液体清亮无色，对沉渣进行检查。

1.食道：剖开食道，检查有无寄生虫寄生。用解剖刀刮取食道黏膜，压片镜检。

2.胃：先检查胃壁外面有无寄生虫。然后沿胃大弯剪开，将内容物取出放置在容器中，检查有无寄生虫。用1%盐水将胃壁充分洗净并刮取胃黏膜表层，对刮取物进行压片镜检。在洗下物中加1%盐水多次洗涤，沉淀，液体清亮透明后分批取少量沉渣，放入大培养皿中，先后在白色、黑色的背景上观察有无寄生虫。寄生于猪胃的寄生虫有红色猪圆线虫（*Hyostrongylus rubidus*）、圆形似蛔线虫（*Ascaropsidae strongylina*）和刚棘颚口线虫（*Gnathostomatiidae hispidum*）等。

3.肠道：将小肠分为十二指肠、空肠、回肠三段，大肠分为盲肠、结肠、直肠三段，分别检查。先将内容物取出放在容器中，用1%盐水清洗肠黏膜，仔细检查有无寄生虫。洗下物和内容物用反复沉淀法处理后检查沉淀物中是否有寄生虫。寄生于猪小肠的寄生虫有蛭形巨吻棘头虫（*Macracanthorhynchus hirudinaceus*）、布氏姜片吸虫（*Fasciolopsis buski*）和兰氏类圆线虫（*Strongyloides ransomi*）等；寄生于猪大肠的寄生虫有有齿食道口线虫（*Oesophagostomum dentatum*）、猪毛尾线虫（*Trichuris suis*）和结肠小袋虫（*Balantidiumcoli*）等。

4.肝和胰：观察肝表面，若有寄生虫结节需做压片镜检。沿胆总管剪开肝，沿胰管剪开胰，检查有无寄生虫，然后把肝、胰剪成小块放在水中用手挤压，用反复沉淀法检查。或者根据贝尔曼法将小块的肝、胰置于37℃水中待虫体自行爬出。华支睾吸虫（*Clonorchis sinensis*）寄生于猪的胆囊和胆管内，应注意仔细检查。

（四）泌尿系统的检查

剖开肾，先肉眼检查肾盂，然后刮取肾盂黏膜，将刮取物压片镜检。依次剪开输尿管、膀胱和尿道，检查其黏膜有无包囊。用反复沉淀法处理收集的尿液。有齿冠尾线虫（*Stephanurus dentatus*）寄生于猪的肾盂、肾周围脂肪和输尿管壁等处。

（五）生殖器官的检查

检查内腔并刮取黏膜，对刮取物进行压片镜检。

（六）呼吸系统的检查

呼吸系统包括肺和气管。沿气管、支气管剪开，先肉眼仔细检查管道内有无寄生虫，然后刮取黏液压片镜检。将肺组织在水中撕碎，与肝处理方法相同。寄生于猪呼吸道的有后圆科后圆属（*Metastrongylus* spp.）线虫，如长刺后圆线虫（*M. elongatus*）和复阴后圆线虫（*M. pudendotectus*），也有些寄生虫可在呼吸系统内短暂寄生，如猪蛔虫（*Ascaris suum*）等。

（七）心及大血管

观察心表面、心外膜及冠状动脉。剪开心观察内腔及内壁。用反复沉淀法检查内容物。剪开大血管，特别是肠系膜动脉和静脉，注意是否有吸虫、线虫以及绦虫幼虫。

(八)其他部位的检查

切取小块肌肉,先仔细眼观检查,然后压片镜检。取咬肌、腰肌及臀肌检查有无猪囊尾蚴,取膈肌检查有无旋毛虫(*Trichinella spiralis*)。猪囊尾蚴、旋毛虫均可寄生在多个器官或组织,细颈囊尾蚴(*Cysticercus tenuicollis*)可寄生在猪的肝、浆膜、大网膜、肠系膜及其他组织器官中。猪浆膜丝虫(*Serofilaria suis*)的成虫寄生于猪的心、肝、胆囊、子宫和膈肌等处浆膜的淋巴管中,微丝蚴可在血液中寄生。

【注意事项】

1. 整个检查过程中注意个人防护,穿实验服,戴手套和口罩。
2. 注意避免不同器官之间的污染,做好结扎、分离工作。
3. 检查寄生虫时对虫体做好计数,同时注意寄生器官的病变,为病情的诊断提供依据。
4. 根据不同器官、不同寄生虫的特点,重点检查可能有寄生的虫体。
5. 检查过程中采集到的虫体要保存在标本瓶中,并做好标记。
6. 做好详细的样本记录。
7. 注意保护样本的完整性。

【思考题】

1. 猪不同组织器官常见的寄生虫有哪些?
2. 根据检查到的寄生虫及组织病变分析本次剖检的猪感染了哪些寄生虫。

【实验报告要求】

1. 总结猪蠕虫学剖检方法与步骤。
2. 记录剖检过程中检查到的寄生虫并做出鉴定、计数。

实验二十一　蠕虫学全身剖检术Ⅱ(牛、羊)

【实验目的】

掌握牛、羊蠕虫学全身剖检方法，对检查到的寄生虫进行采集、鉴定、计数和保存，确定本次剖检的动物感染寄生虫的种类和感染强度。

【实验内容】

1. 淋巴结与皮下组织的检查。
2. 头部各器官的检查。
3. 消化系统的检查。
4. 呼吸系统的检查。
5. 泌尿系统的检查。
6. 生殖系统的检查。
7. 心及大血管的检查。
8. 其他部位的检查。

【材料与设备】

瓷盘、解剖刀、解剖剪、镊子、标本瓶、标签纸、烧杯、载玻片、盖玻片、贝尔曼装置、显微镜、生理盐水、10%福尔马林、70%酒精、1%盐水等。

【操作与观察】

首先制作血片，染色镜检，观察血液中有无伊氏锥虫、巴贝斯虫和泰勒虫等寄生虫。同时检查动物体表有无寄生虫。

(一)淋巴结与皮下组织的检查

宰杀剥皮，观察淋巴结和皮下组织有无寄生虫寄生，注意皮下有无寄生牛副丝虫(*Parafilaria bovicola*)、盘尾属丝虫(*Onchocerca* spp.)等。然后剖开颅腔和胸腹腔对各组织器官进行详细检查。

(二)头部各器官的检查

1. 鼻腔鼻窦和口腔：检查鼻腔鼻窦有无寄生虫，注意检查有无蝇蛆、水蛭(水牛)、疥癣虫等。检查口腔内有无蝇蛆、囊尾蚴等。

2. 脑部和脊髓：打开颅腔检查有无脑多头蚴(*Coenurus cerebralis*)寄生，然后切成薄片进行镜检。

3. 眼部：眼观检查有无寄生虫，然后将眼睑结膜及球结膜放在水中刮取收集表层，水洗沉淀后检查沉淀物中有无寄生虫，最后剖开眼球将眼房水收集在平皿内，用放大镜观察是否有囊尾蚴、吸吮属（*Thelazia* spp.）线虫等。

（三）消化系统的检查

剖开腹腔后首先检查脏器表面有无寄生虫，然后对各个脏器进行详细检查。将食道末端和直肠结扎，切断食道、胃肠上相连的肝、胰、肠系膜及直肠末端，取出消化系统，肝、脾、胰也一并取出。食道、瘤胃、网胃、瓣胃、皱胃、小肠、大肠、盲肠分段作双重结扎后分离。胃肠内有大量内容物，在1%盐水中剖开，将内容物洗入液体中，然后仔细检查黏膜上有无寄生虫，洗下的内容物反复加1%盐水沉淀，直至液体清亮无色，取沉渣进行检查。牛、羊消化系统可能感染的寄生虫较多，应仔细检查。

1. 食道：剖开食道，先肉眼检查有无寄生虫寄生，然后用解剖刀刮取食道黏膜，压片进行镜检。牛、羊食道常有筒线虫（*Gongylonema* spp.）寄生，应仔细检查。

2. 胃：按照瘤胃、网胃、瓣胃、皱胃的顺序进行检查。检查瘤胃、网胃、瓣胃时如果在胃黏膜上检出虫体，需对胃壁贴近的胃内容物进行仔细检查。瓣胃与皱胃交接处要仔细检查。皱胃的检查方法同猪胃（实验二十）。瘤胃常感染前后盘吸虫，如前后盘属（*Paramphistomum* spp.）、殖盘属（*Cotylophoron* spp.）吸虫。皱胃常见的寄生虫有捻转血矛线虫（*Haemonchus contortus*）、普氏血矛线虫（*H. placei*）、环纹奥斯特线虫（*Ostertagia circumcincta*）和蒙古马歇尔线虫（*Marshallagia mongolica*）等毛圆科线虫。

3. 肠道：将小肠分为十二指肠、空肠、回肠三段，大肠分为盲肠、结肠、直肠三段，分别检查。先将内容物取出放在容器中，再用生理盐水清洗肠黏膜，仔细检查有无寄生虫。洗下物和内容物用反复沉淀法处理后检查沉淀物中是否有寄生虫。牛、羊小肠主要的寄生虫有蛇形毛圆线虫（*Trichostrongylus colubriformis*）、奥拉奇细颈线虫（*Nematodirus oiratianus*）、盖氏曲子宫绦虫（*Helictometra giardi*）、中点无卵黄腺绦虫（*Helictometra centripunctata*）、扩展莫尼茨绦虫（*Monoezia expansa*）和贝氏莫尼茨绦虫（*M. benedeni*）等。犊牛小肠常感染牛新蛔虫（*Neoascaris vitumorum*）。寄生在大肠的寄生虫主要有哥伦比亚食道口线虫（*Oesophagostomum columbianum*）等毛圆科食道口属的几种线虫和圆线科夏伯特属线虫。

4. 肝和胰：观察肝表面，若有寄生虫结节需做压片镜检。沿胆总管剪开肝，沿胰管剪开胰，检查有无寄生虫，然后把肝、胰剪成小块放在水中用手挤压，用反复沉淀法检查。或者根据贝尔曼法原理将小块的肝、胰置于37℃水中待虫体自行爬出。牛羊的肝、胆管常有片形吸虫寄生，如肝片形吸虫（*Fasciola hepatica*）和大片形吸虫（*F. gigantica*）。双腔吸虫会寄生在胆管和胆囊中，如矛形双腔吸虫（*Dicrocoelium lanceatum*）和东方双腔吸虫（*D. orientalis*）。胰阔盘吸虫（*Eurytrema pancreaticum*）和腔阔盘吸虫（*E. coelomaticum*）寄生在牛、羊的胰管中。

（四）呼吸系统的检查

呼吸系统包括肺和气管，沿气管、支气管剪开，先用肉眼仔细检查管道内有无寄生虫，然后刮取黏液压片镜检。将肺组织在水中撕碎，与肝处理方法相同。应特别注意胎生网尾线虫(*Dictyocaulus viviparus*)和丝状网尾线虫(*D. filaria*)等寄生于肺的寄生虫。

(五)泌尿系统的检查

剖开肾,先肉眼检查肾盂,然后刮取肾盂黏膜,将刮取物压片镜检。依次剪开输尿管、膀胱和尿道,检查其黏膜有无包囊。用反复沉淀法处理收集的尿液。

(六)生殖系统的检查

检查内腔并刮取黏膜,对刮取物压片镜检。

(七)心及大血管的检查

观察心表面、心外膜及冠状动脉。剪开心观察内腔及内壁。用反复沉淀法检查内容物。剪开大血管,特别是肠系膜动脉和静脉,注意是否有吸虫、线虫以及绦虫幼虫。

(八)其他部位的检查

膈肌及其他部位肌肉的检查。切取小块肌肉,仔细眼观检查,然后压片镜检。取咬肌、腰肌及臀肌检查有无囊尾蚴,取膈肌检查有无旋毛虫及肉孢子虫。

【注意事项】

1. 整个检查过程中注意个人防护,穿实验服,戴手套和口罩。
2. 注意避免不同器官之间的污染,做好结扎、分离工作。
3. 检查寄生虫时对虫体计数,同时注意寄生器官的病变,为病情的诊断提供依据。
4. 根据不同器官不同寄生虫的特点,重点检查可能寄生的虫体。
5. 检查过程中采集到的虫体要保存在标本瓶中,并做好标记。
6. 做好详细的样本记录。
7. 注意保持样本的完整性。

【思考题】

1. 牛、羊不同组织器官常见的寄生虫有哪些?
2. 根据检查到的寄生虫及组织病变分析本次剖检的动物感染了哪些寄生虫。

【实验报告要求】

1. 总结牛、羊蠕虫学剖检方法与步骤。
2. 记录剖检过程中检查到的寄生虫并做出鉴定、计数。

实验二十二　蠕虫学全身剖检术Ⅲ(禽类)

【实验目的】

掌握禽类蠕虫学剖检方法，对检查到的寄生虫进行采集、鉴定、计数和保存，结合寄生虫寄生部位的组织病变确定本次剖检的动物感染寄生虫的种类和感染强度。

【实验内容】

1. 体表与皮下组织检查。
2. 内脏的检查。

【材料与设备】

瓷盘、解剖刀、解剖剪、镊子、标本瓶、标签纸、烧杯、载玻片、盖玻片、显微镜、10%福尔马林、70%酒精、生理盐水、1%盐水等。

【操作与观察】

一、体表与皮下组织检查

检查体表有无寄生虫寄生。拔除羽毛检查皮肤，注意表面的赘生物、结节及肿胀等。禽类皮肤寄生虫主要有虱、蠓、蚋、鸡皮刺螨(*Dermanyssus gallinae*)、鸡新棒恙螨(*Neoschongastia gallinarum*)、突变膝螨(*Knemidocoptes mutans*)等外寄生虫。剖开皮肤，检查皮下组织，鸭的皮下组织感染台湾鸟蛇线虫(*Avioserpens taiwan*)较多。检查眼和结膜囊，注意检查有无禽嗜眼吸虫(*Philophthalmosis gralli*)。

二、内脏的检查

打开胸腔和腹腔，分离出所有的消化器官、呼吸器官、泌尿生殖器官、法氏囊、心。

1. 呼吸系统：用剪刀剪开鼻腔、喉头、气管，首先肉眼观察有无寄生虫，然后用放大镜检查刮取的黏液。主要检查气管和支气管有无寄生舟状嗜气管吸虫(*Tracheophilus cymbium*)和比翼属线虫(*Symgamus* spp.)，气囊有无寄生气囊鸡螨(*Cytoditesnudus*)。

2. 消化系统：分离出肝和胰腺，水禽重点检查胆囊内有无鸭对体吸虫(*Amphimerus anatis*)和鸭次睾吸虫(*Metorchis anatinus*)。将食道、嗉囊、肌胃、腺胃、小肠、盲肠、直肠分段作二重结扎后分离。剖开嗉囊，先把内容物取出眼观检查，然后把囊壁拉紧透光检查。剖开食道，检查有无寄生虫。用解剖刀刮取食道黏膜，压片镜检。食道和嗉囊中毛细属线虫(*Capillaria* spp.)寄生较多,应重点检查。切开肌胃胃壁,取出内容物作一般眼观检查,然后剥离角质膜进一步检查。肌胃和腺胃中四棱属线虫(*Tetrameres* spp.)感染较多,裂口属线虫(*Amidostomiasis* spp.)寄生于鹅、鸭等禽类肌胃的角质膜下,偶见于腺胃。

将小肠分为十二指肠、空肠、回肠三段,大肠分为盲肠、结肠、直肠三段,分别检查。先将内容物取出放在容器中,用1%盐水清洗肠黏膜,仔细检查有无寄生虫。洗下物和内容物用反复沉淀法处理后检查沉淀物中是否有寄生虫。小肠中蛔虫、吸虫和绦虫感染较多,盲肠与直肠中的吸虫和线虫感染较多。

3.生殖系统:检查输卵管和法氏囊的方法与肠道检查相同,主要检查有无前殖属吸虫(*Prosthogonimidae* spp.)。

【注意事项】

1.整个检查过程中注意个人防护,穿实验服,戴手套和口罩。

2.注意避免不同器官之间的污染,做好结扎、分离工作。

3.对检查到的虫体进行鉴定和计数,同时注意寄生器官的病变,为病情的诊断提供依据。

4.根据寄生虫特定的寄生部位,在进行全身剖检时应注意到该器官、组织部位可能感染的寄生虫而进行仔细的检查。

5.检查过程中采集到的虫体要保存在标本瓶中,并做好标记。

6.做好详细的样本记录。

7.注意保持样本的完整性。

【思考题】

1.禽类不同组织器官常见的寄生虫有哪些?

2.根据检查到的寄生虫及组织病变分析本次剖检的动物感染了哪些寄生虫。

【实验报告要求】

1.总结禽类蠕虫学剖检方法与步骤。

2.记录剖检过程中检查到的寄生虫并做出鉴定、计数。

实验二十三　吸虫、绦虫装片制作方法

【实验目的】

学习吸虫、绦虫的装片制作方法，掌握虫体的固定、染色技术，将虫体永久保存下来。

【实验内容】

1. 吸虫装片制作方法。
2. 绦虫装片制作方法。

【材料与设备】

弯头解剖针、生理盐水、蒸馏水、滤纸、5％甲醛、10％甲醛、30％乙醇、50％乙醇、70％乙醇、95％乙醇、无水乙醇、载玻片、德氏苏木素、二甲苯、中性树胶、饱和铵明矾溶液、4％硼砂（$Na_2B_4O_7$）溶液、卡红、盐酸、氨水等。

【操作与观察】

一、吸虫装片制作方法

（一）采集

用弯头解剖针或毛笔将虫体从脏器或者沉淀物中挑出。注意不能用镊子，因为镊子会使虫体被夹取的部位变形，影响整个虫体形态的观察。固定之前先用生理盐水将虫体清洗干净，主要是洗去体表附着的污物。若虫体肠管内有大量内容物，则须在生理盐水中放置 12h 以上，待其内容物排出。然后将虫体置于水中，待其逐渐死亡。

（二）固定

用滤纸将虫体表面的水分吸干。较大的虫体还须压薄，把虫体置于两片载玻片之间，玻片两端垫以厚度适当的纸片可防止压得过薄，并用线将玻片扎紧，然后投入固定液中固定。

固定液有多种，常用的为福尔马林固定液（5％～10％甲醛）、乙醇固定液（70％）和劳氏（Looss）固定液等。无论用哪一种固定液，固定后的虫体需在一周时间内更换新的固定液，防止固定液被稀释而影响效果。

1. 福尔马林固定液：虫体置于 10％甲醛溶液中 3～7d，然后移入 5％甲醛溶液中，可以长期保存。小型吸虫可以直接放入 5％甲醛溶液中。

2. 乙醇固定液：根据虫体的大小用 70％乙醇固定 0.5～3h，然后移至新的 70％乙醇溶液中。

(三)染色与制片

1. 德氏苏木素染色:将保存于福尔马林溶液中的虫体取出后用蒸馏水冲洗;保存于70%乙醇中的虫体要依次浸在50%乙醇、30%乙醇溶液中各1h后浸入蒸馏水中。将配制好的德氏苏木素染色液用蒸馏水稀释10～15倍,虫体置入该染色液染色2～24h。取出虫体,用蒸馏水冲洗附着的染色液,再依次浸入30%、50%、70%乙醇溶液中各0.5～1h。然后将虫体置于酸酒精(100mL 70%乙醇溶液中加入2mL盐酸)中褪色至全部构造清晰。再将虫体移入70%乙醇溶液中浸润2次,然后依次置于80%、90%、100%乙醇中各0.5h。将虫体取出后浸入二甲苯或水杨酸甲酯(冬青油)中透明0.5～1h。最后将透明的虫体置于载玻片上滴加1滴加拿大树胶或者中性树胶封片。

2. 卡红染色法:原保存于70%酒精内的标本可直接取出投入卡红染液中染色。保存于福尔马林液内的虫体标本,需先取出水洗1～2h,然后依次通过30%、50%、70%乙醇溶液中各0.5～1h,然后再投入卡红染液中,在染液中过夜使虫体染成深红色。将虫体从染液中取出后置于酸酒精中褪色,至颜色深浅分明。再将虫体依次通过80%、90%、95%、100%乙醇溶液各0.5～1h。将虫体取出浸入二甲苯或水杨酸甲酯(冬青油)中透明,最后将透明的虫体置于载玻片上滴加1滴加拿大树胶或者中性树胶封片。

染色液配方见表23-1。

表23-1　染色液配方

染色方法	配方
德氏苏木素染色液	称取4g苏木素,溶于25mL 95%乙醇中,与400mL饱和铵明矾溶液混合,混合液置于日光下14～28d后加入甘油和甲醇各100mL。3～4d后过滤使用
硼砂卡红染色液	取4%硼砂溶液100mL,加入卡红染粉1g,加热使其溶解,再加入70%酒精100mL,过滤的滤液即为硼砂卡红染液
盐酸卡红染色液	15mL蒸馏水加2mL盐酸,煮沸后加入4g卡红,然后加入95mL 85%乙醇溶液,最后滴加浓氨水中和,至出现沉淀,冷却后过滤使用

二、绦虫装片制作方法

1. 采集:绦虫多寄生在肠管,头节牢固地附着于肠壁。采集虫体时需将附有虫体的肠段一起剪下,浸入清水中数小时虫体会自行脱离肠壁。

2. 固定:用生理盐水将收集到的虫体清洗干净后置入固定液中。瓶装陈列标本一般是完整的虫体,有的绦虫很长,易于断裂,固定时应将虫体排列在玻璃板上用线固定,或者将虫体缠绕在玻璃瓶上。染色标本一般会取虫体的头节、成熟节片及孕卵节片,先用吸水纸吸干节片表面的水分,再进行压薄、固定(同吸虫)。

3. 染色与制片:绦虫的头节和节片标本在固定1～2d后,用水清洗后即进行染色。无论用哪一种染液都需要着染30min至数天,然后进行调色(数秒至数分钟)。脱水时用70%乙醇脱水2次,每次15min,然后是浸入80%乙醇中30min,95%乙醇中1h,在100%

乙醇中 3 次，每次 15min。将标本修整后投入二甲苯中透明，用加拿大树胶封固。

【注意事项】

1. 固定虫体前将虫体清洗干净。
2. 整个采集、固定、染色、装片过程中要小心操作，保持虫体结构的完整性。
3. 标本要有详细说明的标签。
4. 封片时避免产生气泡。

【思考题】

1. 标本固定的原理是什么，固定液有哪几种？
2. 制片过程中为什么要对虫体进行透明，透明的原理是什么？

【实验报告要求】

1. 详细记录本次实验吸虫、绦虫装片的制作步骤，分析出现的问题。
2. 根据自己制作的装片标本绘图。

第八章　寄生虫免疫学实验技术

近年来寄生虫免疫学诊断技术得到较大的发展，具有操作简单、检出率高、影响因素少等优点。目前越来越多的免疫学诊断技术被应用于动物寄生虫病的诊断。以下介绍几种主要的免疫学实验技术。

一、环卵沉淀试验

环卵沉淀试验(circum oval precipitin test，COPT)是血吸虫虫卵分泌的抗原与待检血清中的特异抗体结合在虫卵周围产生沉淀的免疫反应。血吸虫虫卵内的毛蚴或胚胎分泌排泄的抗原物质经卵壳微孔渗出，与待检血清内的特异性抗体结合。COPT 具有较高的敏感性(94.1%～98.6%)和特异性，常用于血吸虫病的流行病学调查、疗效考核及疫情监测等。

二、间接凝集试验

将可溶性抗原(或抗体)吸附于与免疫无关的小颗粒表面，此吸附抗原(或抗体)的载体与相应抗体(或抗原)结合，在有电解质存在的适宜条件下发生凝集反应，称为间接凝集试验(indirect haemagglutination test，IHA)。常用的载体有动物红细胞(常用绵羊红细胞)、聚苯乙烯乳胶微球、活性炭等。根据载体颗粒的不同分别称为间接血凝试验、乳胶凝集试验、碳素凝集试验等。本试验介绍的猪弓形虫间接血凝试验，将可溶性抗原致敏于红细胞表面，用以检查抗体，与相应抗体反应时出现肉眼可见的凝集。

三、酶联免疫吸附试验

酶联免疫吸附试验(enzyme linked immunosorbent assay，ELISA)是将抗原或抗体吸附于固相载体，在载体上进行免疫酶染色，底物显色后根据吸光度判定结果的一种方法。因本法特异性高、敏感性强而得到广泛应用。

四、间接荧光抗体试验

免疫荧光技术是将具有荧光特性的荧光材料结合到抗体分子上，形成保持特异性结合抗原的荧光抗体。抗原与荧光抗体结合后可在荧光显微镜下观察。常用的荧光材料是异硫氰酸荧光素(FITC)。免疫荧光技术分直接法和间接法。直接法是将荧光素直接标记在待检抗原的抗体上，此法有简单、特异性好的优点，但是检查每种抗原均需制备相应的特异性荧光抗体，且敏感性低。间接荧光抗体试验（indirect fluorescent antibody, IFA）分两步，先将第一抗体滴加在待测抗原标本片上，作用一定时间后洗去未结合的抗体，然后滴加荧光素标记的二抗，如果第一步滴加的抗体与抗原发生特异性结合，第二步滴加的荧光素标记的二抗会和已固定在抗原上的抗体发生结合，形成抗原—抗体—标记二抗复合物，在荧光显微镜下显示特异性荧光。间接法的优点是敏感性高，而且只需制备一种荧光素标记的二抗就可以用于检查同种动物对多种不同抗原的抗体系统。

五、胶体金免疫层析技术

免疫胶体金技术是以胶体金颗粒为示踪标记物应用于抗原抗体反应的一种免疫标记技术。胶体金是氯金酸（$HAuCl_4$）的水溶液，氯金酸在还原剂（如柠檬酸钠、抗坏血酸钠、白磷等）的作用下聚合成特定大小的金颗粒，由于静电作用成为一种稳定的胶体状态。胶体金在弱碱条件下带负电，可与多种生物分子[如抗体、葡萄球菌蛋白A（SPA）]的正电荷结合，由于这种结合是静电结合所以不影响生物学特性。免疫胶体金技术包括免疫胶体金光镜染色法、免疫胶体金电镜染色法、斑点免疫金渗滤法及胶体金免疫层析法。本部分试验介绍的是胶体金免疫层析技术（colloidal gold immunochromatography assay, CGICA），将特异性的抗原或抗体以条状带固定在硝酸纤维素膜（NC膜）上，胶体金标记试剂（与胶体金结合的抗体或单克隆抗体）吸附在结合垫上，将样品垫浸入检查样品中或将检查样品滴加于样品垫上后，样品通过毛细管作用向前移动，通过样品垫时溶解干燥在上面的胶体金标记试剂并与之反应，继续向前移动至检查线时，检查样品与金标试剂的结合物又与检查线上固定的抗原或抗体发生特异性结合而被截留，聚集在检查线上，显示红色条带。过剩的胶体金标记试剂则继续前行，至质控线后与固相的参照物结合而显示红色条带。阴性样品仅质控线显示红色条带而检查线不显示。

实验二十四　血吸虫病环卵沉淀试验

【实验目的】

了解血吸虫环卵沉淀试验的原理，掌握操作技术和判定方法。

【实验内容】

1. 虫卵的挑取。
2. 血清与虫卵的抗原抗体反应。
3. 结果判定及环沉率的计算。

【材料与设备】

血吸虫冻干虫卵、标准阳性血清、标准阴性血清、待检动物血清、载玻片、盖玻片、培养箱、湿盒、显微镜、石蜡、计数器。

【操作与观察】

1. 用熔化的石蜡在洁净的载玻片上划两条平行的直线，两条直线的距离要与盖玻片宽度相同。在蜡线之间滴加 1～2 滴(约 30μL)血清。

2. 用针尖挑取干卵 100 颗加入血清中，混匀后盖上盖玻片，盖玻片四周用石蜡密封。

3. 将密封好的玻片置于湿盒中，在 37℃培养箱中培养 48h。

4. 取出玻片进行镜检、计数，计算环沉率。

5. 结果判定：虫卵周围有块状或索状沉淀物(图 24-1)，块状沉淀物面积大于 1/8 而小于 1/2 虫卵面积或索状沉淀物长径大于 1/3 而小于 1/2 虫卵长径，记为“＋”或“＋＋”；块状沉淀物面积大于 1/2 或索状沉淀物长径大于 1/2 虫卵长径，记为“＋＋＋”或“＋＋＋＋”。

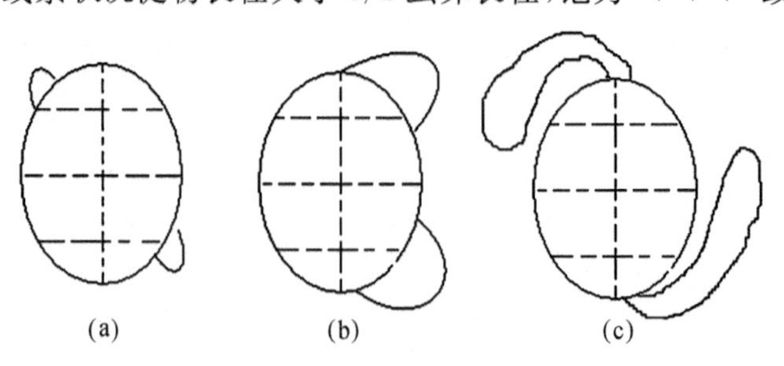

图 24-1　块状反应物所占比例

反应物记录方法如下：

图 24-1(a)表示小于虫卵面积 1/8 的块状反应物。

图 24-1(b)表示大于等于虫卵面积 1/8 的块状反应物。

图 24-1(c)表示大于 1/2 虫卵长径的索状反应物。

阳性判定标准：计数阳性反应的虫卵并计算环沉率，环沉率为阳性反应的虫卵占全片虫卵数的百分比。环沉率达 5%判定为阳性血清。

目前本试验有多种改进方法，如双面胶纸条法、塑料管法、PVC 膜抗原片法等。如果选用双面胶纸条法，在双面胶的圆孔中加入适量血吸虫干卵和血清，盖上盖玻片，在 37℃培养箱中培养 48h 后观察结果。此方法省略了封片法的烦琐步骤，操作简易。或者选用预制干卵 PVC 膜片，只需加入血清，置湿盒中于 37℃培养箱中培养 24h 后倾去血清，滴加少量生理盐水进行镜检。

【注意事项】

1. 试验前将载玻片清洗干净。
2. 滴加待检血清应适量，血清过少容易漏检，血清过多则难以密封。
3. 混匀血清和虫卵时不宜用力过度，否则会导致虫卵破裂。
4. 用石蜡密封盖玻片四周，防止水分蒸发。
5. 每次试验须做阳性对照。

【思考题】

1. 环卵沉淀试验的原理是什么？
2. 目前环卵沉淀试验有哪几种改进方法？

【实验报告要求】

记录并分析实验结果。

实验二十五 间接血凝试验

【实验目的】

了解间接血凝试验的原理，掌握猪弓形虫间接血凝试验的操作步骤及判定方法。

【实验内容】

1.血清的稀释。

2.抗原抗体的反应。

3.结果判定。

【材料与设备】

弓形虫间接血凝试验冻干抗原、标准阳性血清、标准阴性血清、稀释液、诊断液、96孔V型聚苯乙烯微量血凝板、移液器。

【操作与观察】

1.加稀释液：96孔V型血凝板每孔加75μL稀释液，加到第8孔，每块血凝板必须做阴性血清和阳性血清对照，对照也要加到第8孔。

2.加血清：待检血清、阳性对照血清、阴性对照血清，第1孔滴加25μL待检血清。对照组的第1孔也相应滴加25μL对照血清，混匀。

3.血清的稀释：自第1孔吸取25μL稀释的血清至第2孔，混匀后再吸取第2孔中的25μL至第3孔，依次稀释至第7孔，第7孔弃去25μL。第8孔均为稀释液对照。

4.加诊断液：每孔加入25μL诊断液，混匀，置于22～37℃培养箱中2～3h后观察结果。

5.结果判定：

“＋＋＋＋”表示100％的红细胞凝集，红细胞呈膜状均匀沉于孔底。

“＋＋＋”表示75％的红细胞在孔底呈膜状凝集，不凝集的红细胞沉在孔底为圆点状。

“＋＋”表示50％的红细胞在孔底呈较为稀疏的凝集，不凝集的红细胞沉在孔底集中为较大的圆点。

“＋”表示25％的红细胞凝集。

“—”表示所有的红细胞都不凝集，沉于孔底。

以出现“＋＋”孔的血清最高稀释倍数为本次试验的抗体效价，待检血清抗体效价小于或等于 1∶16 的判为阴性，1∶32 为可疑，等于或大于 1∶64 为阳性。

【注意事项】

1. 每块血凝板都要设置阳性血清、阴性血清对照。
2. 倍比稀释血清时要充分混匀。

【思考题】

1. 间接血凝试验的原理是什么？
2. 影响间接血凝试验结果的因素有哪些？

【实验报告要求】

记录并分析实验结果。

实验二十六　酶联免疫吸附试验

【实验目的】

了解酶联免疫吸附试验的基本操作步骤，掌握猪旋毛虫酶联免疫吸附试验的操作步骤及判定方法。

【实验内容】

1. 抗原包被。
2. 加入待检血清。
3. 加入酶标抗体。
4. 终止反应。
5. 测定OD值并判定结果。

【材料与设备】

猪感染旋毛虫阳性血清、猪旋毛虫阴性血清、待检血清、96孔酶标板、酶标仪、移液枪、枪头、培养箱。

【操作与观察】

1. 抗原包被：96孔酶标板上每孔用100μL旋毛虫抗原包被，抗原用包被缓冲液(50mmol/L碳酸盐缓冲液/碳酸氢盐缓冲液，pH 9.6)稀释到5μg/mL。在37℃下包被60min或者在4℃下过夜。

2. 洗涤：用洗涤液(50mmol/L Tris，pH 7.4，150mmol/L NaCl，5.0%脱脂奶粉，1.0%Triton X-100)洗涤96孔酶标板3次。

3. 加入待检血清：用洗涤液将血清稀释至1/50或1/100。每孔加入100μL稀释的血清，每份样品做两个重复。每块板上都要设置阳性血清和阴性血清对照，室温孵育30min。

4. 洗涤：用洗涤液洗板3次(同步骤2)。

5. 加酶标抗体：每孔加入100μL过氧化物酶标记的兔抗猪IgG，室温孵育30min。

6. 洗涤：同步骤2用洗涤液洗板3次，再用蒸馏水洗涤1次。

7. 加入底物：每孔加入100μL过氧化物酶底物(如0.8mg/mL 5-氨基水杨酸含0.005%过氧化氢，pH 5.6～6.0)。

8. 终止反应：5～15min后每孔加100μL 2mol/L H_2SO_4溶液终止反应，读取450nm波长处的吸光度。

9. 判定标准：待检样品的 OD 值高于标准阴性血清 OD 平均值 3 倍以上为阳性反应，高于 2 倍以上为可疑。

【注意事项】

1. 每块酶标板上都要设置阳性血清和阴性血清对照。
2. 终止反应后及时读取吸光度。

【思考题】

1. 酶联免疫吸附试验的原理是什么？
2. 影响酶联免疫吸附试验结果的因素有哪些？

【实验报告要求】

记录并分析实验结果。

实验二十七　间接荧光抗体试验

【实验目的】

了解间接荧光抗体试验的原理，掌握间接荧光抗体试验检查牛巴贝斯虫的基本操作步骤，学习荧光显微镜的使用方法。

【实验内容】

1. 抗原的包被。
2. 加入待检血清。
3. 加入荧光标记的抗体。
4. 结果判定。

【材料与设备】

3.8%柠檬酸三钠溶液、PBS缓冲液、蒸馏水、甘油、待检血清、标准阳性血清、标准阴性血清、注射器、离心机、振荡器、移液枪、枪头、12孔载玻片、免疫荧光显微镜。

【操作与观察】

1. 抗原的包被：采取染虫率为2%～5%的病牛抗凝颈静脉血，用PBS洗涤3次将血浆蛋白洗去，尤其是宿主的免疫球蛋白。然后用PBS缓冲液将红细胞悬浮，1份红细胞加入到2份PBS缓冲液中。取3μL上述混合液滴加到12孔载玻片的每个孔中，自然干燥。用丙酮固定30min，室温自然干燥。

2. 加入待检血清：吸取待检血清20μL(用PBS缓冲液稀释到1/30)滴加到载玻片的孔内，每个玻片上都要加阳性对照血清、阴性对照血清(用PBS缓冲液稀释到1/30)作对照，玻片置于湿盒内，37℃反应30min。

3. 洗涤：以轻缓的流速用PBS缓冲液冲洗，然后将载玻片置于PBS缓冲液中浸泡10min，之后再移入蒸馏水中浸泡10min。PBS缓冲液和蒸馏水均置于振荡器上。

4. 加入荧光标记的抗体：载玻片干燥后，每个孔内滴加结合异硫氰酸荧光素(fluorescein isothiocyanate，FITC)的兔抗牛IgG 10μL，置于湿盒内，室温反应30min。然后将玻片置于PBS缓冲液中浸泡10min，之后再移入蒸馏水中浸泡10min。PBS缓冲液和蒸馏水均置于振荡器上。

5. 滴加荧光封固剂(含50%甘油的PBS)，盖上盖玻片。

6.用荧光显微镜观察。

【注意事项】

1.用 PBS 缓冲液冲洗时注意要轻缓。

2.使用荧光显微镜观察玻片时，注意要在暗室中操作，由于荧光会逐渐淬灭，观察时要迅速。

【思考题】

1.间接荧光抗体试验的原理是什么？

2.什么是非特异性荧光？

【实验报告要求】

记录并分析实验结果。

实验二十八　免疫胶体金技术

【实验目的】

学习免疫胶体金技术的基本原理，掌握胶体金免疫层析技术的基本操作步骤。

【实验内容】

1. 胶体金的制备。
2. 金标溶液的制备。
3. 胶体金免疫层析的制备。

【材料与设备】

氯金酸、单宁酸、SPA、聚乙二醇(PEG2000)、Tween-20、NaN_3、$NaH_2PO_4 \cdot 2H_2O$、$Na_2HPO_4 \cdot 12H_2O$、K_2CO_3、待检血清、标准阳性血清、标准阴性血清、硝酸纤维素膜(NC膜)、玻璃纤维素纸、吸水纸、双面胶塑料板、高速低温台式离心机、胶体金点样仪、超纯水仪等。

【操作与观察】

一、胶体金的制备

所有玻璃仪器必须彻底清洗，首先泡酸过夜，然后依次用自来水、蒸馏水、双蒸水冲洗。量取88mL蒸馏水于100mL烧杯中，用0.22μm滤器过滤至250mL烧瓶中，加热至65℃。取1mL氯金酸加入65℃的双蒸水中，然后快速加入柠檬酸钠溶液。迅速加热至沸腾，同时不断振摇，注意不能产生气泡，煮沸20min。自然冷却后于4℃保存。

二、金标溶液的制备

取1mL 20nm的胶体金溶液于1.5mL离心管中，用25mmol/L K_2CO_3溶液调至最佳pH。加入适量蛋白质，混匀。室温放置10min后加入10μL 2% PEG2000，室温放置5min。以2000r/min的转速离心20min，弃上清，加20μL BL溶液悬浮胶体金沉淀并转移至新的离心管中，－20℃保存备用。

三、胶体金免疫层析的制备

1. 硝酸纤维素膜的处理：剪取适当长度的硝酸纤维素膜，在处理液中浸泡约15min，

37℃干燥；将10倍稀释的SPA和纯化的IgG在硝酸纤维素膜上分别包被检查(Test,T)线和质控(Control,C)线，37℃干燥；用封闭液37℃封闭1h左右；用洗涤液洗涤3～4次；37℃干燥后4℃保存备用。

2. 金标垫处理：剪取适当长度与宽度的玻璃纤维膜，用金标垫处理液处理后37℃干燥；将制备好的金标溶液适度稀释后，均匀涂布于玻璃纤维膜上，37℃干燥后4℃保存备用。

3. 样品垫处理：剪取适当长度与宽度的玻璃纤维膜，用处理液处理后37℃干燥备用。

4. 组装：将吸水纸、包被好的硝酸纤维素膜、金标垫、样品垫依次固定在双面胶塑料板上，切成3mm宽的试纸条，与干燥剂一起装入铝箔袋内，4℃密封保存。

5. 样品检查：将试纸条的样品垫一端浸入待检血清中，待液体泳动到硝酸纤维素膜上时将试纸条取出，在10min内对结果进行判定，检查线和质控线均为红色判定为阳性，仅质控线出现红色判定为阴性。

四、试剂配方

1. BL溶液：2% PEG2000 1mL，NaN_3 0.1g，10% BSA 10mL，10mmol/L PB 100mL。

2. 封闭液：Tween-20 200μL，10% BSA 10mL，10mmol/L PB 100mL。

3. 金标垫处理液：蔗糖5g，Tween-20 200μL，10% BSA 10mL，10mmol/L PB 100mL。

4. 样品垫处理液：Tween-20 200μL，10mmol/L PB 100mL。

5. 10mmol/L PB溶液(pH 7.5)：$NaH_2PO_4 \cdot 2H_2O$ 0.02496g，$Na_2HPO_4 \cdot 12H_2O$ 0.3007g，用双蒸水定容至100mL。

【注意事项】

1. 制备胶体金时注意金颗粒大小要均匀。

2. 如果样品检查后质控线没有显示红色，该试纸条不可用。

【思考题】

1. 免疫胶体金技术的优点有哪些？

2. 目前免疫胶体金技术在动物寄生虫病上的诊断应用有哪些？

【实验报告要求】

记录并分析实验结果。

第九章　分子寄生虫学基本实验技术

分子生物学技术在寄生虫学中的应用越来越广泛，在寄生虫病的诊断中发挥着重要的作用，一些在形态学上难以鉴别的寄生虫通过提取其核酸（DNA 或 RNA）、对其特定的基因进行检查与序列分析可以帮助作出准确诊断。

实验二十九　寄生虫基因组 DNA 的提取

【实验目的】

掌握不同种类寄生虫基因组 DNA 的提取、浓度测定、纯度判断、保存等基本技术和方法。

【实验内容】

1. 原虫基因组 DNA 的提取（单细胞）。
2. 蠕虫基因组 DNA 的提取（多细胞）。
3. 节肢动物基因组 DNA 的提取（带几丁质外壳）。

【材料与设备】

弓形虫速殖子、捻转血矛线虫成虫、硬蜱成虫。

裂解缓冲液：10mmol/L Tris-Cl（pH 8.0）、100mmol/L EDTA（pH 8.0）、0.5% SDS、20μg/mL RNase、蛋白酶 K、乙酸铵、乙醇、异丙醇、Tris 平衡酚（pH 8.0）、氯仿、异戊醇、超纯水。

液氮、挑虫针、研钵、Eppendorf 管、Tip 头、微量移液器、恒温水浴锅、台式离心机、紫外分光光度计。

【操作与观察】

一、弓形虫基因组 DNA 的提取

1. 将 200～1000μL 弓形虫速殖子悬液（或腹水）置于 1.5mL Eppendorf 管中，4℃

1500g 离心 10min。

2. 去上清，虫体沉淀加入 1000μL 裂解缓冲液，混匀，37℃孵育 1h。

3. 加入蛋白酶 K 至终浓度为 10μg/mL，50℃孵育 2～3h。

4. 将溶液冷却至室温，加入等体积的 Tris 平衡酚，将离心管上下颠倒 10min，使两相温和混匀，室温条件下 5000g 离心 15min，分离两相，将上层水相转移至新的离心管中。重复该步骤 1～2 次。

5. 水相转移至新离心管，加入 0.2 倍体积的 10mol/L 乙酸铵和 2 倍体积的无水乙醇，混匀。

6. 室温静置 20min，4℃ 12000g 离心 15min。

7. 弃上清，加 1000μL 70%乙醇，洗涤沉淀，4℃ 12000g 离心 2min。

8. 弃上清，晾干至透明，加 pH 为 8.0 的 TE 溶液 20μL，溶解 DNA。

9. 取 1μL DNA 用 TE 溶液稀释 1000 倍，用分光光度计测定其 OD_{280} 和 OD_{260}，计算 DNA 的含量和纯度。

10. 将 DNA 样品置于－20℃冰箱中保存。

二、捻转血矛线虫基因组 DNA 的提取

1. 用挑虫针挑取捻转血矛线虫成虫 1 条，置入 1.5mL Eppendorf 管底部。

2. 加裂解缓冲液 150μL，55℃孵育 1h，加入蛋白酶 K 至终浓度为 10μg/mL，55℃孵育 3h，此间每隔 30min 温和振荡数次。

3. 加 TE 溶液至总体积为 750μL，加 750μL pH 为 8.0 的 Tris 饱和酚：氯仿：异戊醇(25：24：1)混合液，离心管上下颠倒多次使两相混匀，4℃ 12000g 离心 15min。

4. 取上层水相，加等体积的异丙醇，室温静置 15min 后，4℃ 12000g 离心 15min。

5. 弃上清，加 1000μL 70%乙醇，洗涤沉淀，4℃ 12000g 离心 2min。

6. 弃上清，晾干至透明，加 pH 为 8.0 的 TE 溶液 20μL，溶解 DNA。

7. 取 1μL DNA，用 TE 溶液稀释 1000 倍，用分光光度计测定其 OD_{280} 和 OD_{260}，计算 DNA 的含量和纯度。

8. 将 DNA 样品置于－20℃冰箱中保存。

三、硬蜱基因组 DNA 的提取

1. 取硬蜱 1 只放入研钵中，加少量液氮至淹没虫体，反复研磨虫体成粉末。

2. 待液氮挥发后，将粉末转移至离心管，加适量裂解缓冲液，37℃孵育 1h。

3. 加入蛋白酶 K 至终浓度为 10μg/mL，50℃孵育 3～4h。

4. 将溶液冷却至室温，加入等体积的 Tris 平衡酚，将离心管上下颠倒 10min，使两相温和混匀，室温条件下 5000g 离心 15min，分离两相，将上层水相转移至新的离心管中。重复该步骤 1～2 次。

5. 水相转移至新离心管，加入 0.2 倍体积的 10mmol/L 乙酸铵和 2 倍体积的无水乙醇，混匀。

6. 室温静置 20min，4℃ 12000g 离心 15min。

7. 弃上清，加 1000μL 70%乙醇，洗涤沉淀，4℃ 12000g 离心 2min。

8. 弃上清，晾干至透明，加 pH 为 8.0 的 TE 溶液 20μL，溶解 DNA。

9. 取 1μL DNA 用 TE 溶液稀释 1000 倍，用分光光度计测定其 OD_{280} 和 OD_{260}，计算 DNA 的含量和纯度。

10. 将 DNA 样品置于－20℃冰箱中保存。

【注意事项】

1. 注意防止液氮冻伤。
2. 酚、氯仿、异丙醇等试剂均具有毒性，使用时注意防护。
3. 若要提取较长(完整)的基因组，应注意操作要轻柔以防 DNA 断裂。

【思考题】

1. 如何利用分光光度计来测定 DNA 的浓度，如何判断 DNA 的纯度？
2. 查阅资料并叙述 1～2 种不同于本实验中 DNA 提取的方法。

【实验报告要求】

记录并分析实验结果。

二维码 4
DNA 提取

实验三十　寄生虫总 RNA 的提取及 RNA 的反转录

【实验目的】

掌握寄生虫总 RNA 提取、含量测定、纯度判定、保存方法，掌握反转录反应的原理和操作技术。

【实验内容】

1. 总 RNA 的提取，RNA 含量和纯度测定。
2. RNA 反转录为 cDNA。

【材料与设备】

捻转血矛线虫成虫，要求为活虫体，或新鲜虫体保存于液氮或－80℃冰箱中。

PBS，Trizol，氯仿，RNA 沉淀液（1.2mol/L 氯化钠、0.8mol/L 柠檬酸二钠），乙醇，异丙醇，超纯水。

Oligo(dT)、dNTPs、转录酶及反转录缓冲液、$MgCl_2$、RNA 酶抑制剂。

挑虫针、研钵、Eppendorf 管、Tip 头、微量移液器、台式离心机、紫外分光光度计。

【操作与观察】

一、总 RNA 的提取

1. 用 PBS 多次清洗捻转血矛线虫，挑取 5～10 条放入研钵中。
2. 加入 1mL Trizol 研磨 5～10min，将溶液转移至离心管中。
3. 加入 0.2mL 氯仿后剧烈摇动或用涡旋振荡器混匀样品。
4. 4℃ 12000g 离心 15min，使混合物分为两相，将水相移至新的离心管中。
5. 在水相中加入 250μL 异丙醇和 250μL RNA 沉淀液，充分混匀后，于室温放置 10min。
6. 4℃ 12000g 离心 15min，弃上清，收集 RNA 沉淀，加 1000μL 75％乙醇，洗涤沉淀 2 次（4℃ 12000g 离心 2min，去上清）。
7. 让沉淀中残存的乙醇挥发但不要让 RNA 沉淀干透，加无 RNA 酶的超纯水 20μL，溶解 RNA。
8. 取 1μL RNA，用超纯水稀释 1000 倍，用紫外分光光度计测定其 OD_{280} 和 OD_{260}，计算 RNA 的含量和纯度。

9. 将 RNA 样品置于－80℃冰箱中保存。

二、反转录反应

1. 取总 RNA 100ng 置于新的离心管中，用超纯水调节体积至 10μL，样品于 75℃变性 5min，将离心管迅速置于冰水中冷却。

2. 在上述离心管中依次加入以下试剂，混匀后于 37℃环境中反应 60min：

试剂	体积(μL)
5×反转录缓冲液	4
20mmol/L dNTPs	1
oligo(dT)	1
RNA 酶抑制剂(20U/μL)	1
50mmol/L $MgCl_2$	1
反转录酶(200U/μL)	1
加水至总体积	20

3. 置 95℃环境中 5min 终止反应。

【注意事项】

1. 用于 RNA 提取的寄生虫尽量选择鲜活的虫体，或新鲜虫体保存于液氮或－80℃冰箱中。

2. 防止 RNA 酶污染样品是本实验成功的关键。实验中所有试剂要用无 RNA 酶的超纯水配制；离心管、Tip 头、研钵等器材应预先进行无 RNA 酶处理；实验操作中戴手套和口罩，并经常更换以防汗液、唾液中的 RNA 酶污染。

3. 实验中所用试剂一般置于 4℃冰箱中预冷。

【思考题】

1. 实验操作中如何防止样品中 RNA 的降解？

2. 反转录反应的原理是什么？如何根据实验目的选择反转录引物？

【实验报告要求】

记录并分析实验结果。

二维码 5
总 RNA 提取

实验三十一　寄生虫 PCR 扩增技术

【实验目的】

掌握聚合酶链式反应(polymerase chain reaction, PCR)的实验原理、基本方法以及PCR产物的检查方法。

【实验内容】

1. 捻转血矛线虫 *ITS*-2 基因的 PCR 扩增。
2. DNA 琼脂糖凝胶电泳。

【材料与设备】

捻转血矛线虫基因组 DNA,dNTPs,DNA 聚合酶(Taq 酶)及 PCR 反应缓冲液,$MgCl_2$,上游引物 5′-GCATAGCGCCGTTGGGTT-3′,下游引物 5′-GGCTTCTCCCCGTTCACA-3′,超纯水。

琼脂粉、TBE 电泳缓冲液、DNA 标准分子量、DNA 染料(EB 或 GoldenView)、DNA 上样缓冲液。

薄壁 PCR 反应管、Tip 头、微量移液器、PCR 仪(盖加热)、电泳仪、电泳槽、DNA 凝胶成像系统。

【操作与观察】

一、PCR 扩增 *ITS*-2 基因

1. 将捻转血矛线虫基因组 DNA 稀释至 0.5μg/μL
2. 按照如下顺序分别加入 PCR 管中:

试剂	体积(μL)
10×缓冲液(无 Mg^{2+})	5
25mmol/L $MgCl_2$	3
20mmol/L dNTPs	1
20μmol/L 上游引物	2.5
20μmol/L 下游引物	2.5
Taq 酶(5U/μL)	1
模板 DNA	2
加水至总体积	50

3. 混匀后将 PCR 管置于 PCR 仪中,按如下程序进行反应:94℃ 3min,30 个循环

(94℃ 45s,55℃ 45s,72℃ 45s),72℃ 10min。

二、PCR 产物琼脂糖凝胶电泳

1. 称取 1.2g 琼脂粉，置于 250mL 三角烧瓶中，加入 100mL 电泳缓冲液，加热，使琼脂粉充分熔化。

2. 待凝胶溶液降温至 55～60℃时，加入 EB 使其终浓度为 0.5μg/mL，轻轻旋转烧瓶使其混合均匀。

3. 将凝胶溶液倒入事先准备好的凝胶托盘中(托盘清洗干净，晾干，用封边带把两端封好，把带有小齿的梳子放置到相应位置)。

4. 待凝胶充分冷却后，除去封边带，将凝胶与托盘一起放入电泳槽中，加入适量充分冷却的电泳缓冲液直至液面略高于凝胶 1mm 左右，小心拔出梳子。

5. 取 PCR 产物 4μL 与 1μL 5×上样缓冲液混合，将混合液小心加入点样孔中，同时加入 DNA 标准分子量至另一点样孔。

6. 将电泳槽盖子盖上，接好电极(红色为正极，黑色为负极，负极应接在上样孔一端)，按 1～5V/cm 调节电压。

7. 当上样缓冲液中的染料电泳至凝胶的另一端时，断开电源，取出凝胶，在紫外灯下观察结果并照相。

【注意事项】

1. 进行 PCR 扩增时，要设置阳性对照和阴性对照。

2. 若 PCR 仪的盖子不具有加热功能，要在 PCR 管中加入适量石蜡油以防止反应液蒸发。

3. 扩增过程中出现异常情况可参考如表 31-1 所示方法解决。

表 31-1　异常情况及解决方法

异常情况	可能原因	解决方法
扩增的目的产物条带较弱或检查不到目的条带	试剂不合格，PCR 仪有故障，扩增程序设置错误	在两台不同的 PCR 仪上使用新购买的试剂和原来的试剂分别进行 PCR，比较扩增结果
	复性(退火)条件不合适	重新计算引物的 T_m，使用降落 PCR 并结合热启动 PCR，用梯度 PCR 仪寻找最佳退火温度，或重新设计新的引物
	结合到模板上的引物不适合延伸	优化 $MgCl_2$、DNA 模板和 dNTPs 浓度，用新的 DNA 聚合酶，纯化模板 DNA 以除去其中抑制物
	变性不完全	增加变性时间或提高变性温度
	两个引物间距离过大	使用能扩增大片段的热稳定 DNA 聚合酶
多种扩增产物	引物特异性不高	优化引物、$MgCl_2$、DNA 模板和 dNTPs 的浓度，提高退火温度，重新设计引物
引物二聚体过多	上下游引物间或引物内互补序列较多	使用降落 PCR 并结合热启动 PCR，重新设计引物，注意引物 3′端的序列

4. 在进行 DNA 琼脂糖凝胶电泳时要防止 DNA 染料的污染并做好自我防护(尤其是EB,可能具有致癌等毒性);在观察凝胶电泳结果时注意防止紫外线伤害眼睛。

【思考题】

1. 什么是 *ITS*-2,该基因有何特点?
2. 如何进行引物设计,在进行引物设计中应注意哪些事项?

【实验报告要求】

记录并分析实验结果。

二维码 6
PCR 扩增技术

实验三十二　寄生虫实时定量 PCR 扩增技术

【实验目的】

掌握实时定量 PCR(Real-time PCR)技术的原理和试验方法，了解该方法的优缺点。

【实验内容】

利用实时定量 PCR 技术分析捻转血矛线虫雌雄虫 *MSP* 基因的表达差异。

【材料与设备】

捻转血矛线虫雌虫和雄虫。

RNA 提取试剂盒，反转录试剂盒，荧光定量试剂盒，*MSP* 基因上游引物 5′-TATGGCTGTCTCCTGCGATG-3′，*MSP* 基因下游引物 5′-GTATTCGATGGGAAGGTTCTTTC-3′，*β-tubulin*(内参)基因上游引物 5′-GAGCCGAGCTAGTTGATAACGTAC-3′，*β-tubulin*(内参)基因下游引物 5′-GCCATAATTCTATCAGGGTACTCTTC-3′。

PCR 反应管、Tip 头、微量移液器、实时定量 PCR 仪。

【操作与观察】

一、实验原理

所谓实时定量 PCR 技术，是指在 PCR 反应体系中加入荧光基团，利用荧光信号的累积实时监测整个 PCR 反应中每一个循环扩增产物量的变化，通过特定方法(如标准曲线法)对反应起始模板进行定量分析。

PCR 反应过程中产生的 DNA 拷贝数在反应开始阶段呈指数增加，但随着反应循环数的增加，DNA 聚合酶的活性下降，dNTP 和引物量的减少，反应副产物焦磷酸对合成反应的阻碍等，最终 PCR 反应不再以指数方式扩增，从而进入平台期。传统的 PCR 技术中，常用凝胶电泳分离并用荧光染色来检查 PCR 反应的最终扩增产物，用此终点法对 PCR 产物定量分析不可靠。

在实时定量 PCR 技术中，对整个 PCR 反应扩增过程进行实时监测和连续分析扩增产物的荧光信号，随着反应的进行，所监测到的荧光信号的变化可以绘制成一条曲线。在 PCR 反应早期，产生荧光的水平不能与背景明显地区别，而后荧光的产生进入指数期、线性期和最终的平台期，因此可以在 PCR 反应处于指数期的某一点上来检查 PCR 产物的量，并且由此来推断模板最初的含量。

为了便于对所检查样本进行比较，在实时定量 PCR 反应的指数期，首先需设定一定荧光信号域值(threshold)，一般是以 PCR 反应的前 15 个循环的荧光信号作为荧光本底信号(baseline)。荧光信号阈值的缺省设置是 3～15 个循环的荧光信号的标准偏差的 10 倍。如果检查到荧光信号超过域值被认为是真正的信号，它可用于定义样本的阈值循环数(Ct)。Ct 值是指每个反应管内的荧光信号达到设定的域值时所经历的循环数。每个模板的 Ct 值与该模板的起始拷贝数的对数存在线性关系，即起始拷贝数越多，Ct 值越小。利用已知起始拷贝数的标准品可作出标准曲线，因此只要获得未知样品的 Ct 值，即可从标准曲线上计算出该样品的起始拷贝数。

二、操作步骤

1. 用 RNA 提取试剂盒分别提取捻转血矛线虫雌虫和雄虫的总 RNA，用紫外分光光度计进行含量和纯度测定，将 RNA 稀释成 250ng/μL。

2. 分别将雌虫和雄虫的总 RNA 反转录成 cDNA。按照试剂盒说明书先后加入如下试剂：

试剂	体积(μL)
5×gDNA Eraser Buffer	2
gDNA Eraser	1
总 RNA	4
RNase Free dH_2O	3

上述试剂混合均匀后于 42℃反应 2min 后置于碎冰上，加入如下试剂：

试剂	体积(μL)
5×PrimeScript Buffer 2	4
PrimeScript RT Enzyme Mix	1
RT Primer Mix	1
RNase Free dH_2O	4

试剂混合均匀后于 37℃孵育 15min，反应液置于 85℃ 5s 终止反应。

3. 荧光定量 PCR。按照如下顺序向 PCR 反应管中加入如下试剂：

试剂	体积(μL)
SYBR Premix Ex Taq(2×)	10
MSP(*β-tubulin*)上游引物(10μmol/L)	0.4
MSP(*β-tubulin*)上游引物(10μmol/L)	0.4
雌虫(雄虫)cDNA 模板	2.0
dH_2O	7.2
总体积	20.0

注：*MSP* 基因和 *β-tubulin* 基因的扩增分别在不同的反应管中进行，每个基因的扩增反应做 3 个重复。

在实时定量 PCR 仪上按以下程序反应：95℃ 30s，40 个循环（95℃ 10s，60℃ 10s，72℃ 15s），反应结束后进行溶解曲线的测定，测定温度范围为 60～95℃。

【注意事项】

1. RNA 提取和反转录实验过程中的注意事项参考实验二十四。

2. 本实验中采取的是相对定量的方法，以 *β-tubulin* 基因作为持家基因。*MSP* 基因和 *β-tubulin* 基因的 Ct 值之间的差异定义为 ΔCt，雌虫和雄虫的 ΔCt 值的差定义为 ΔΔCt，雌雄虫 *MSP* 基因表达差异为 $2^{-\Delta\Delta Ct}$。

3. 每个 PCR 反应一般设置 3 个重复以减少误差，并取平均值再进行分析。

4. 反应结束后一般要对其反应产物进行溶解曲线分析，通过分析产物的 T_m 值确定 PCR 反应的特异性。

【思考题】

该实验介绍的是荧光染料掺入法（SYBR green）。请查阅资料，了解探针法（Taqman Probe）。

【实验报告要求】

记录并分析实验结果。

实验三十三　寄生虫 RADP 技术

【实验目的】

掌握随机扩增多态性 DNA 标记技术(random amplified polymorphic DNA,RAPD)的原理和试验方法,了解该方法的优缺点。

【实验内容】

用 RAPD 技术分析弓形虫不同虫株间基因的差异。

【材料与设备】

弓形虫 CN 株和 RH 株基因组 DNA,dNTPs,DNA 聚合酶(Taq 酶)及 PCR 反应缓冲液,$MgCl_2$,随机引物(从相关公司购买,随机选定其序列),超纯水,琼脂糖,TBE 电泳缓冲液,DNA 标准分子量,DNA 染料,DNA 上样缓冲液。

薄壁 PCR 反应管、Tip 头、微量移液器、PCR 仪、电泳仪、凝胶成像系统。

【操作与观察】

一、实验原理

RAPD 技术又称随机引物 PCR。它是基于如下原理:不同模板 DNA,用同一引物扩增既可能得到相同的带谱(模板基因组间可能具有同源性),也可能得到不同的带谱,仅在某一特定模板中出现的条带就可作为该模板的分子标记。事实上,不同基因组的 DNA 总是有一定差异的,所以用 RAPD 技术就可以进行分子标记研究。理论上讲,在一定的扩增条件下,扩增的条带数取决于基因组的复杂性。对特定的引物,复杂性越高的基因组所产生的扩增条带数也越多。

RAPD 技术具有如下特点:①无须专门设计 RAPD 扩增反应引物,也无须预先知道被研究生物基因组的核苷酸序列,引物可随机合成和随机选定,长度一般为 9～10 个核苷酸;②每个 RAPD 反应中,仅加单个引物,就可通过引物和模板 DNA 随机配对实现扩增,扩增无特异性;③退火温度低,一般为 36℃,这样的温度能保证核苷酸引物与模板的稳定结合,同时允许适当的错误配对,以扩大引物在基因组 DNA 中配对的随机性,使 RAPD 有较高的检出率;④RAPD 技术简便易行,省时省力,易于程序化,利用一套随机引物可得到大量的分子标记,并可借助于计算机系统进行分析;⑤RAPD 分析所需的 DNA 样品量极少。

二、操作步骤

1.将弓形虫基因组 DNA 稀释至 0.5μg/μL。

2.按照如下顺序分别向 PCR 管中加入：

试剂	体积(μL)
10×反转录缓冲液(无 Mg^{2+})	5
25mmol/L $MgCl_2$	3
20mmol/L dNTPs	1
20mmol/L 随机引物	0.5
Taq 酶(5U/μL)	1
弓形虫基因组 DNA	2
加水至总体积	50

3.混匀后将 PCR 管盖严置于 PCR 仪中，按如下程序进行反应：94℃ 3min，35 个循环(94℃ 1min，36℃ 1min，72℃ 1.5min)，72℃ 10min。

4.PCR 产物进行琼脂糖凝胶电泳，方法参照实验二十五。

【注意事项】

1.由于随机引物选择的随机性，扩增后可能不同虫珠间基因的差异性不能显示出来，所以在进行该实验时一般同时选择 5～10 条不同的随机引物，这样 RAPD 扩增后，不同虫株间的基因差异能被显示出来的概率会增加。

2.随机引物的长度一般为 10 个碱基，退火温度不能过高。

【思考题】

用于基因差异性分析的方法还有 RFLP(restriction fragment length polymorphism，限制性内切酶片段长度多态性)、AFLP(amplified fragment length polymorphism，扩增片段长度多态性)以及 CFLP(cleavage fragment length polymorphism，裂解片段长度多态性)等方法，请查阅资料，了解这些方法的原理和各自的优缺点。

【实验报告要求】

记录并分析实验结果。

实验三十四　寄生虫 LAMP 技术

【实验目的】

掌握环介导等温扩增法(loop-mediated isothermal amplification, LAMP)的原理和操作步骤,了解该方法的优缺点。

【实验内容】

旋毛虫基因的 LAMP 扩增。

【材料与设备】

旋毛虫基因组 DNA, 10 × Bst DNA 聚合酶缓冲液, Bst DNA 聚合酶, 甜菜碱, $MgSO_4$, SYBR Green Ⅰ, 超纯水。

针对旋毛虫线粒体大亚基核糖体基因(mt-lsrDNA)设计 F3、B3、FIP、BIP、LF、LB 等引物,其序列分别为

5′-AGTTACTCTAGGGATAACAGC-3′, 5′-AGGTATTATGTTCCTTTCGTACT-3′,

5′-CTGGTCTTCTACAACCAGTAATTCTACAATAAAAGCTAAGAGAACTCATC-3′,

5′-TGTTCGACGATACATAAATACGTGAGGTTGAATGTTGCAGTCTT-3′,

5′-TCGAGGTCACAATCTAAAGGGTA-3′,

5′-CGTCGCAAGACAGGTTGGAT-3′。

Eppendorf 管、Tip 头、微量移液器、恒温水浴锅。

【操作与观察】

一、实验原理

LAMP 技术是一种新型的 DNA 扩增技术,针对目的基因的 6 个区域设计 4 条特异性引物,在链置换 DNA 聚合酶(Bst DNA polymerase)的作用下,于 60～65℃恒温条件下扩增 15～60min,目的基因即可实现 10^9～10^{10} 倍的扩增。在 DNA 合成过程中,从脱氧核糖核酸三磷酸底物(dNTPs)中析出的焦磷酸离子与反应溶液中的镁离子反应,产生大量焦磷酸镁沉淀,呈现白色。因此,可以把浑浊度作为反应的指标,只用肉眼观察白色浑浊沉淀,就能鉴定扩增与否,而不需要烦琐的电泳和紫外观察。

1. 方法的优点:灵敏度高,比传统的 PCR 方法高 2～5 个数量级;反应时间短,30～60min 就能完成反应;临床使用不需要特殊的仪器,推荐用实时浊度仪;操作简单,不论是

DNA 还是 RNA，检查步骤都只需将反应液、酶和模板混合于反应管中，置于水浴锅或恒温箱中保温一段时间，即可用肉眼观察结果。

2. 方法的缺点：灵敏度高，一旦开盖容易形成气溶胶污染，加上目前国内大多数实验室不能严格分区，假阳性问题比较严重，推荐在进行试剂盒的研发过程中采用实时浊度仪，不要把反应后的反应管打开；引物设计要求比较高，某些特定的基因可能不适合使用环介导等温扩增方法。

3. LAMP 引物的设计：LAMP 引物的设计主要是针对靶基因的六个不同区域，基于靶基因 3′端的 F3c、F2c 和 F1c 区，以及 5′端的 B1、B2 和 B3 区等 6 个不同的位点设计 4 种引物。

(1)FIP 引物：上游内部引物(forward inner primer，FIP)，由 F2 区和 F1c 区域组成，F2 区与靶基因 3′端的 F2c 区域互补，F1c 区与靶基因 5′端的 F1c 区域序列相同。

(2)F3 引物：上游外部引物(forward outer primer，FOP)，由 F3 区组成，与靶基因的 F3c 区域互补。

(3)BIP 引物：下游内部引物(backward inner primer，BIP)，由 B1c 和 B2 区域组成，B2 区与靶基因 3′端的 B2c 区域互补，B1c 域与靶基因 5′端的 B1c 区域序列相同。

(4)B3 引物：下游外部引物(backward outer primer，BOP)，由 B3 区域组成，与靶基因的 B3c 区域互补。

二、操作步骤

1. 向 Eppendorf 管中加入如下试剂：

试剂	体积(μL)
10μmol/L FIP	4
10μmol/L BIP	4
10μmol/L F3	0.5
10μmol/L B3	0.5
10μmol/L LF	2
10μmol/L LB	2
10mmol/L dNTPs	1
5mol/L Betaine(甜菜碱)	5
0.1mol/L $MgSO_4$	1.5
10×Bst DNA 聚合酶缓冲液	2.5
旋毛虫基因组 DNA	1
总体积	24

2. 放入 95℃水浴锅中变性 5min 后迅速冰浴 1min，加 1μL Bst DNA 聚合酶。

3. 置于 63℃水浴锅中反应 60min。

4. 取出后放入 80℃水浴锅中水浴 10min 以终止反应。

5. 加入 SYBR Green Ⅰ 0.5μL，观察颜色变化。

【注意事项】

1. LAMP 反应结果可通过琼脂糖凝胶电泳、反应产物的浑浊度和加入荧光染料后的颜色变化来判断。

2. 反应结束后打开管盖容易形成气溶胶，其污染造成假阳性问题会比较严重。

【思考题】

1. LAMP 技术与常规 PCR 技术有哪些异同点？

2. LAMP 引物如何设计？

【实验报告要求】

记录并分析实验结果。

参考文献

[1]Bowman D D. Georgis' parasitology for veterinarians [M]. 7th ed. Philadelphia: W. B. Saunders Company,1999.

[2]Chomczynski P, Sacchi N. Single-step method of RNA isolation by acid guanidinium thiocyanate-phenol-chloroform extraction [J]. Analytical Biochemistry, 1987, 162 (1): 156-159.

[3]Gajadhar A A, Wobeser G, Stockdale P H G. Coccidia of domestic and wild water-fowl (Anseriformes) [J]. Can J Zool,1983,61(1):1-24.

[4]Levine N D. Veterinary protozoology [M]. Iowa: Iowa State University Press,1985.

[5]Lin Z B, Cao J, Zhang H S, et al. Comparison of three molecular detection methods for detection of *Trichinella* in infected pigs [J]. Parasitol Research, 2013, 112(5): 2087-2093.

[6]Notomi T, Okayama H, Masubuchi H, et al. Loop-mediated isothermal amplification of DNA [J]. Nucleic Acids Research, 2000, 28(12): e63.

[7]Sambrook J, Russell D W. Molecular cloning: A laboratory manual [M]. 3rd ed. New York:Cold Spring Harbor Laboratory Press,2002.

[8]Schmidt G D, Roberts L S. Foundations of parasitology[M]. New York: McGraw-Hill,2009.

[9]Soulsby E J L. Helminths, arthopods and protozoa of domesticated animals [M]. 7th ed. London: Baltimore Tindall,1982.

[10]Urquhart G M, Armour J,Duncan J L, et al. Veterinary parasitology [M]. 2nd ed. Cambridge:Blackwell Scientific Publication,1996.

[11]Zhang Z K, Xu L X, Song X K, et al. Characterization of HcMSP, a novel gender specific gene from parasitic nematode *Haemonchus contortus* [J]. Journal of Animal and Veterinary Advances,2013, 12(5): 593-599.

[12]王付力,赵常军.三种检查粪便中虫卵方法的比较[J].中国临床医生,2002,30(5):52-53.

[13]王艳春.动物蠕虫病实验诊断的虫卵检查法[J].养殖技术顾问,2013(4):144-145.

[14]孔繁瑶.家畜寄生虫与侵袭病学实验指导[M].北京:农业出版社,1964.

[15]孔繁瑶.家畜寄生虫学[M].2版.北京:中国农业大学出版社,1997.

[16]孔繁瑶.家畜寄生虫学[M].2版修订.北京:中国农业大学出版社,2010.
[17]左仰贤,陈福强,宋学林,等.云南省猪球虫病原种类调查[J].中国兽医科技,1987(3):20-24.
[18]卢俊杰,靳家声.人和动物寄生虫图谱[M].北京:中国农业科学技术出版社,2002.
[19]卢静.实验动物寄生虫学[M].北京:中国农业大学出版社,2010.
[20]朱兴全.小动物寄生虫病学[M].北京:中国农业出版社,2006.
[21]刘敏.广州管圆线虫一期幼虫的分离纯化及其抗原分析[J].热带医学杂志,2008,8(12):1206-1209.
[22]许金俊.动物寄生虫病学实验教程[M].南京:河海大学出版社,2007.
[23]严若峰,宋小凯,徐立新,等.基于ITS序列的捻转血矛线虫系统进化分析[J].畜牧兽医学报,2012,43(7):1117-1122.
[24]李国清.兽医寄生虫学(双语版)[M].北京:中国农业大学出版社,2006.
[25]李和蔼.诊断猪蠕虫病的几种技术[J].云南畜牧兽医,2002(1):35.
[26]李祥瑞.动物寄生虫病彩色图谱[M].2版.北京:中国农业出版社,2011.
[27]杨光友.动物寄生虫病学[M].成都:四川科学技术出版社,2005.
[28]何华西.畜禽疫病防治[M].北京:高等教育出版社,2002.
[29]汪明.兽医寄生虫学[M].3版.北京:中国农业出版社,2003.
[30]汪溥钦.猪寄生虫病[M].福州:福建科学技术技术出版社,1980.
[31]宋铭忻,张龙现.兽医寄生虫学[M].北京:科学出版社,2009.
[32]张军.实验寄生虫学[M].2版.开封:河南大学出版社,2005.
[33]张宝祥,张友三,郭海浚,等.陕西省鸡球虫病的研究:陕西省鸡球虫的种类[J].畜牧兽医杂志,1986(1):16-21.
[34]张宝祥.陕西省牛球虫种类的研究[J].畜牧兽医杂志,1988(4):10-15.
[35]张玲敏.医学寄生虫学实验指导[M].广州:暨南大学出版社,2007.
[36]陈淑玉,汪溥钦.禽类寄生虫学[M].广州:广东科技出版社,1994.
[37]林建平,潘品福,褚建武,等.4种寄生虫虫卵检查方法比较[J].浙江预防医学,2004,16(9):23.
[38]林孟初.卫检用畜禽寄生虫学[M].长沙:湖南科学技术出版社,1986.
[39]赵小红.常用动物寄生虫的粪便检查技术[J].中国畜牧兽医文摘,2013,29(5):47.
[40]赵辉元.人畜共患寄生虫病学[M].长春:东北朝鲜民族教育出版社,1998.
[41]赵辉元.畜禽寄生虫与防制学[M].长春:吉林科学技术出版社,1996.
[42]胡群山,菅复春,宁长申,等.隐孢子虫分类研究进展[J].中国病原生物学杂志,2009,4(3):226-231.
[43]施宝坤,郁梅英,张美风,等.江苏省家兔球虫种类的调查[J].南京农学院学报,1981(4):109-114.
[44]姚永政,许先典.实用医学昆虫学[M].2版.北京:人民卫生出版社,1982.
[45]秦建华,李国清.动物寄生虫病学实验教程[M].2版.北京:中国农业大学出版社,2015.

[46]秦建华,李国清.动物寄生虫病学实验教程[M].北京:中国农业大学出版社,2005.
[47]徐守魁.家畜寄生虫病学[M].哈尔滨:黑龙江科学技术出版社,1988.
[48]高伟.畜禽寄生虫病的诊断方法[J].养殖技术顾问,2011(9):132.
[49]唐仲璋,唐崇惕.人畜线虫学[M].北京:科学出版社,1987.
[50]唐景芝.动物蠕虫病的实验诊断[J].养殖技术顾问,2013(2):106.
[51]黄兵,沈杰.中国畜禽寄生虫形态分类图谱[M].北京.中国农业科学技术出版社,2005.
[52]黄兵,董辉,沈杰,等.中国家畜家禽球虫种类概述[J].中国预防兽医学报,2004,26(4):313-316.
[53]蒋金书.动物原虫病学[M].北京:中国农业大学出版社,2000.
[54]蒋学良.四川畜禽寄生虫志[M].成都:四川科学技术出版社,2004.
[55]谢拥军,崔平.动物寄生虫病防治技术[M].北京:化学工业出版社,2009.
[56]德怀特·D.鲍曼.乔治兽医寄生虫病学[M].9版.李国清,主译.北京:中国农业大学出版社,2013.

附录一　兽医寄生虫学测试题

一、总论

单项选择题

1. 寄生虫的成虫或有性繁殖阶段所寄生的宿主称为（　）
   A. 终末宿主　B. 中间宿主　C. 贮藏宿主　D. 保虫宿主
2. 寄生于宿主体表的寄生虫称为（　）
   A. 内寄生虫　B. 外寄生虫　C. 单宿主寄生虫　D. 暂时性寄生虫
3. 在免疫功能正常的宿主体内呈隐性感染状态，而当宿主免疫功能低下时才大量繁殖引起发病的寄生虫，称为（　）
   A. 超寄生虫　B. 兼性寄生虫　C. 专性寄生虫　D. 机会致病寄生虫
4. 动物感染寄生虫后，引起消瘦、营养不良的主要原因是（　）
   A. 免疫损伤　B. 继发感染　C. 机械性损伤　D. 掠夺宿主营养
5. 确诊寄生虫病最可靠的方法是（　）
   A. 临床症状观察　B. 流行病学调查　C. 病变观察　D. 病原检查
6. 动物驱虫期间，最适宜的粪便处理方法是（　）
   A. 深埋　B. 生物热发酵　C. 使用消毒剂　D. 直接用作肥料
7. 寄生虫的间接发育型是指寄生虫在发育过程中需要（　）
   A. 中间宿主　B. 贮藏宿主　C. 转运宿主　D. 保虫宿主
8. 驱虫药的选择原则不包括（　）
   A. 高效　B. 低毒　C. 广谱　D. 对成虫和幼虫均有效
9. 能够通过胎盘传播的蛔虫是（　）
   A. 猪蛔虫　B. 禽蛔虫　C. 犬弓首蛔虫　D. 狮弓首蛔虫
10. 切断寄生虫病传播途径的主要措施不包括（　）
    A. 使用驱虫药物　B. 控制传播媒介　C. 圈舍清洁消毒　D. 轮流放牧

二、吸虫

(一)是非题（正确的在括号内打“√”，错误的打“×”）

1. 焰细胞属于吸虫的消化系统。（　）
2. 阔盘吸虫的发育史中无雷蚴阶段。（　）

3. 前后盘吸虫的成虫寄生于牛羊等反刍动物的瘤胃与网胃壁上或两胃的交界处以及盲肠。 (　　)
4. 吸虫的成虫都是雌雄同体。 (　　)
5. 吸虫的虫卵都有卵盖。 (　　)
6. 双腔吸虫的中间宿主为螽斯。 (　　)
7. 卷棘口吸虫寄生于鸡、鸭、鹅及其他禽类直肠、盲肠和小肠。 (　　)
8. 肺吸虫主要寄生于牛、羊的肺组织内，最常见的种为卫氏并殖吸虫。 (　　)
9. 鸡的前殖吸虫寄生于鸡的肝脏胆管内。 (　　)
10. 姜片吸虫病是一种人畜共患寄生虫病。 (　　)

(二)单项选择题

1. 日本血吸虫的感染阶段为 (　　)
A. 毛蚴　B. 胞蚴　C. 雷蚴　D. 尾蚴
2. 日本血吸虫成虫的寄生部位为 (　　)
A. 肠腔　B. 胆囊
C. 肠系膜静脉与肝门静脉　D. 胰腺
3. 肝片吸虫的感染阶段为 (　　)
A. 毛蚴　B. 胞蚴　C. 尾蚴　D. 囊蚴
4. 家畜感染华支睾吸虫的途径是 (　　)
A. 食入水草上的囊蚴　B. 尾蚴钻入皮肤或黏膜
C. 食入淡水鱼或虾中的囊蚴　D. 食入含有囊蚴的钉螺
5. 夏季，某放牧绵羊群出现了食欲减退、体温升高、可视黏膜苍白等症状。剖检发现肝肿大，有出血点，在肝中发现大量呈扁平叶状的虫体。该病可能是 (　　)
A. 细粒棘球蚴病　B. 莫尼茨绦虫病　C. 日本分体吸虫病　D. 肝片形吸虫病
6. 华支睾吸虫感染终末宿主的发育阶段是 (　　)
A. 胞蚴　B. 雷蚴　C. 尾蚴　D. 囊蚴
7. 姜片吸虫寄生于终末宿主的部位是 (　　)
A. 肝　B. 胰　C. 小肠　D. 结肠
8. 冬季某羊群部分羊腹泻、消瘦、贫血，最后因恶病质死亡。剖检见胰管内有棕红色、长卵圆形、较厚、口吸盘大于腹吸盘的扁平虫体。该病病原最可能是 (　　)
A. 歧腔吸虫　B. 阔盘吸虫　C. 片形吸虫　D. 前殖吸虫
9. 华支睾吸虫的第二中间宿主是 (　　)
A. 蜻蜓　B. 陆地螺　C. 淡水鱼虾　D. 草螽
10. 矛形双腔吸虫寄生于反刍动物的(　　)内 (　　)
A. 消化道　B. 胰管　C. 肝胆管　D. 静脉

(三)病例分析

某猪场7月份从某种猪场购入仔猪316头，饲养2个月后有175头猪表现食欲不振，下痢或腹泻与便秘交替发生，个别表现为腹胀或腹痛等，出现严重的贫血、消瘦，发育不良症状，死亡 2 头。猪舍均建在池塘边，粪便直接排到池塘喂鱼。据了解，畜主未对猪进行驱虫，还经常打捞池塘里的水葫芦生喂猪。该病最有可能是　（　　）

A. 肝片吸虫病　B. 姜片吸虫病　C. 日本血吸虫病　D. 阔盘吸虫病

三、绦虫

(一)是非题(正确的在括号内打"√",错误的打"×")

1. 绦虫无体腔，无消化道，靠体表吸收营养物质。　（　　）
2. 绦虫成节内含有大量虫卵。　（　　）
3. 猪囊尾蚴病是由猪带绦虫的幼虫(猪囊尾蚴)寄生于猪的肌肉中引起的疾病，猪囊尾蚴也可寄生于人体内，是一种人畜共患病。　（　　）
4. 牛囊尾蚴寄生于黄牛、水牛及牦牛肌肉，也可寄生在人的肌肉、脑部等。　（　　）
5. 细粒棘球蚴病是由细粒棘球绦虫的幼虫寄生于人、牛、羊、猪等动物的肌肉中引起的疾病。　（　　）
6. 贝氏莫尼茨绦虫与扩展莫尼茨绦虫的区别在于节间腺的形态。　（　　）
7. 牛囊尾蚴的头节上有顶突和小钩。　（　　）
8. 绦虫无消化系统，靠体表吸收营养物质。　（　　）
9. 犬复孔绦虫寄生在犬的脑组织中。　（　　）
10. 莫尼茨绦虫的中间宿主是地螨。　（　　）

(二)单项选择题

1. 曲子宫绦虫的虫卵内含有　（　　）
   A. 毛蚴　B. 似囊尾蚴　C. 六钩蚴　D. 囊尾蚴
2. 棘球蚴的主要寄生部位是　（　　）
   A. 肝和肺　B. 肠系膜和大网膜　C. 脑和椎管内　D. 腹腔和肌肉
3. 人类感染有钩绦虫是因为摄入了　（　　）
   A. 含有六钩蚴的绦虫卵　B. 含有囊尾蚴的生猪肉
   C. 含有虫卵的粪便　D. 含有包囊的泔水
4. 确诊棘球蚴病的方法是　（　　）
   A. 粪便检查　B. 血液检查　C. 动物接种　D. 尸体检查
5. 猪是猪带绦虫的　（　　）
   A. 中间宿主　B. 终末宿主　C. 贮藏宿主　D. 补充宿主
6. 赖利绦虫的终末宿主是　（　　）
   A. 兔、貂　B. 牛、羊　C. 犬、猫　D. 鸡、火鸡
7. 防控犬复孔绦虫病必须注意杀灭　（　　）
   A. 蚤和虱　B. 疥螨　C. 伤口蛆　D. 蚊和蝇

8. 多头带绦虫成虫寄生在犬、狼、狐狸的 （ ）
A. 肝 B. 肺 C. 大脑 D. 小肠
9. 细粒棘球绦虫的终末宿主是 （ ）
A. 犬 B. 山羊 C. 人 D. 猪
10. 马绦虫虫卵内含有 （ ）
A. 梨形器和六钩蚴 B. 多个卵细胞 C. 毛蚴 D. 棘头蚴

(三)病例分析

某个体养殖户饲养的成年猪表现营养不良、贫血、生长迟缓、逐渐消瘦等症状。剖检心肌、咬肌、四肢肌肉等部位显示有黄豆大小半透明的囊泡状虫体，该病可能是 （ ）
A. 弓形虫病 B. 猪球虫病 C. 猪囊尾蚴病 D. 细颈囊尾蚴病

四、线虫

(一)是非题（正确的在括号内打“√”，错误的打“×”）

1. 猪蛔虫的感染途径是经口感染感染性幼虫。 （ ）
2. 犬弓首蛔虫可通过胎盘或母乳感染胎儿和幼犬。 （ ）
3. 旋毛虫的成虫寄生在宿主的肌肉组织。 （ ）
4. 猪既是猪旋毛虫的终末宿主又是中间宿主。 （ ）
5. 捻转血矛线虫主要寄生于反刍动物的真胃。 （ ）
6. 网尾科的线虫较大，故又称大型肺线虫。 （ ）
7. 旋毛虫的雌虫在小肠内产出虫卵。 （ ）
8. 有齿冠尾线虫的感染性阶段是感染性虫卵。 （ ）
9. 马胃线虫的中间宿主是蝇。 （ ）
10. 犬恶丝虫成虫的主要寄生部位是左心室。 （ ）

(二)单项选择题

1. 检查粪中线虫虫卵最常用的方法是 （ ）
A. 饱和盐水漂浮法 B. 水洗沉淀法
C. 饱和硫酸镁漂浮法 D. 贝尔曼法
2. 引起病猪尿液中出现白色黏稠絮状物或脓液的寄生虫是 （ ）
A. 猪蛔虫 B. 猪毛尾线虫 C. 有齿冠尾线虫 D. 有齿食道口线虫
3. 猪蛔虫的感染方式是 （ ）
A. 宿主—中间宿主—宿主 B. 宿主—保虫宿主—宿主
C. 宿主—土、水、饲料—宿主 D. 宿主—媒介—宿主
4. 猪蛔虫是以（ ）感染宿主的 （ ）
A. 感染性虫卵 B. 第一期幼虫 C. 感染性三期幼虫 D. 童虫

5. 引起仔猪皮肤局部出现红斑、丘疹和浮肿的寄生虫是　（　）
A. 旋毛虫　B. 兰氏类圆线虫　C. 猪囊虫　D. 猪球虫
6. 生前诊断犬心丝虫病时，血液中检查到的是　（　）
A. 虫卵　B. 毛蚴　C. 雄虫　D. 微丝蚴
7. 马副蛔虫成虫寄生于马属动物的　（　）
A. 胃　B. 小肠　C. 大肠　D. 胸腔
8. 丝状网尾线虫寄生于羊的　（　）
A. 真胃　B. 肺　C. 大肠　D. 肝
9. 寄生于绵羊盲肠，形似鞭子的线虫是　（　）
A. 血矛线虫　B. 毛尾线虫　C. 食道口线虫　D. 网胃线虫
10. 钩虫主要寄生于犬的　（　）
A. 结肠　B. 盲肠　C. 十二指肠　D. 胆囊

（三）病例分析

某工地工人误食未煮熟的猪肉后，部分工人出现发热、肌肉疼痛、眼睑水肿等症状，个别患者死亡。对冰箱中剩余的猪肉进行检查，镜检发现肌肉内有梭形包囊，囊内有蜷曲的虫体。对此类感染猪的屠宰检验方法是　（　）
A. 淋巴结检查　B. 血液检查
C. 肌肉压片镜检　D. 内脏检查

五、原虫

（一）是非题（正确的在括号内打“√”，错误的打“×”）

1. 弓形虫的卵囊内有 4 个孢子囊，每个孢子囊内有 2 个子孢子。　（　）
2. 弓形虫除经口和损伤的皮肤、黏膜感染外，还可经胎盘传播。　（　）
3. 隐孢子虫病是导致艾滋病患者死亡的一个很重要的原因。　（　）
4. 隐孢子虫主要由卵囊经口感染，也可通过呼吸道感染。　（　）
5. 毒害艾美尔球虫寄生在盲肠部位。　（　）
6. 鸡球虫的发育过程要经过孢子生殖、裂殖生殖和配子生殖三个阶段。　（　）
7. 各种梨形虫皆通过硬蜱传播。　（　）
8. 环形泰勒虫病在临床上的一个重要特征是出现血红蛋白尿，而双芽巴贝斯虫在临床上的一个重要特征是患畜体表淋巴结肿大。　（　）
9. 泰勒虫的石榴体又称柯赫氏体，是裂殖体。　（　）
10. 鸡的组织滴虫病常与异刺线虫同时寄生。　（　）

（二）单项选择题

1. 寄生于家畜血浆中的原虫是　（　）

A. 伊氏锥虫　B. 泰勒焦虫　C. 巴贝斯虫　D. 球虫

2. 白冠病的病原是　(　　)

A. 火鸡组织滴虫　B. 住白细胞虫　C. 艾美尔球虫　D. 隐孢子虫

3. 组织滴虫病的典型病变在　(　　)

A. 盲肠和肝　B. 肌　C. 鸡冠和肉髯　D. 肾

4. 传播卡氏住白细胞虫的节肢动物是　(　　)

A. 蚋　B. 库蠓　C. 刺皮螨　D. 厩蝇

5. 弓形虫的终末宿主是　(　　)

A. 犬　B. 猫　C. 马　D. 牛

6. 鸡艾美尔球虫卵囊孢子化后含有　(　　)

A. 4 个孢子囊　B. 4 个子孢子　C. 2 个孢子囊　D. 2 个子孢子

7. 隐孢子虫随宿主粪便排出体外的虫体发育阶段是　(　　)

A. 孢子囊　B. 组织包囊　C. 为孢子化卵囊　D. 孢子化卵囊

8. 对猪致病性较强的球虫是　(　　)

A. 柔嫩艾美耳球虫　B. 邱氏艾美耳球虫　C. 猪等孢球虫　D. 毁灭泰泽耳球虫

9. 寄生于兔肝的艾美耳球虫是　(　　)

A. 兔艾美耳球虫　B. 穿孔艾美耳球虫　C. 松林艾美耳球虫　D. 斯氏艾美耳球虫

10. 预防马巴贝斯虫病采取的主要措施是　(　　)

A. 消毒畜舍　B. 除蟑灭蜱　C. 加强饲料清理　D. 加强粪便清理

(三)病例分析

某病牛死后，剖检见全身皮下、肌间、黏膜和浆膜有大量的出血点和出血斑，淋巴结肿大、切面多汁、有结节，皱胃黏膜肿胀、出血、脱落、有溃疡病灶，淋巴结涂片镜检发现“石榴体”。该病牛最可能死于　(　　)

A. 弓形虫病　B. 泰勒虫病

C. 巴贝斯虫病　D. 伊氏锥虫病

请扫描下面二维码，获取参考答案：

二维码 7

附录二　国家精品课程网址与二维码链接

二维码 8

兽医寄生虫学,索勋,中国农业大学

http://course. jingpinke. com/details? uuid = eee1cb4e-123b-1000-921d-144ee02f1e73

二维码 9

兽医寄生虫学,刘群,中国农业大学

http://course. jingpinke. com/details? uuid = 8a833996 - 18ac928d-0118-ac9291c9-05fa

二维码 10

兽医寄生虫学,李祥瑞,南京农业大学

http://course. jingpinke. com/details? uuid = 8a833999-2031c13b-0120-31c13bb4-015d

二维码 11

兽医寄生虫学，李国清，华南农业大学

http://course.jingpinke.com/details?uuid=606be29f-1298-1000-0869-1134298dfe89

二维码 12

兽医寄生虫学，宁长申，河南农业大学

http://course.jingpinke.com/details?uuid=8a833996-18ac928d-0118-ac928f68-0254

二维码 13

动物寄生虫病学，秦建华，河北农业大学

http://course.jingpinke.com/details?uuid=8a833999-2152448b-0121-52448bf8-0039

二维码 14

动物寄生虫病学，张西臣，吉林大学

http://course.jingpinke.com/details?uuid=ea13c846-123a-1000-8ae6-144ee02f1e73

附录三　寄生虫形态图

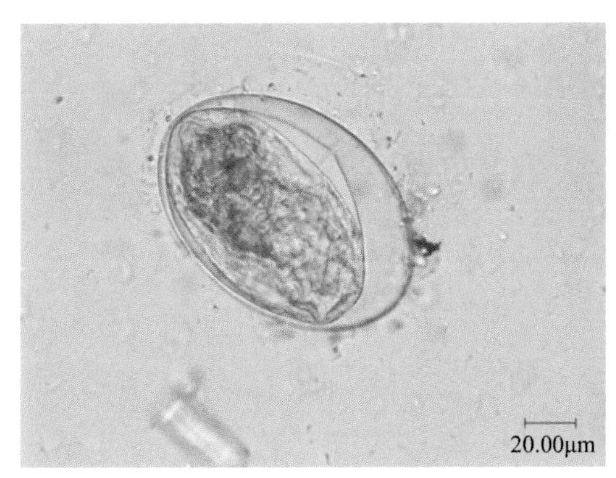

日本血吸虫虫卵(杜爱芳、陈学秋)

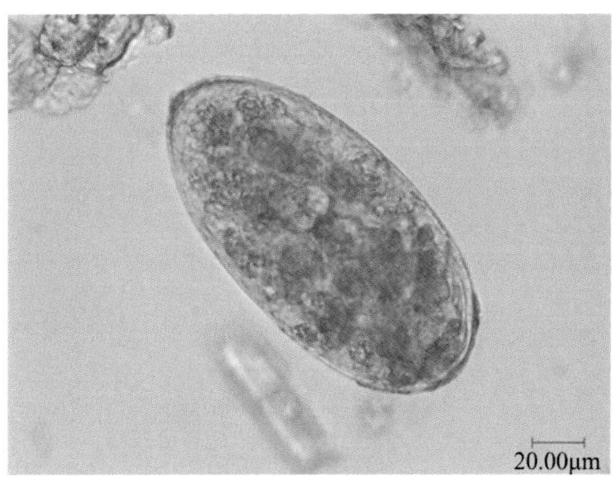

肝片吸虫虫卵(杜爱芳、陈学秋)

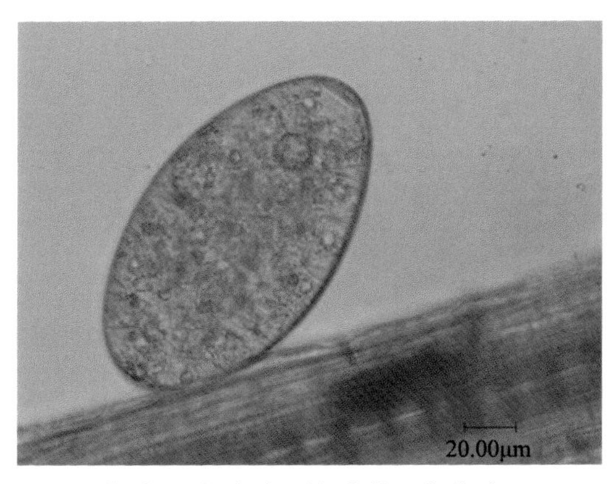

姜片吸虫虫卵(杜爱芳、陈学秋)

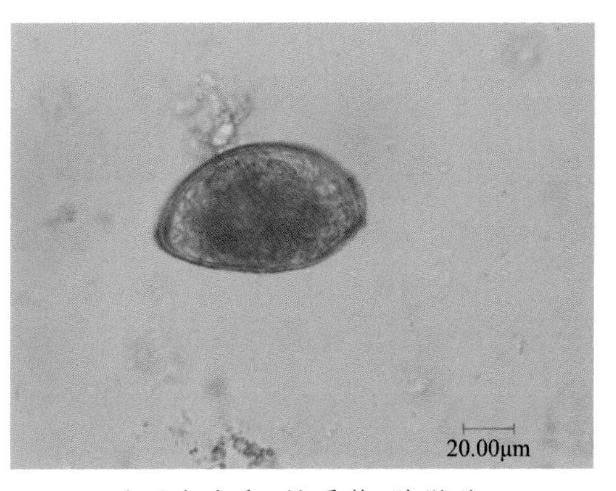

肺吸虫虫卵(杜爱芳、陈学秋)

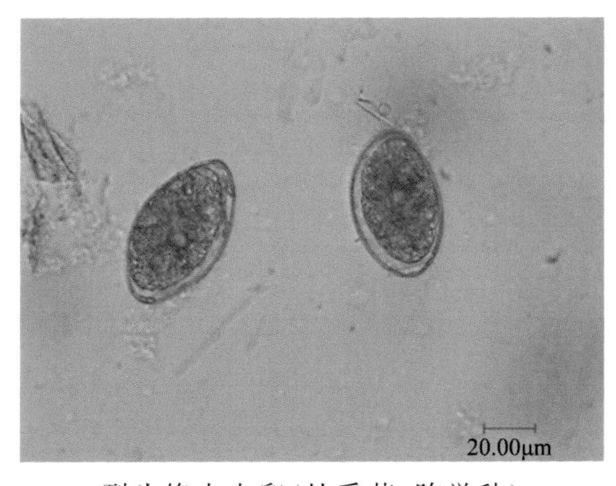

裂头绦虫虫卵(杜爱芳、陈学秋)

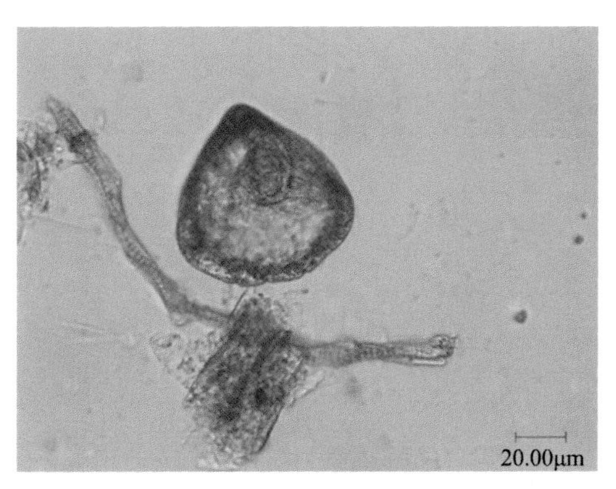

莫尼茨绦虫虫卵(杜爱芳、陈学秋)

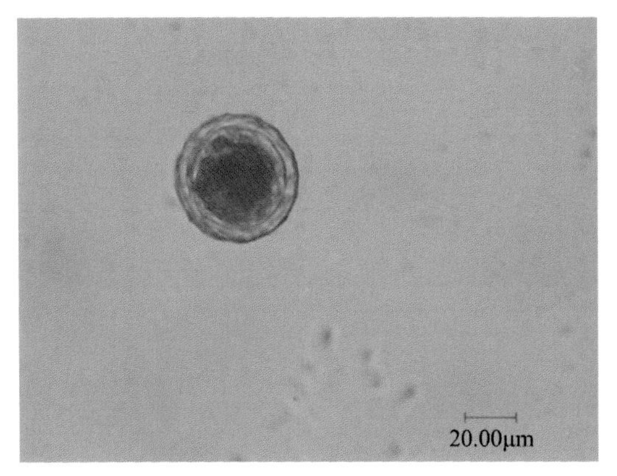

猪蛔虫虫卵(杜爱芳、陈学秋)

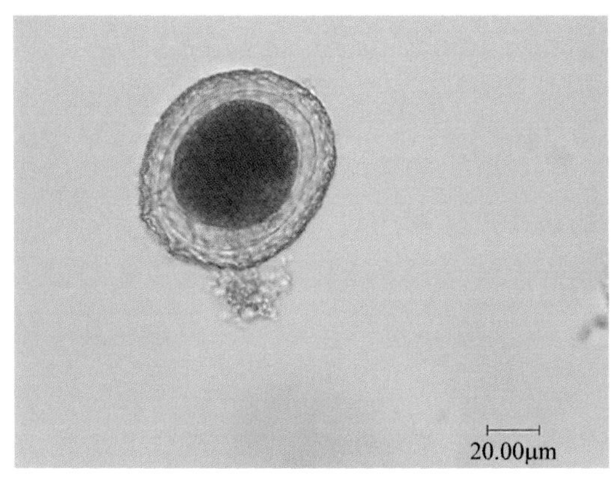

犊牛新蛔虫虫卵(杜爱芳、陈学秋)

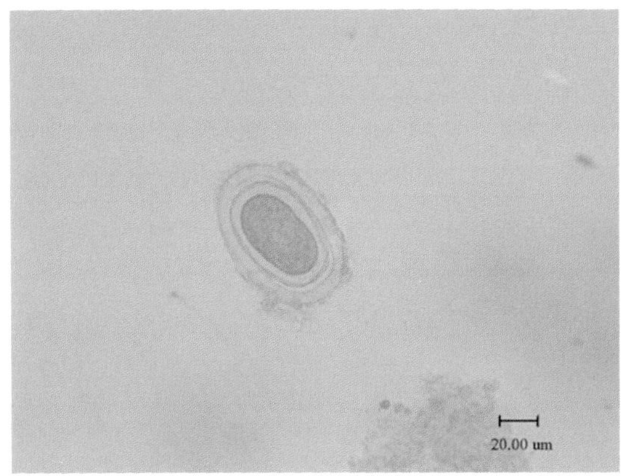

鸡蛔虫虫卵(杜爱芳、陈学秋)

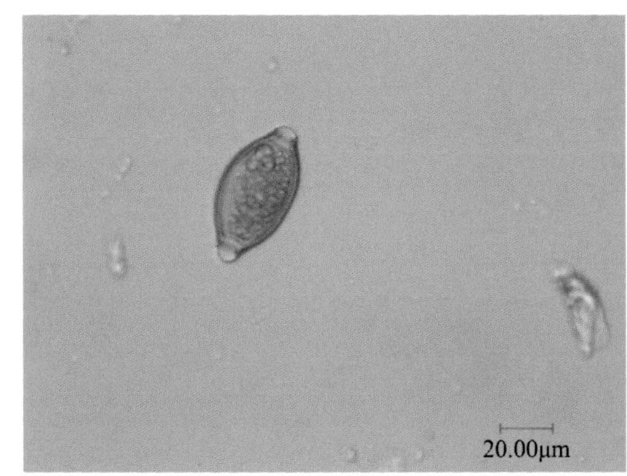

猪毛首线虫虫卵(杜爱芳、陈学秋)

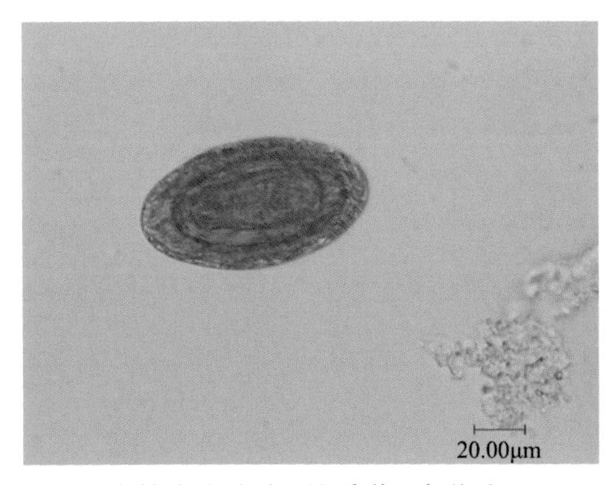

猪棘头虫虫卵(杜爱芳、陈学秋)

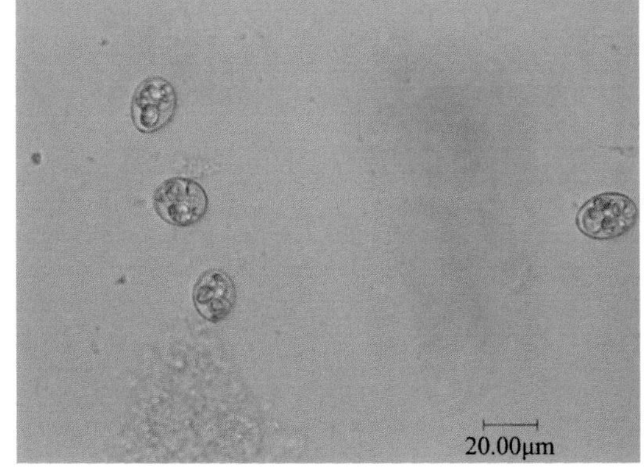

鸡球虫虫卵(杜爱芳、陈学秋)

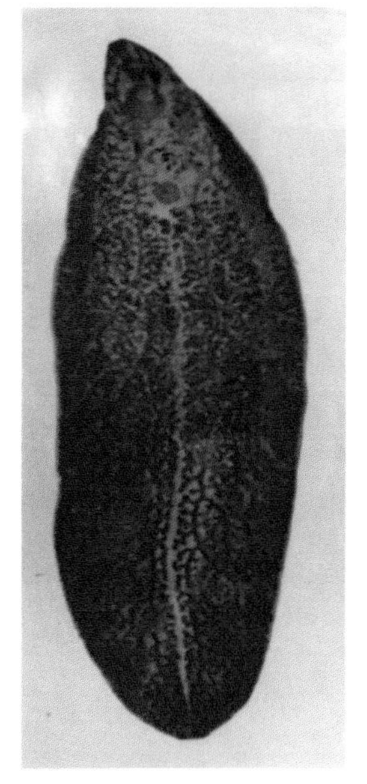

肝片吸虫
（胡敏）

大片形吸虫
（胡敏）

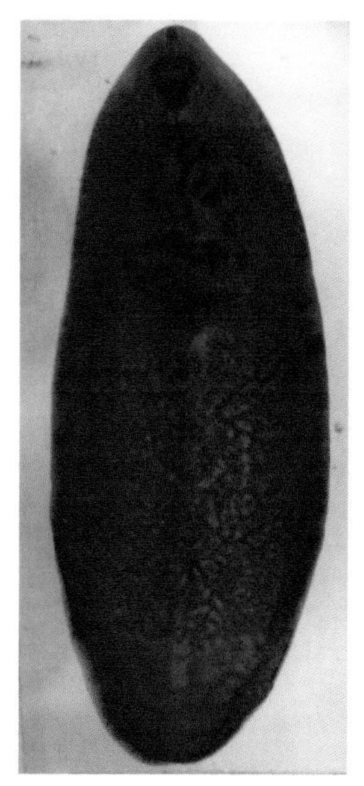

姜片吸虫
（胡敏）

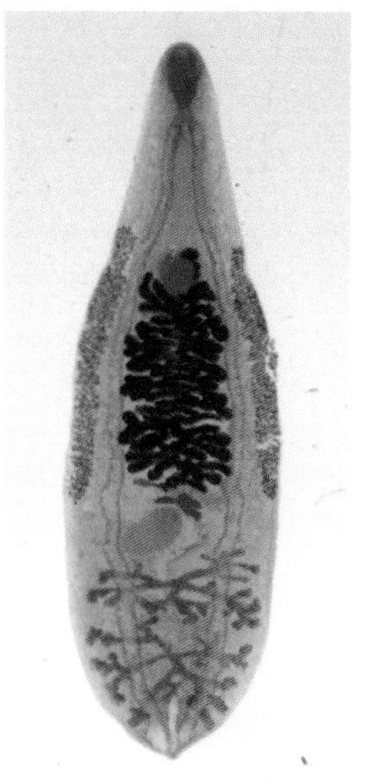

华支睾吸虫
（胡敏）

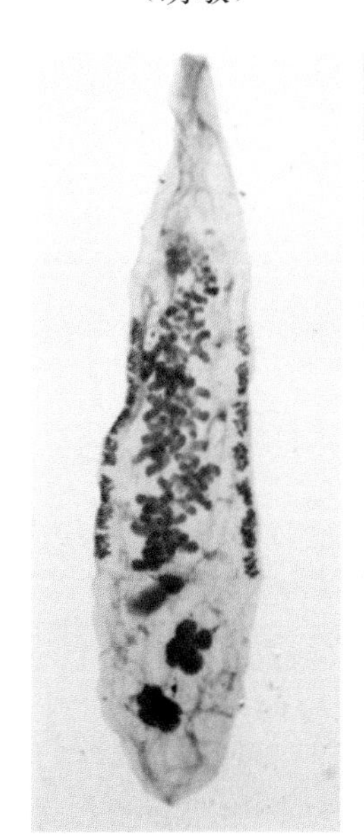

东方次睾吸虫
（胡敏）

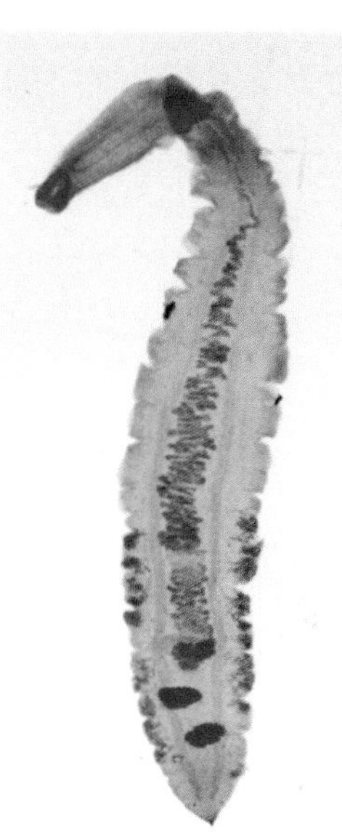

鸭对体吸虫
（胡敏）

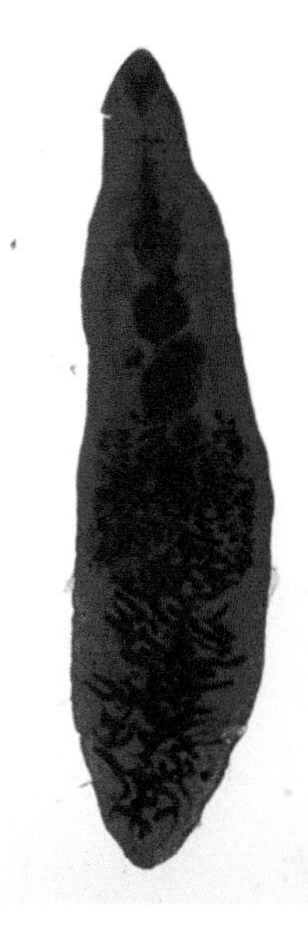

矛形歧腔吸虫
（胡敏）

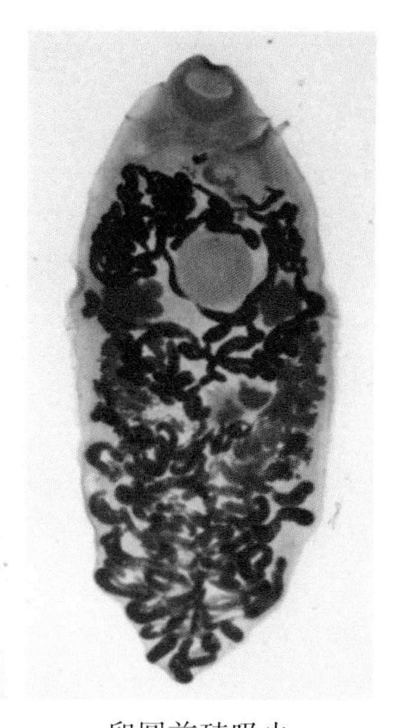

卵圆前殖吸虫
（胡敏）

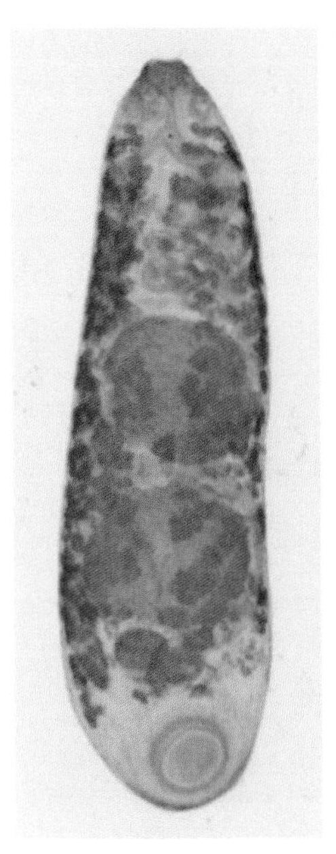
鹿前后盘吸虫(胡敏)

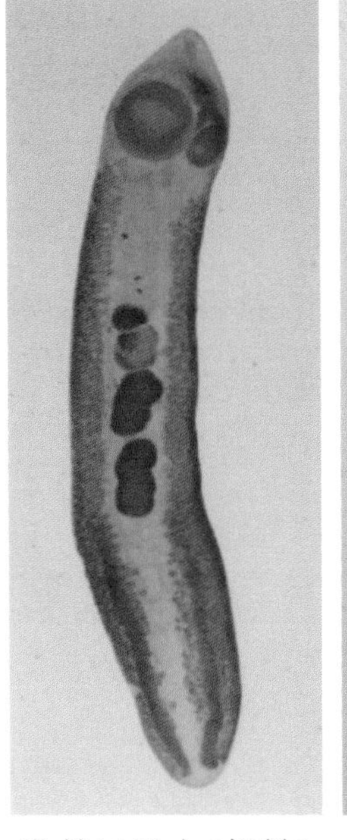
卷棘口吸虫(胡敏)

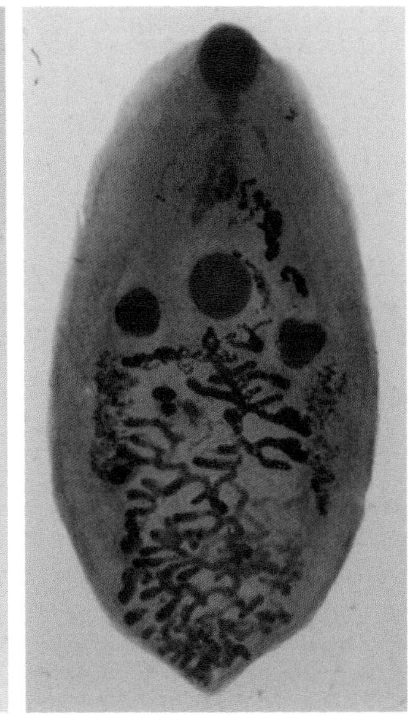
腔阔盘吸虫(胡敏)

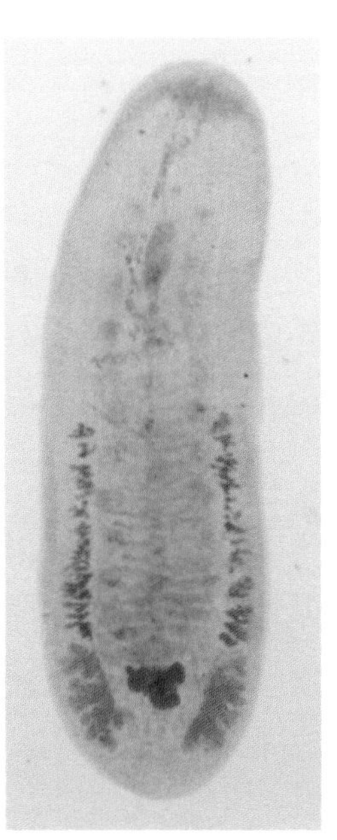
纤细背孔吸虫(胡敏)

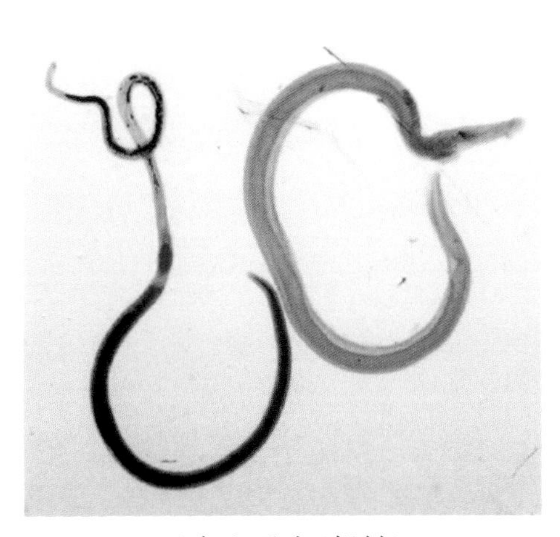
日本血吸虫(胡敏)

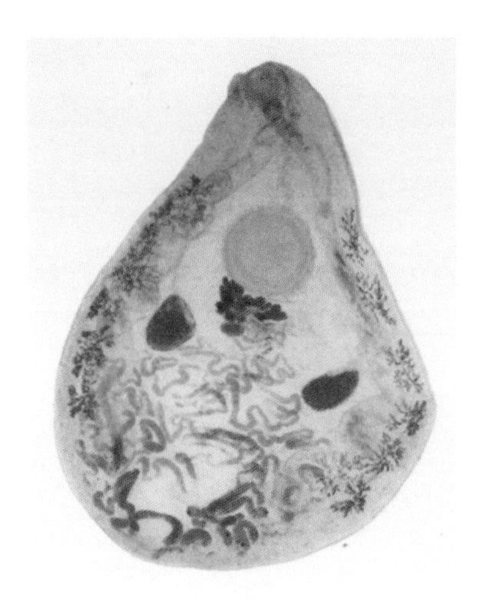
透明前殖吸虫(胡敏)

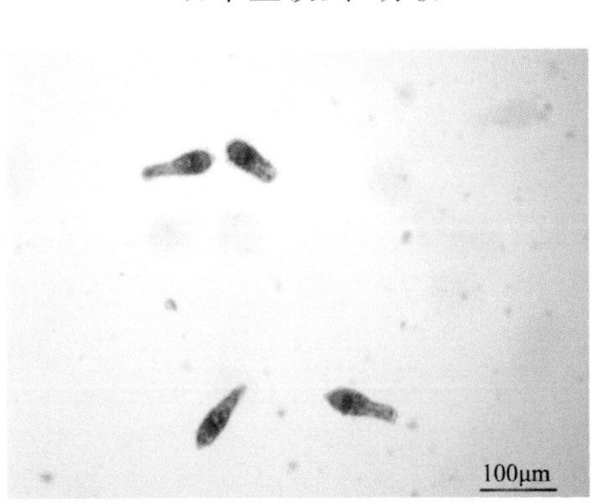

日本血吸虫毛蚴(杜爱芳、陈学秋)

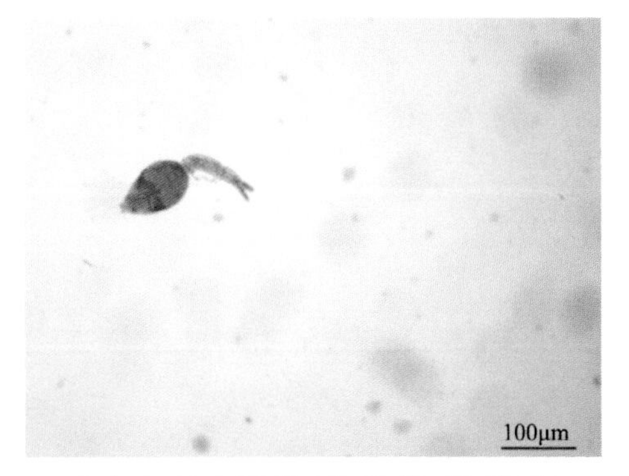

日本血吸虫尾蚴(杜爱芳、陈学秋)

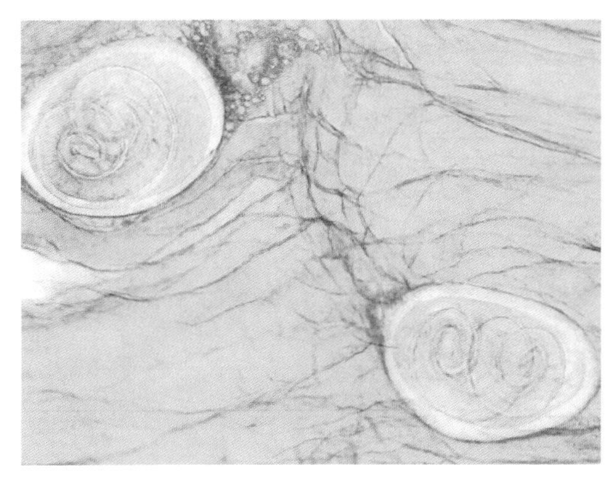

旋毛虫包囊(杜爱芳、陈学秋)

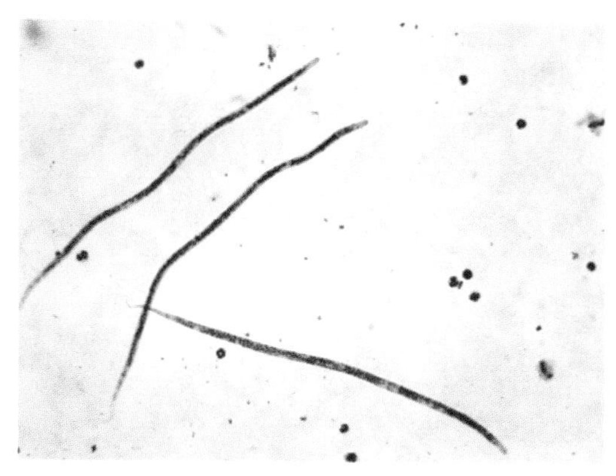

犬恶丝虫微丝蚴(Thomas Nolan)

贝氏莫尼茨绦虫成熟节片(杜爱芳、陈学秋)

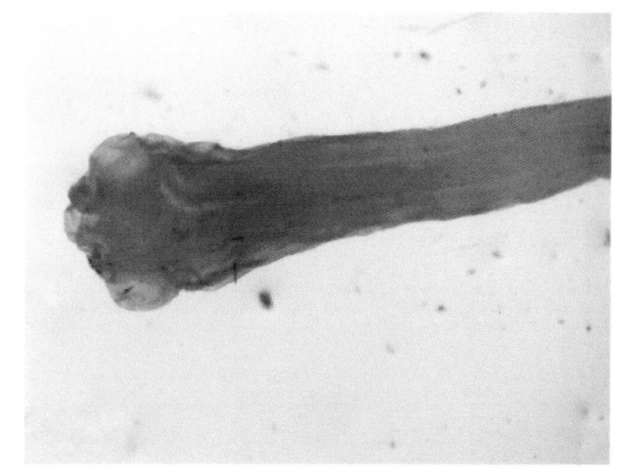

贝氏莫尼茨绦虫头节(杜爱芳、陈学秋)

裂头绦虫成熟节片
(杜爱芳、陈学秋)

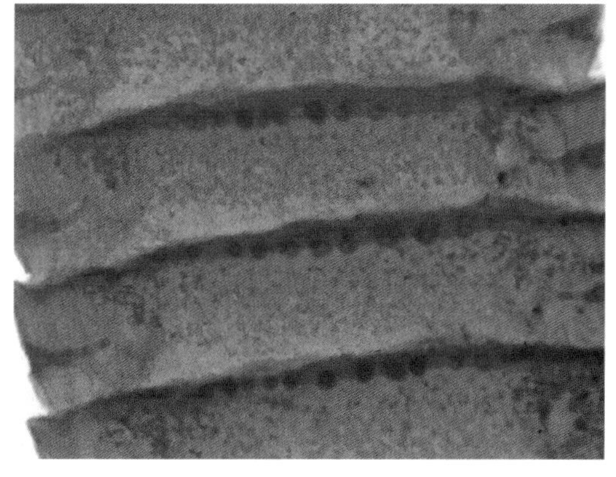

扩张莫尼茨绦虫成熟节片
(杜爱芳、陈学秋)

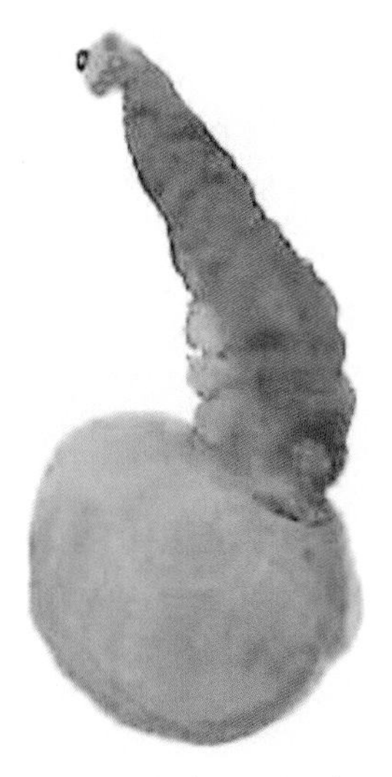

翻出头节的猪囊尾蚴(路义鑫)

细颈囊尾蚴(路义鑫)

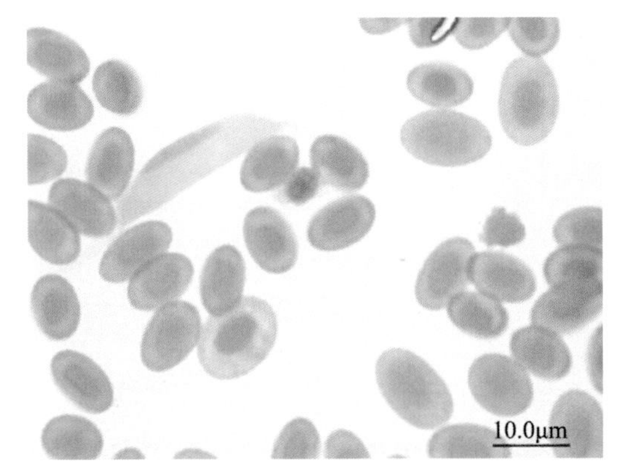

住白细胞虫(杜爱芳、陈学秋)

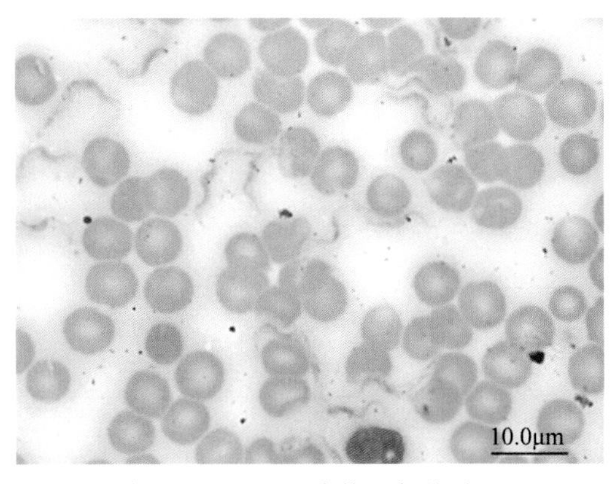

伊氏锥虫(杜爱芳、陈学秋)

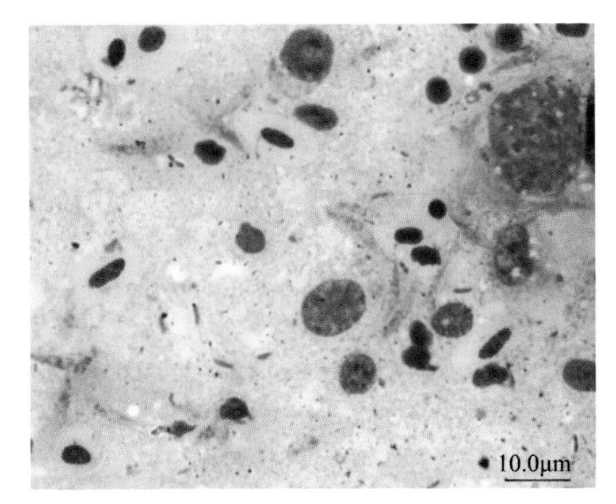

鸡球虫裂殖体、裂殖子(杜爱芳、陈学秋)

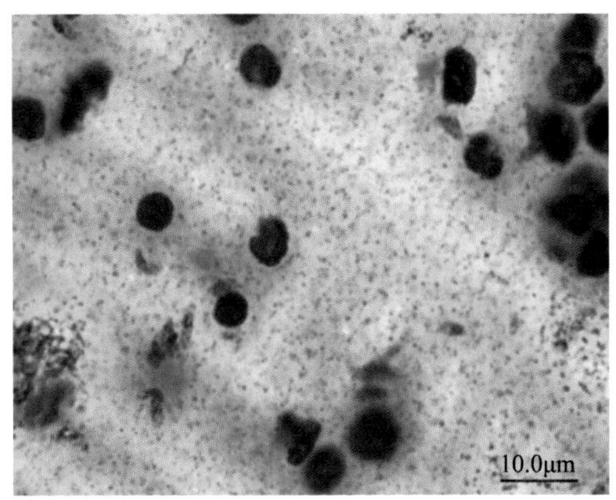

弓形虫(杜爱芳、陈学秋)

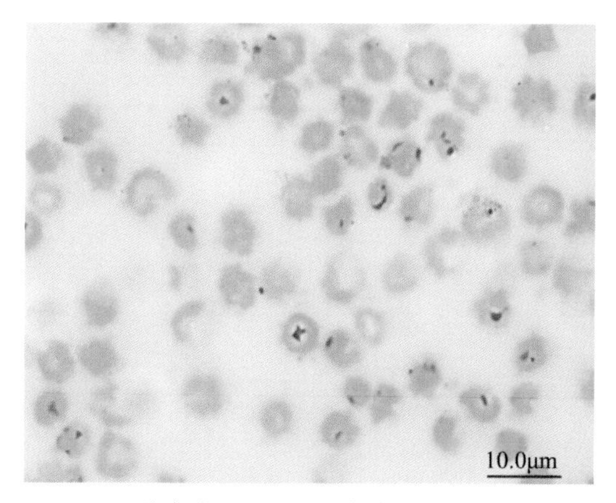

环形泰勒焦虫(杜爱芳、陈学秋)

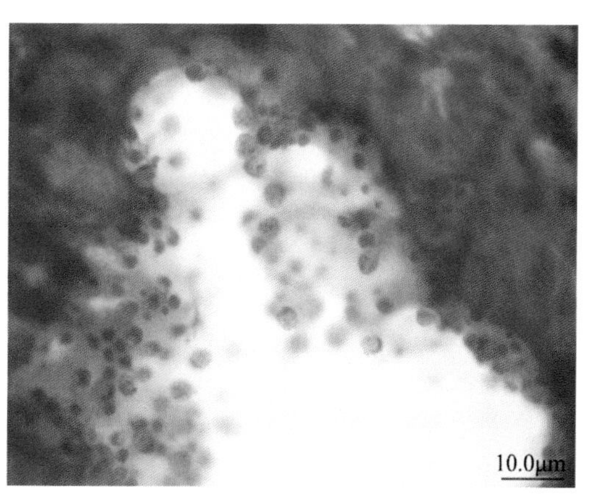

隐孢子虫(杜爱芳、陈学秋)

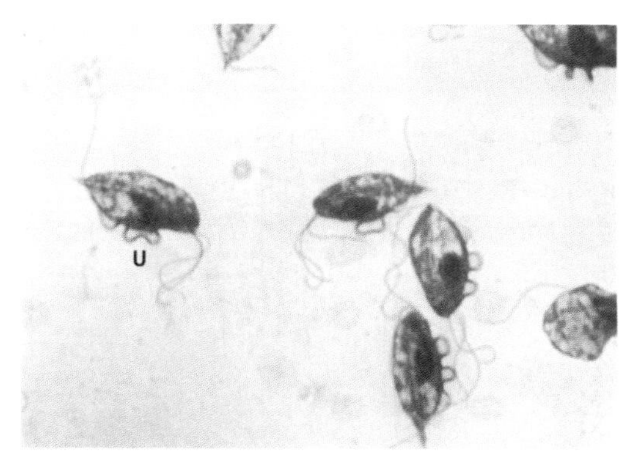

胎儿毛滴虫(Alvin Gajadhar)

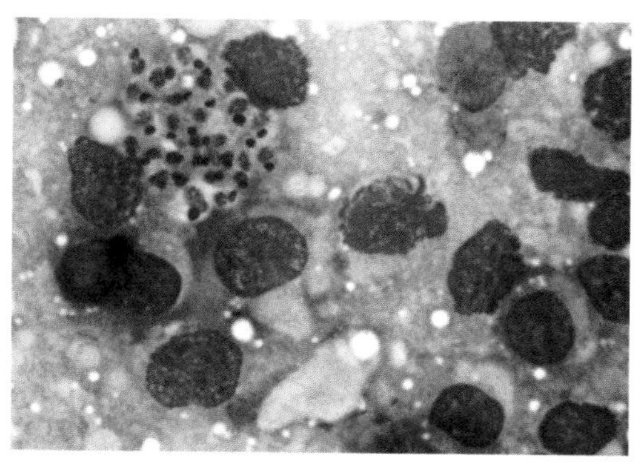

利士曼原虫(Karen Snowden)

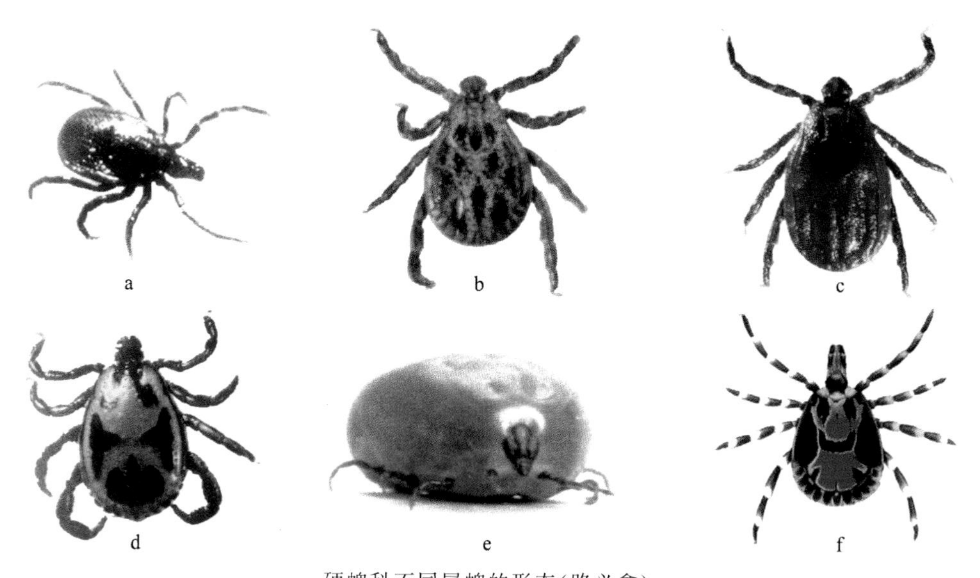

硬蜱科不同属蜱的形态(路义鑫)

a. 硬蜱属　b. 革蜱属　c. 血蜱属　d. 扇头蜱属　e. 牛蜱属　f. 花蜱属

马圆线虫(Williams)

猪蛔虫(Taylor)

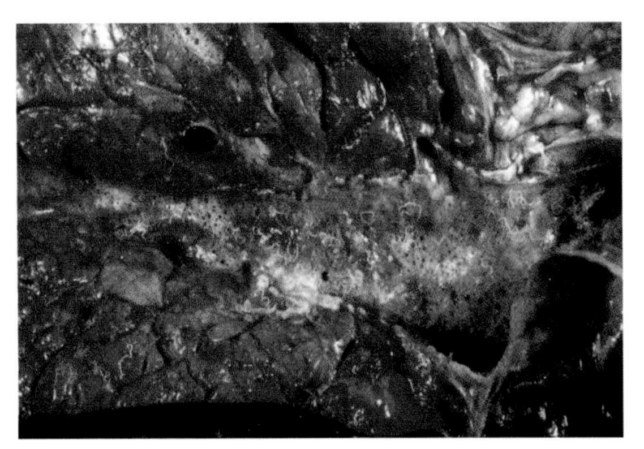

丝状网尾线虫(Taylor)

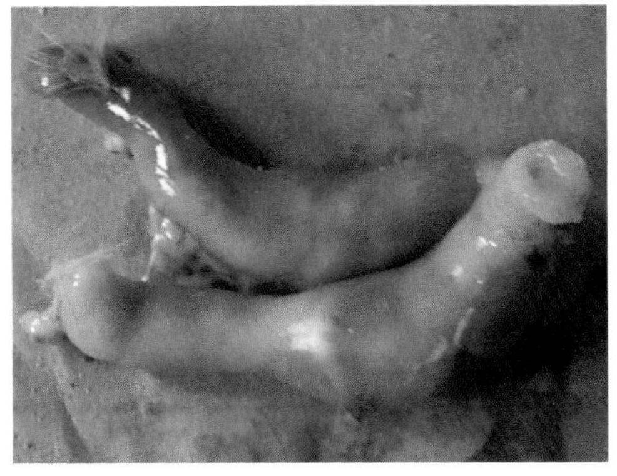

柔嫩艾美耳球虫感染的鸡盲肠(杜爱芳)

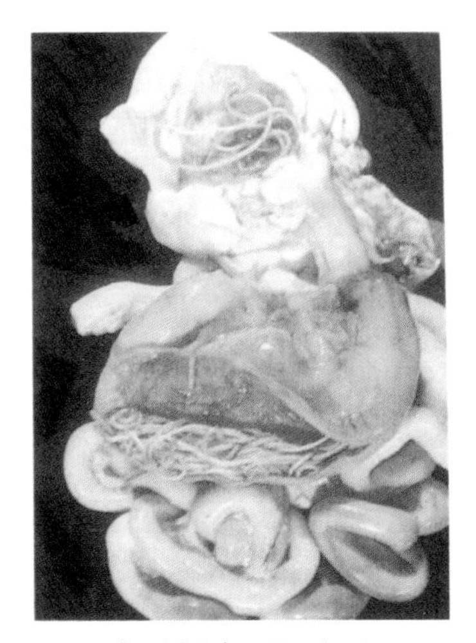

犬弓蛔虫(Taylor)

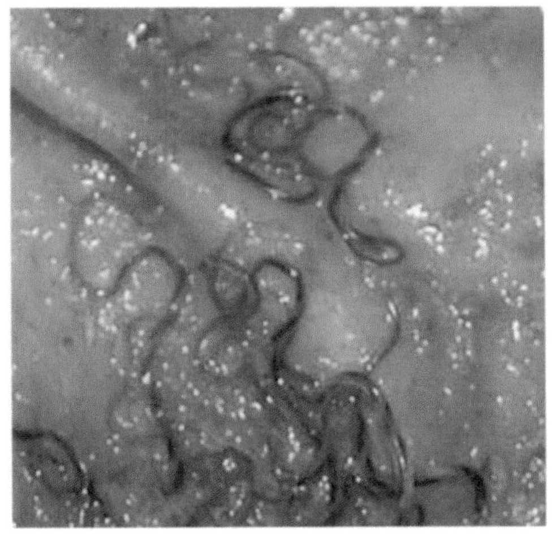

捻转血矛线虫(杜爱芳、杨怡)